최신 냉간압연공학

목차

Part 1 냉연 일반 개요

Part 2 냉연 강판 제조

Part 3 표면 처리 강판 제조

Part 4 스테인리스 강판 제조

Part 5 품질 관리

Part 6 안전 관리 및 환경오염

머리말

우리나라의 조강생산능력이 8천만 톤이 넘어서고 있다. 한국철강협회는 국내 철강 업체 250여 개 사를 대상으로 조사한 결과 현대제철의 당진 1, 2, 3 고로의 가동에 따라 조강생산능력이 전년 대비 1천 604만 톤이 늘어난 8천 21만 톤으로 예상된다고 밝혔다. 우리나라의 제철기술은 이처럼 계속 비약적인 발전을 하고 있다.

과거에는 개발도상국에서 철강제조업체가 생기는 것을 방지하기 위해서 세계 각국 업체에서 여러 가지 압력을 가해 오기도 했다. 이러한 어려운 점을 극복하고 포항제철이 출발하였으며, 2010년부터 현대제철이 고로를 가동하기 시작하여 중공업의 핵심적 역할을 담당하는 우리의 제철 기술은 양적으로나 기술적으로도 세계 제1의 수준에 달했다고 해도 과언이 아니다. 이와 같은 제철 산업 공업 중에서도 냉간압연 공정에 필요한 이론과 실무를 겸비한 유능하고 숙련된 기술기능인이 필요하게 되었다.

이 책은 냉간압연공학을 공부하고자 하는 공학도 및 현장실무자들에게 길잡이가 될 수 있도록 하였으며 Part 1 냉연 일반 개요, Part 2 냉연 강판 제조, Part 3 표면처리 강판 제조, Part 4 스테인리스 강판 제조, Part 5 품질관리, Part 6 안전 관리 및 환경오염의 순서로 단원을 구성하여 내용을 전개하였다.

이 책을 통하여 냉간압연공학을 공부하는 공학도들과 현장실무자들이 활용하는데 많은 도움이 되고 또한 국가기술자격 검정시험을 대비하는 수험생들에게 수험대비용 참고도서로써의 지침서가 되기를 바란다.

아무쪼록 냉간압연 분야에서 최고의 기술인이 되었으면 하는 것이 저자로서의 바램이며, 원고 정리를 끝내고 보니 부족한 부분에 대해서 아쉬움이 많지만 신기술 부분과 부족한 것은 계속적으로 수정과 보완할 것을 약속드리며, 여러분들의 많은 관심과 성원을 기대하는 바이다.

끝으로 이 책을 펴내기까지 많은 도움과 자료를 제공해주신 선 · 후배 동료 여러분과 출판에 힘써주신 도서출판 구민사 조규백 대표님과 직원 여러분께 감사를 드리는 바이다.

2014년

저자 씀

Part 01

냉연 일반 개요

Chapter 01

냉연 제품의 특징과 용도

제1절 | 제품의 특징

냉연강판은 열연 코일을 산세 처리하여 표면의 스케일을 제거한 후 상온(재결정 온도 이하)에서 두께 0.15～3.2mm로 냉간 압연하여 풀림 및 조질 압연을 거쳐 제조된다.

냉연 강판의 특징은 열연 강판과 비교하여 판두께가 얇은 것 외에 치수의 정밀도가 높고, 깨끗하고 미려한 표면을 갖고 있으며 우수한 평탄도와 광범위하게 적용될 수 있는 가공성을 갖고 있다. 이러한 제반 성질을 이용하여 자동차, 전기제품, 가구, 사무용품, 건축재 등을 포함해서 아연, 주석, 크롬, 알루미늄 등의 도금용 원판에 이르기까지 대단히 널리 사용되고 있다. 냉연 강판의 품질 특성으로는 화학 성분, 기계적 성질, 야금적 특성, 물리적 특성 및 치수, 형상, 외관 등의 특성이 있다.

그러나 최종적으로 가장 중요한 것은 용도에 가장 적합한 품질 설계로 생산된 제품을 사용하여야 한다는 것이다.

이런 품질 특성은 제강에서 연주, 열연, 냉연의 최종 공정까지 많은 제조 조건의 조합으로 이루어지고 각 제조 공정별 주요 품질 특성 요인을 엄격하게 관리하지 않으면 안 된다.

제2절 | 냉연 제품의 종류별 특징과 용도

냉연 제품의 용도는 앞에서 언급한 바와 같이 다양하다.

<표 1－1>은 다양한 종류의 냉연 제품의 특징과 용도를 나타낸 것이다. 이와 같이 냉연 강판의 종류에는 가공성을 주체로 한 가공용 냉연 강판, 특수한 용도에 적합하도록 제조된 특수 냉연 강판(법랑용 강판, 고장력 강판, 저급전기 강판 등), 석도 원판, 표면처리 강판 및 전기 강판 등이 있다.

표 1－1 ‖ 냉연 제품의 종류와 온도

종류			규격	특징	용도
냉연 강판	PO	일반용 가공용 심가공용 구조용	SHP 1 SHP 2 SHP 3 SAPH	열연규격과 동일 규격으로 산세처리 후 Oilling 한 제품	자동차 구조용, 철제금고
	CR	일반용	SCP 1	굴곡가공 정도의 경가공으로 표면 및 형상품질 요구	냉장고 Door, 드릴, 철제가구, 컴퓨터 Case등
		가공용	SCP 2	일반용과 심가공용의 중간정도 가공성이 요구됨	자동차 Door, Side Member 등
		심가공용	SCP 3	복합성형으로 가공 정도가 엄격한 용도	자동차 Fender, Quarter, Rear Floor
		비시효성 심가공용	SCP 3N	심가공용의 가공성에 비시효성을 확보한 강판	가공정도가 심하고 비시효성이 요구된 용도
		구조용	CSP*	가공성보다 강도를 우선적 확보	건물구조용
		고내후성용	CASP*	강판 표면에 단단한 산화피막을 형성시켜 부식진행을 방지한 강판	철도차륜, 건재 등
		법랑용	CESP*	1, 2회 소성을 실시하여 양호한 법랑성 확보	식기, 용조, 건재 등
		고장력강판	CHSP*	양호한 가공성과 고강도 특성이 있는 강판으로 35～150kg_f 급으로 분류됨	자동차 구조부재

냉연 강판	BP	Single Reduced		T1~T6	• 제조방법에 따라 Single / Double 압연 강판으로 분류 • 용도, 제조특성에 따라 MR, L, D 강종으로 구분 • Two Piece Can용의 D & I 강판이 있음	Can용, 병뚜껑, 건전지, 필름 Case 등
		Double Reduced		DR8~ DR10		
표면 처리 강판	CG1	일반용 가공용 심가공용 구조용		SBHG 1 SBHG 2 SBHG 3 SBHG 4	• 냉간압연강판에 아연도금 처리한 강판 • 강판 표면특성에 따라 Regular, 합금화, Minimized 강판으로 구분	
	EG1	Pure-Zn	일반용 ↑ 심가공용	SECC, SECD SECE SECEN	• 전기를 이용한 아연이온석출 방식으로 도금한 강판 • 합금화방법에 따라 제품특성 변화 가능 • CR과 동일한 재질보유 가능	자동차 내·외판 가전내·외판 토목건축용
		Zn-Fe	일반용 ↑ 심가공용	EFSC, EFSD, EFSP, EFSN, EFSE		
		Zn-Ni	일반용 ↑ 심가공용	EFSC, EFSD, EFSP, EFSN, EFSE		
		Pb-Sn	일반용 ↑ 심가공용	EFSC, EFSD, EFSP, EFSN, EFSE		
		고장력강		EGCHSP EFCHSP ENCHSP		자동차 내 · 외판

Chapter 02

최신냉간압연공학

냉연 제품의 일반제조공정

제1절 | 개 요

냉연 제품의 일반적인 제조 공정은 냉간 압연기를 중심으로 한 열연 코일 → 연속 산세 및 냉간 압연 → 전해 청정 → 풀림 → 조질 압견 → 정정의 각 작업으로 이루어지며, 냉간 압연 또는 풀림된 반제품을 소재로 용융 아연 도금이나 전기 아연 도금 공정을 거쳐 도금 제품을 생산하게 된다.

제2절 | 제조공정 일반

1 산세(Pickling Line)

열간 압연시 생성된 핫코일의 표면 철산화물(스케일)을 염산용액으로 제거하여 양호한 PO제품 및 냉간 압연용 소재를 제조하는 공정이다.

산세 코일은 다음과 같은 특징이 있다.

① 균일하고 미려한 은백식

② 표면의 고청정성

③ 수소가스의 표면 침투에 의한 경화 현상 미발생 등 황산용액으로 산세한 제품보다 우수한 표면 특성을 지니고 있다.

2 냉간 압연

냉간 압연 설비는 가역식 압연기(Reverse Mill)과 연속식 압연기(Tandum Mill)가 있다. 연속식 압연기는 가역식 압연기에 비해 비교적 두께 정도가 높고 양호한 품질의 강판을 대량으로 생산할 수 있는 특징이 있다. 일반적으로 냉간 압연기를 이용하여 압하율 70～80%로 작업하여 풀림 후 가공성이 우수한 재질을 얻을 수 있도록 작업하고 있다.

3 전해 청정

냉간 압연 후의 강판은 표면에 압연유나 오물이 부착되어 있어 그대로 풀림하면 제품의 외관을 해치므로 알칼리용액으로 전해 탈지하여 강판 표면을 청정하게 하는 공정이다.

4 풀림

냉간 압연 직후 강판의 재질은 경도가 대단히 높고 가공성이 낮아 가공용으로 사용하기에는 부적당하다.

따라서 냉간 압연 강판을 적절한 열처리를 실시하여 기계적 성질을 개선하고, 가공성을 부여하는 공정이 풀림 공정이다.

풀림 방식은 ① 상자형 풀림식(Batch Annealing), ② 연속 풀림식(Continuous Annealing)의 2가지가 있다. 전자는 열처리 조건의 조절에 의한 재질의 다양성을 얻을 수 있는 반면, 후자는 열처리시 강판의 균등한 온도 분포에 의한 재질의 균일성을 얻을 수 있는 특징이 있다.

5 조질 압연

풀림 직후의 냉연 강판은 항복점 연신을 지니고 있어 가공시 Stretcher Strain이 발생된다. 이를 방지하기 위해 1～2%의 압하량으로 조질 압연을 실시하며, 또한 형상 교정, 조도 부여 등의 기능을 가지고 있다.

6 되감기(RCL)

조질 압연된 강판에 대하여 흠, 두께, 폭 및 형상을 검사하고 강판 표면의 녹 발생을 방지하기 위해 도유를 한 후 수요가가 요구하는 소정의 크기(제품단중)로 분할하는 공정이다. 또한 필요에 따라 레벨러(Leveller)를 이용하여 형상 교정을 실시한다.

7 전단(SHL, CSL)

기본적인 작업은 되감기 공정과 유사하나 시트(Sheet) 제품을 주로 생산하는 점이 차이가 있다.

8 용융 아연 도금

냉연 강판의 녹 발생을 지연시켜 장기적인 내식성을 부여하기 위하여 아연 도금을 실시하는 공정이다. 또한 도금층의 합금화 설비를 보유하며 아연 도금 강판을 제조, 가전제품 및 자동차용 등 수요 확대를 기하고 있다.

아연도금 강판은 아연 고유의 결정격자 모양에 따라 Regular Spangle, Mini Spangle, Zero Spangle 등으로 분류된다.

9 전기 아연 도금

직류 전원을 이용하여 용액 중의 금속 이온을 석출시켜 도금하는 방식으로 최근 수요가 증가하고 있는 가전용 및 자동차용 표면처리 강판으로 주로 공급되고 있다.

도금 종류는 수요가 요구품질 특성에 따라 Pure Zinc, Zn－Fe 합금, Zn－Ni 합금, Pb－Sn 합금 등 다양하게 제조할 수 있는 특징을 지니고 있다. 또한 용융 도금법으로는 제조가 어려운 박도금을 비롯하여 편면도금, 편차도금 등을 쉽게 제조할 수 있다.

냉연 강판을 소재로 사용함과 동시에 거의 상온 조건에서 강판이 제조되기 때문에 냉연 강판과 동등 수준의 기계적 성질을 지니고 있어 다양한 용도로 사용된다.

냉연 제품의 품질 특성

제1절 | 품질 요구 특성 개요

냉연 강판의 품질 특성으로는 화학분석, 기계적 특성 및 치수정도, 형성, 외관 특성 등이 있다.

냉연 강판의 용도 및 품질 특성은 대단히 복잡하게 구성되어 있기 때문에 중요한 것은 각 용도에 맞게 품질 설계되어야 한다는 점이다. 이런 품질 특성은 제강에서 부터의 많은 조건이 전부 집합되어 결정되고 있으므로 각 제조 공정별 관리 요소를 결정, 관리하지 않으면 안 된다. <표 1－2>는 냉연 강판의 주요 용도별 소요 품질 특성을 나타낸 것이다.

표 1-2 ▮ 냉연강판의 주요용도별 소요품질 특성

용도구분	소요품질특성	특 성 치	용 도 예
1. 가공용	• 구조의 종류, 부품의 형상에 따라 성형성, 형상성, 내시효성 등의 성질이 요구됨 • 부품의 사용방법에 따라 용접성, 표면처리성, 외관, 강도 등의 성질이 요구됨	• 항복점, 인장강도 항복비, 연신율 항복점연신, n치, $\bar{r}$치, LDR, CCV • 탄성계수, 화학성분청정도, 집합조직, 결정집도, 표면구조	자동차, 전기기기 등의 각종 부품 • 자동차 Front, Fender, Floor, Door • 냉장고, Door
2. 패널용	평탄도, 굴곡강도, 용접성	연신율, 급준도, 굴곡강도	철제가구, 냉장고, 건축재 패널
3. 강도용	강도, 용접성, 인성	항복점, 인장강도, 항복비, 연신율	Shutter, Gear 자동차
4. 특수용도 (1) 법랑용 (2) 표면처리 원판용 (3) 내식성, 내후성용 (4) 저급전기 강관 용등 기타	밀착성, 가공성, 소성성 평탄도, 표면, 외관 내식성 전기특성, 타발성	화학성분, 산세감량 연신율, 급준도 화학성분 자극 밀도	법랑식기 GI재, Tin Plate 지하철 Door Motor core

제2절 | 화학 성분의 영향

탄소강은 일반적으로 탄소와 철의 합금으로 Si, Mn, P, S 등의 원소가 미량 함유되어 있다. 또한 탄소 이외의 원소를 각각의 목적에 맞게 혼입시켜 탄소강에서 얻을 수 없는 기계적 성질을 얻을 수 있다. 따라서 각각의 목적에 맞도록 첨가하는 원소를 합금원소라 하고 이렇게 제조된 강을 합금강 또는 특수강이라 한다.

1 탄소(C)

탄소는 질소와 같이 Fe 중에 침입형으로 고용되며 강의 기계적 성질에 미치는 영향이 크다. <그림 1－1>은 탄소 0.03%까지 함유한 냉견 강판에서의 기계적 성질 변화와 탄소량에 대한 상관성을 나타낸 것이다.

0.01% C까지는 탄소량의 증가와 함께 항복점, 인장 강도가 증가하고 연신율 및 가공성은 감소한다. 또 0.01% C 이상에서는 탄소량 증가에 항복점, 인장 강도가 미세하게 증가하지만 연신율, 가공성은 거의 변화가 없다.

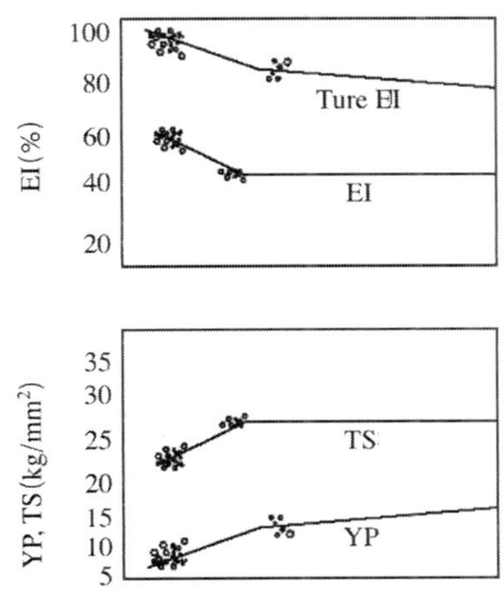

그림 1－1 | 탄소의 영향(0.2 ≦ 0.01%)

<그림 1－2>는 연강 영역에서의 탄소량 변화에 다른 기계적 성질과 열처리 조건과의 관계를 나타낸 것이다.

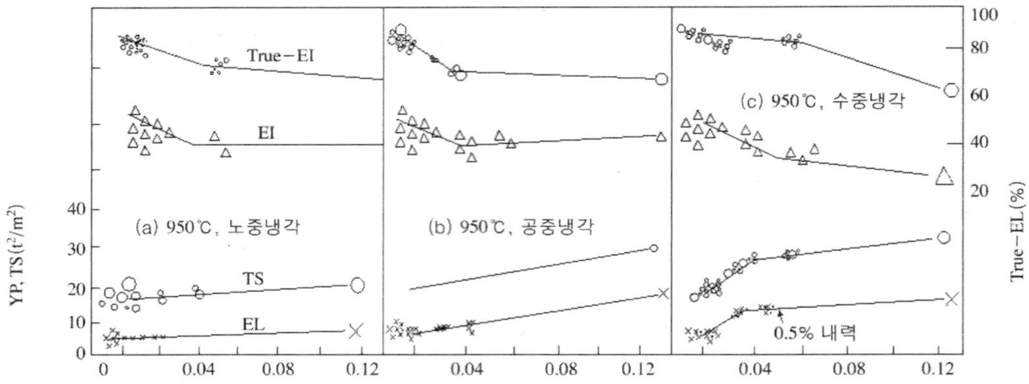

그림 1-2 | **기계적 성질에 미치는 탄소와 열처리 영향**

이 경우에서도 탄소의 증가에 따라 항복점, 인장 강도는 상승하고 연신율, 가공성은 저하한다.

또한 이 경향은 열처리 조건에 따른 영향이 큰 것으로 나타나고 있다. 특히 수중냉각(Water Quenching)의 경우 조직의 미세화와 고용 탄소량의 증가 때문에 기계적 성질이 탄소량에 크게 영향을 받는다.

2 규소(Si)

Si는 탈산제로서 첨가되어 강에 혼입되며 인장 강도 또는 전자 특성의 향상 등 특수한 목적으로 사용되고 있다.

3 망간(Mn)

Mn은 탈산, 탈유를 위해 반드시 첨가되기 때문에 보통 강에는 약 1% 이하 함유되어 있다. <그림 1−3>은 0.05% C 탄소강 및 0.03% C 탄소강의 기계적 성질에 미치는 Mn 영향을 나타낸 것이다.

Mn의 증가에 따라 인장 강도와 항복점은 증가하지만 연신율의 변화는 거의 없다.

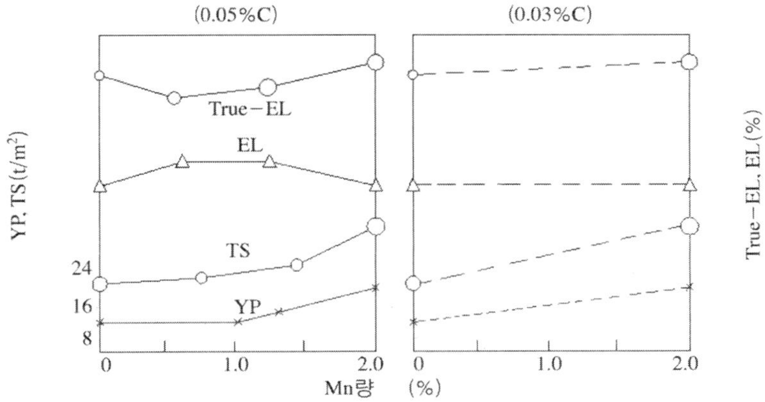

그림 1-3 | 기계적 성질에 미치는 Mn영향

4 황(S)

황은 강중의 Mn을 미세한 MnS로써 석출시켜 절삭성을 개선시키는 유효한 성질이 있다. 그러나 이러한 특수한 경우를 제외하고 가공성, 용접성 등에 악영향을 미친다.

또한 강괴 내에서 FeS로 입계 석출되어 적열 취성 및 고온 취성의 원인이 되기도 한다. 따라서 황은 입계편석의 성질이 강해 취성의 요인이 되기 때문에 특별한 관리가 요구된다.

5 인(P)

P는 S와 유사한 성질을 나타내며 강괴 내에서 현저한 편석을 유발시키므로 P의 성분관리에 세심한 관리가 요구된다.

<그림 1-4>는 저탄소강의 인장강도에 미치는 P의 영향을 나타낸 것이다. 0.05% P까지는 인장강도가 거의 변화가 없지만 0.05% P 이상에서는 P의 증가에 따라 직선적으로 증가하여 고장력강의 강화원소로 이용되기도 한다. 하지만 P는 산소와 친화력이 비교적 강해 강의 단접성을 해치는 성질이 있다.

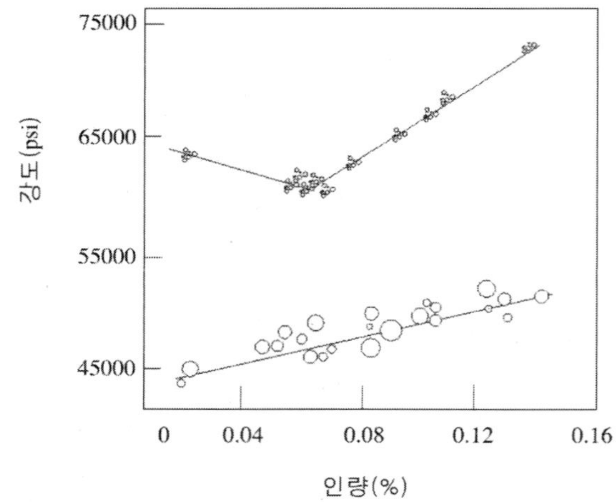

그림 1-4 ❙ **저탄소강의 강도에 미치는 P의 영향**

6 질소(N)

질소는 가공용 강판에서 질화물(AlN)로써 결정립을 미세하게 석출시켜 가공성을 향상시킨다.

제3절 | 가공성

냉연 제품의 용도는 다양하기 때문에 가공 방법도 대단히 많아, 간단한 굴곡 가공에서부터 깊은 오무림 가공까지 있다.

가공성을 크게 나누면 성형성(장출성과 Deep Drawing)과 형상성으로 나뉘어진다. 성형성은 소정의 형상으로 가공할 수 있는지 없는지이고, 이것은 또한 장출성과 Deep Drawing성으로 분류되지만 실제의 가공에서는 이러한 것을 복합한 것이 많다. 장출이라고 하는 가공은 <그림 1－5>에서 나타낸 바와 같이 재료의 강판이 직각으로 교차하는 2축 방향으로 늘어나 판 두께가 감소하여 표면적이 증가하고 있고, 어떤 소정의 형상으로 성형되어 가는 것을 말한다. 예를 들면 전형적인 장출 가공으로서는 <그림 1－6>에 나타낸 바와 같이 판의 전주를 움직이지 않도록 하여, 완전히 고정하여 두고 구형 펀치로 압출하여 그 부분의 강판이 얇게 되면서 확대되어 성형되는 것을 말한다.

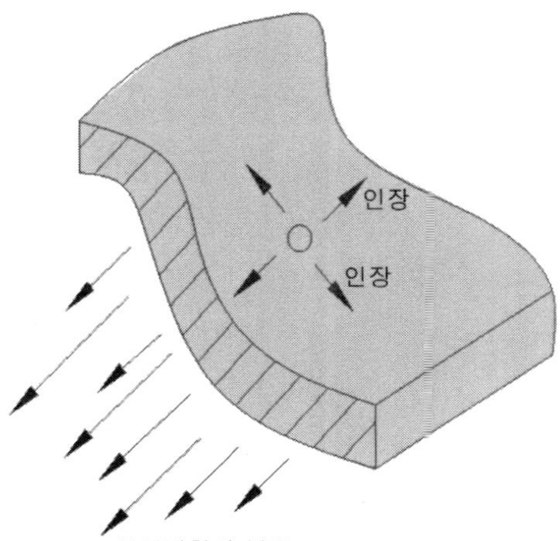

그림 1－5 | 장출에서의 변형 분포

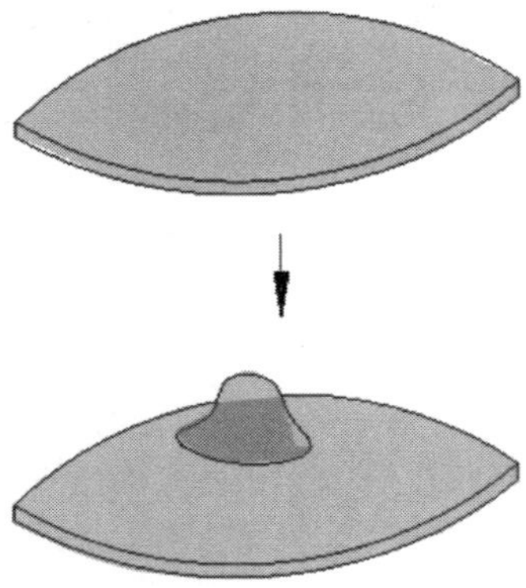

그림 1-6 ❙ **전형적인 장출 가공**

이 성형의 경우, 프레스 틀 내의 강판이 받는 응력 분포는 균일하지 않고, 즉 응력기울기가 있다. 이와 같은 응력기울기가 있는 것에서는 변형이 불균일하게 되어 변형기울기가 발생한다. 이 변형을 보다 크게 그리고 균일하게 하기 위해서는 크게 변형된 부분이 가공 경화를 일으켜, 작은 변형부에 의해 큰 응력을 전달하여 변형하는 특성이 필요하다. 이와 같이 장출성에 대해서는 신율특성이 좋고, 가공경화 특성이 우수한 것이 필요하다. 장출성을 나타내는 지표로써 에릭센치 및 가공경화계수(n치)가 있다.

Deep Drawing이라고 하는 가공은 어떤 형상으로 성형하는 것의 변형량이 대단히 커서, 프레스 틀 내의 어떤 판은 표면적의 증가만으로는 소정의 형상이 얻어지지 않는 경우로, 틀 면상의 판을 틀 구멍속으로 Drawing할 필요가 있다. 이 변형상황을 <그림 1-7>에 나타내었다.

이 경우 재료를 Drawing하여 가기 때문에 Flange 부분을 변형하는 것에 필요한 힘이 그 재료의 파단력 이상으로 되면 재료는 Drawing되어가지 않고, 펀치 두부에서 터짐이 발생한다.

따라서 보다 심한 Deep Drawing을 하기 위해서는 Flange 부분에서의 변형력이 크게 되는 특성이 필요하다. <그림 1-7>에서 보는 바와 같이 Flange 부분에서는 재료는 수축하고, 펀치(Punch)두부에서는 2축 방향으로 연신된다. 따라서 늘어나기 어렵고, 수축하기 쉬운 재료 특성이 바람직하다.

이것을 인장 시험에 있어서 인장 시험편의 변형으로 생각하면, 폭 방향으로 용이하게 수축되고, 판 두께 방향으로 감소하기 어려운 특성이라고 말할 수 있다. 이때의 판폭 변형과 판 두께 변형의 비를 Lank Ford치(소성이방성, γ치로 나타낸다)라고 하고,

Deep Drawing성을 나타내는 지표이다. 그 외 지표로서 CCV(Conical Cup Value)가 있다.

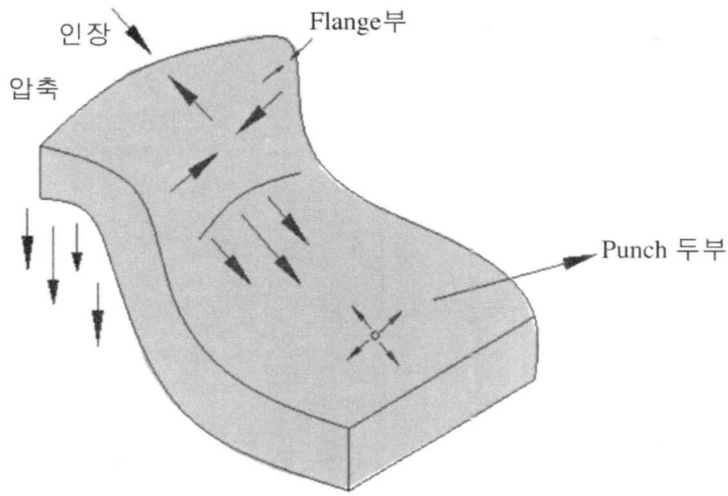

그림 1-7 | Deep Drawing에서의 응력 상태

형상성은 소정의 형상으로 가공한 후에 가공력이 제거된 상태에서 소정의 형상과 치수가 얻어지고, 또한 이러한 것이 유지되는 특성을 말하며, 형상 동결성이라고도 한다. <그림 1-8>에 나타낸 바와 같이, 인장 시험편을 강의 탄성한계 항복점을 지나 소성역까지 변형된 후, 외력을 제거하면, 시험편의 전길이는 외력이 가해진 때의 길이 $\mathcal{L}$에서 (외력 / 탄성계수)에 상당하는 길이 $\triangle\mathcal{L}$만큼 축소하여 감소한다.

이것이 프레스 성형 후 형과 제품에 치수와 형상의 차가 발생하는 원인이다. 이 차를 완전히 없게 하는 것은 불가능하지만, 될 수 있는 한 작게 할 필요가 있다. 이것에는 수축 길이가 탄성 계수에 반비례하기 때문에 형상 계수를 될 수 있는 한 크게 취하는 것이 형상성 향상을 꾀할 수 있다.

그러나, 통상의 냉연 강판에서 이 탄성 계수를 다폭으로 크게 하는 것은 대단히 어렵다. 강판의 형상성에 대해서는 탄성 계수 외에 강판의 항복점의 영향도 크다. 항복점이 낮으면 그것만큼 작은 응력으로 빨리 소성역으로 들어갈 수 있어 형상성이 향상된다.

가공성을 결정하는 제조 요인으로 제강, 열연, 냉연이라고 하는 긴 공정으로 나뉘어지는데, 각 공정의 제조 요인은 후술하고자 한다.

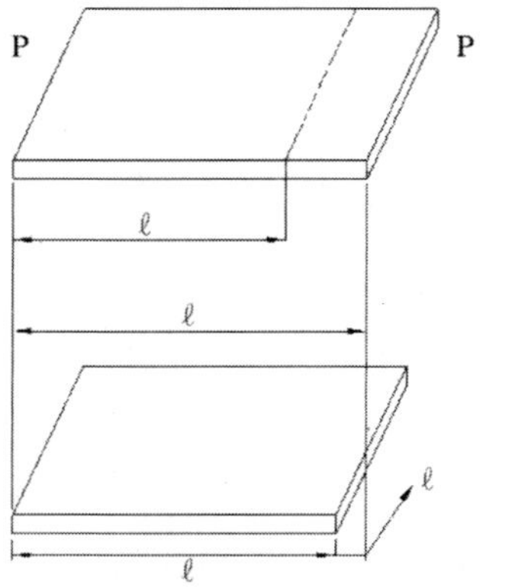

그림 1-8 ▌ **평행탄성수축**

제4절 | 용접성

냉연 강판의 사용에 있어서 프레스 가공과 함께 중요한 가공법은 용접이다. 이 두가지는 조합되어 행하여지고 있으며, 냉연 강판의 용접에 관해서 요구되는 조건은 다음과 같은 것이 있다.

① 고온의 생산성, 즉 용접의 고속화와 원가 절감
② 높은 조립 정도와 열변형이 없을 것
③ 용접부 외관이 미려할 것
④ 안정된 용접부의 강도 등

이들의 조건을 만족시키기 위해 용접 공업의 연구로 대량생산에 적합한 독특한 용접 설비가 많이 개발되었다.

용접 기술상 냉연 강판은 비교적 문제가 적은 재료이며, 대부분 극연강이므로 용접성이 양호하고 판 두께가 얇으므로 가열, 냉각도 후판에 비해 극히 적다. 용접성에 미치는 요인으로는 다음과 같은 것이 있다.

① **내부 결함** : 이중판, 거대 개재물, 농후 편석
② **탈산 부족** : 피복 아크 용접의 경우 림드강, 캡드강에 한하여 용접 부위에 CO 가스가 발생한다.
③ **표면 청정성** : 저항용접에 영향을 미친다.
④ **평탄도** : 야금적인 용접성에는 무관하지만 용접 작업에는 영향이 있다.

제5절 | 시효성

1 냉연 강판의 시효 현상

시효 현상이란 합금의 성질이 시간과 함께 변하는 현상으로 냉연 강판의 경우, 담금질 시효와 변형 시효가 있다.

일반적으로 시효를 일으키면 경도, 인장강도는 증가하고 연신율은 저하하며, 변형 시효는 항복점의 회복 현상을 일으킨다.

담금질 시효는 어느 온도 범위로부터 급냉한 경우에 일어나는 것으로, 연속 풀림 공정에서 급냉한 경우 등에서 보이지만, 보통의 Tight 코일 또는 Open 코일 풀림에서는 거의 무시해도 좋다.

변형 시효는 풀림 후 조질 압연에 의해 냉간가공을 받은 후에 나타나므로, 특히 조질 압연에 의해 소실되었던 항복점 연신이 시일이 경과함에 따라 회복하여 프레스 가공시에 스트레쳐 스트레인(Stretcher Strain)이라고 하는 변형 형태를 일으키기 때문에 제조, 사용의 양면에 있어서 중요한 기술상의 문제로 되어있다.

변형 시효의 기구는 조질 압연과 같은 가공을 받은 연강에서 시간의 경과와 함께 C와 N의 원자가 전위의 위치에 모여 전위의 이동을 방해하기 때문이다. 조질 압연 또는 레벨러를 통해 가공을 받으면 C, N의 분위기가 파괴되므로 가공 직후는 항복점 연신이 나타나지 않으며 재질도 연화한다. 그러나 이 경우도 방치하면 항복점 연신은 재차 나타나고, 재질도 경화한다. 변형 시효에 대해서 다음과 같은 2가지 대책이 있다.

① 사용 전에 레벨러 패스를 행한다.

② C, N의 원소를 문제가 되지 않을 정도(약 1ppm)까지 감소시키던가, 또는 탄화물, 질화물로 고정시킬 것

제조 측면에서는 ②항을 조정해야 하며, C와 N 중 N의 영향이 주이므로 Al, Ti, V등을 첨가해서 질화물로 고정시키는 방법이 널리 채용되고 있다. 비시효성 강판으로서 Al－킬드강이 일반적으로 널리 사용되며, Al－킬드강으로서는 Al 0.020～0.080%가 AlN을 형성하는데 충분한 양으로 되어있다.

일반 림드강 및 캡드강을 소재로 한 냉연강판에서는 변형 시효는 필연적이며, 따라서 사용 전에 조질 압연이나 레벨링을 해야 하거나 규격에 규정한 내에서 사용하여야 한다.

제6절 | 특수한 특성

1 법랑성

냉연 강판의 중요한 용도의 하나로 법랑 제품이 있다. 필요한 형으로 가공한 후, 유리질 유약을 소부하여 만들어진 것으로, 일반 도장과는 다르며, 이 용도에 사용되는 강판은 다음과 같은 특성이 필요하다.

① 법랑 결함(포립, 가스 터짐, 밀착성 등)을 발생시키지 않을 것
② 법랑 소성 온도에서의 변형량이 적을 것
③ 프레스 가공성을 갖고 있을 것
④ 소성 후의 제품 강도가 현저하게 저하하지 않을 것
⑤ 용접성, 표면 품질이 좋을 것

특히, 상기의 ①과 ②는 이 용도에만 필요하고, 적당한 가공성을 부여하고, 이러한 특성을 갖기 위해서는 일반의 냉연 강판과는 다른 공정 관리가 이루어져야 한다. 이러한 강판을 법랑용 강판 또는 에나멜 강판이라고 부른다. 외국에서는 냉연 강판과는 별개의 품종으로 취급되는 곳이 많다.

2 내식성

철의 부식은 습기, 염, 산, 알칼리, 유황 산화물 등의 존재에 의해서 진행한다. 철을 대기 중에 방치하면 단시간에 광택을 잃고, 점차 그 표면에 산화물, 수산화물, 기타 화합물로 피복된다. 대기 중의 부식의 정도는 온도, 강우 횟수와 그 양, 대기 중의 고형 불순물, 태양열의 작용, 대기를 오염시키는 가스 및 염류 등의 존재에 의해 지배되지만 부식의 진행은 수분의 존재에 의해서만 발생하고 건조 상태에서는 거의 정지한다.

Cu는 강의 내식성을 개선한다. 일반적으로 합동강은 0.3% 정도의 Cu를 함유하고 0.3% 이상의 첨가에서는 그 양적 효과를 알 수 없다. 합동강이 내식성에 우수하다고 하는 원인은 갈색의 녹 아래에 치밀한 산화동과 $FeO \cdot Fe_2O_3 \cdot H_2O$가 혼합된 검은 층을 만들고 또한 그 밑에 $Cu \cdot CuO$층이 발생하기 때문이다. 합동강에 P를 첨가하면, 역시 내식성은 좋아진다. 앞에도 기술한 바와 같이 이 합동강은 표면에 치밀한 산화막

층을 형성하는 것에 의해 부식을 현저하게 지연시키는 것으로, 스테인레스강과는 본질적으로 다르기 때문에 주의를 요한다. Cr, Ni를 소량 첨가하면 효과가 있다.

3 전자 특성

강의 전자 특성을 나타내는 것으로써 통상 철손치와 가속밀도가 있다. 자력선 중에 철이 있는 경우, 자기이력곡선(Hysteresis) 및 과전류손이라고 하는 전력 손실이 생기고, 이것은 열에너지라고 하는 형으로 방산된다. 이 전력 손실을 철손이라고 하고, 이 치는 작은 편이 좋다. 자속 밀도는 자속 방향으로 수직인 단위 면적당의 자속수로, 이 치는 큰 편이 좋다. 이러한 전자 특성을 향상시키기 위해서는 불순물이 적고, 결정립이 큰 것이 요구된다. 순철은 가장 간단한 전자재료이지만 대량으로 생산하는 것은 곤란하기 때문에 Si을 첨가하여 고전자 특성의 강판을 생산한다. Al을 첨가하여도 자성이 개선된다.

또한 결정립을 크게 하기 위해서는 열연에서 저온 사상, 고온 권취, 풀림에서 고온 풀림하는 것이 좋다.

4 타발성

강판의 사용법으로서 강판을 소정의 형상으로 타발하고, 그 후 프레스가 공을 행하여 그대로 사용하는 경우가 있다.

이 타발은 통상 다이스에 의해 행해지지만, 타발의 횟수가 증가함에 따라 환의 절삭이 나빠지고, 타발재에 Burr가 생겨 다이스를 교체해야 하는 경우가 발생한다. 이 타발 횟수는 일반적으로 소재가 연할수록 감소한다.

제7절 | 치수, 형상

1 치 수

1) 두 께

냉연 강판의 두께는 사용시 가공 정도 및 가공성에 영향을 미치는 이외에 최종 부품의 강도 보증에도 중요한 요소이다.

두께 보증은 프레스 가공시 재료의 파단 또는 금형의 손상을 방지하고 생산성과 관련된다. 따라서 수요가는 냉연 강판의 주문 두께 대비 일정 허용차 내로 두께 변동이 최소화된 제품을 요구하고 있다.

최근 냉간 압연기는 거의 모두 자동 두께 제어 시스템(AGC)를 갖추어 압연 조건을 최적으로 유지하여 두께 변동을 최소화시키는데 주력하고 있다.

이상과 같은 상황을 고려한 냉연 강판의 두께 허용치를 <표 1−3>에 나타내었다.

표 1−3 | 냉연 강판의 두께 허용치 (단위 : mm)

호칭나비 / 호칭두께	600〈W	600≤W〈 1000	1000≤W〈1250	1250≤W〈1600	W≤1600
0.25 미만	±0.03	±0.03	±0.03	−	−
0.25 이상 0.40 미만	±0.04	±0.04	±0.04	−	−
0.40 이상 0.60 미만	±0.05	±0.05	±0.05	±0.06	−
0.60 이상 0.80 미만	±0.06	±0.06	±0.06	±0.07	±0.08
0.80 이상 1.00 미만	±0.07	±0.07	±0.08	±0.09	±0.10
1.00 이상 1.25 미만	±0.08	±0.08	±0.09	±0.10	±0.12
1.25 이상 1.60 미만	±0.09	±0.10	±0.11	±0.12	±0.14
1.60 이상 2.00 미만	±0.10	±0.11	±0.12	±0.14	±0.16
2.00 이상 2.50 미만	±0.12	±0.13	±0.14	±0.16	±0.18
2.50 이상 3.15 미만	±0.14	±0.15	±0.16	±0.18	±0.20
3.35 이상	±0.16	±0.17	±0.19	±0.20	−

2) 폭

냉연 강판의 폭 주문 유형에는 Mill Edge와 Slit Edge 2종류가 있다. <표 1－4>와 같이 Mill Edge와 Slit Edge간에는 폭 정도 차이가 있다. 일반적으로 Mill Edge의 경우는 냉간 압연 전에 폭 전단을 실시하나, Slit Edge의 경우는 정정 공정에서 폭 전단을 실시한다.

보통의 프레스용 소재에는 Mill Edge로 충분하나 형상을 엄격히 요구하거나, 자동화 공정을 이용하는 곳에서는 Slit Edge를 주로 요구하고 있다.

표 1－4 ❙ 냉연 강판의 폭 허용차 (단위 : mm)

종 류	호칭 폭에 따른 구분	
	1250 미만	1250 이상
Mill Edge	+7 0	+10 0
Mill Edge	+3 0	+4 0

2 형 상

1) 열연 강판 소재 관리

핫코일 형상에는 이파, 중파 등의 외관형상과 크라운(Crown), 프로파일(Profile) 등의 단면 형상이 있다. 이러한 외관 형상은 냉연 작업에 있어서는 품질에 미치는 영향이 그다지 크지 않다.

하지만 단면 형상은 Build Up이라는 국부적인 폭방향 두께 변동은 웨이브(Wave)와 상풀림시 스티커(Sticker) 등을 유발시키기 때문에 냉연 강판의 품질 및 조업에 악영향을 미친다.

핫코일의 단면 형상을 분류하면 <그림 1－9>와 같으며 요철 크라운, 웨지(Wedge), 하이 스폿(Hi－Spot)은 제품 형상에 악영향을 미치며 냉연 공정에서 정정 공정 및 레벨러(Leveller)로 교정을 시켜도 제거되지 않고 형상 불량으로 존재한다.

TYPE	Hot rolled strip profile	Cold strip profile	Coil	Temper rolled strip shape	Allowable range
Convex		 Center ridge Center buckie	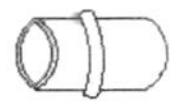 Build up	Poor	H≤6u Build up≤50u
Wedge	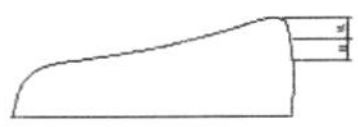	 Ridgy edge Wavy edge	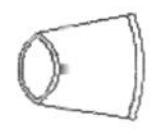 Build up		H≤6u H≤10u Build up≤50u
Concave	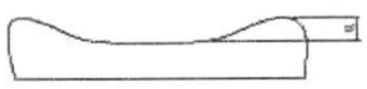	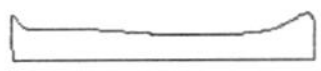 Ridgy edge Wavy edge	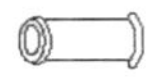 Build up	Poor	H≤6u Build up≤50u

그림 1-9 ▎**Build Up의 형태와 허용치**

2) 평탄도

냉연 강판은 열연 강판에 비해 평탄도가 좋은 제품을 얻기가 용이하다. 하지만 특히 평탄한 냉연 강판을 만들기는 곤란하나 사용상 문제가 발생되지 않도록 높은 수준의 평탄도를 얻기 위해 부단히 노력하고 있다.

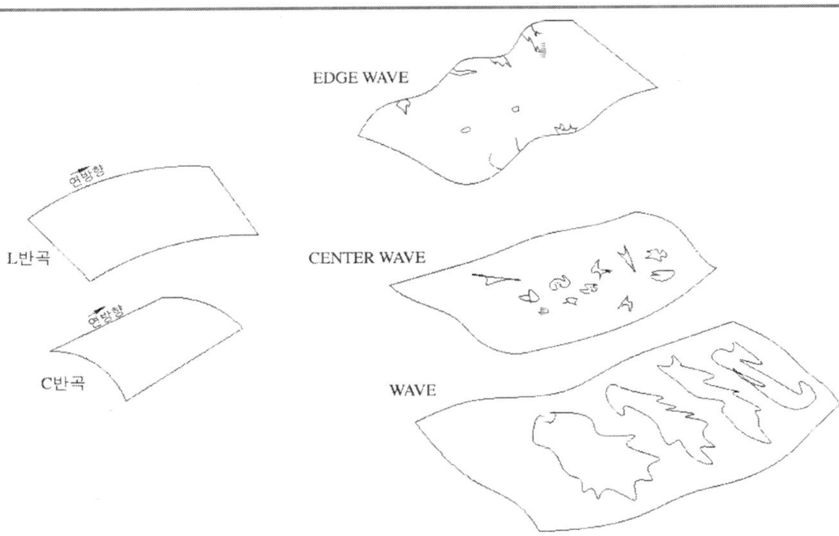

그림 1-10 ▎**스트립 평탄도에 대한 명칭**

일반적인 평탄도에 대한 명칭과 모양을 <그림 1－10>, 평탄도 측정 방법을 <그림 1－11>에 나타냈다.

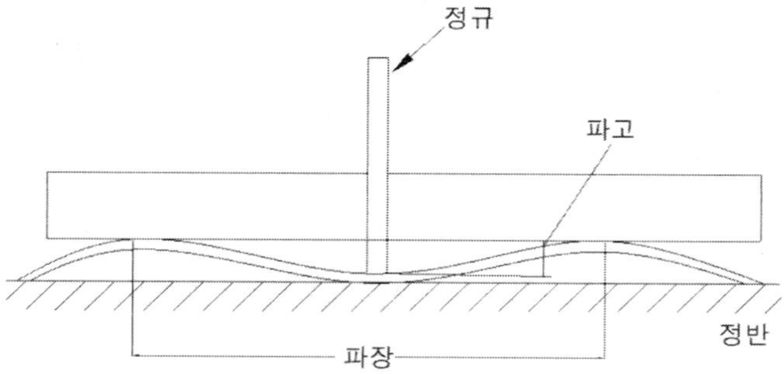

그림 1－11 **평탄도 측정방법**

이와 같은 평탄도 불량이 발생되는 원인은 핫코일의 단면 형상에 의한 것과 압연시 폭방향 위치에 따른 연신율이 일정하게 작용되지 않기 때문이다.

즉 에지 부위가 센터 부위보다 더 늘어난 경우 이파(Edge Wave)가 발생된다. 반대로 센터 부위가 에지 부위보다 더 늘어난 경우 중파(Center Wave)가 발생한다.

따라서 냉연 공정에서는 완전에 가까운 형상을 얻기 위해 열연 강판의 형상을 엄격히 요구하는 동시에 자동 형상 제어 시스템 및 레벨러를 도입하여 형상 개선에 주력하고 있다.

제8절 | 풀림 이론

1 풀림 열처리의 개요

1) 풀림의 목적

열간 압연 후 성장한 결정 조직은 냉간 압연시 상당히 변현된 조직으로 되어 경도가 높고 가공성이 좋지 못하므로 이것을 강의 재결정 온도 이상인 A3 변태점 이하 온도(600~700℃)로 가열하여 일정시간 유지하면 내부 응력이 제거되는 회복 과정, 새로운 결정이 생겨나는 재결정 과정, 새로운 결정이 점차 성장하는 결정립 성장 과정을 거치게 된다.

이렇게 회복 → 재결정 → 결정입 성장이라는 풀림 과정을 통해 경도, 항복점, 인장강도를 하락시키고 가공성을 향상시키는데 그 목적이 있다.

2) 풀림 이론

냉간 압연 후의 강판은 결정립이 압연 방향으로 길게 연신되고 경도가 높고 취약해져 가공성이 부족하다.

이것은 냉간 압연에 의하여 큰 변형을 받아 결정 조직에는 큰 내부 응력을 남기데 된다. 이와 같이 가공에 의하여 경도가 높게 되는 현상을 가공 경화라 한다.

풀림의 본질적인 목적은 강 또는 기타의 합금을 표준 상태 즉 평형 상태에 근접시키게 하는 것이다. 예를 들면 주조 과정에서 남아 있는 화학 성분의 불균일성은 균질화 풀림에 의하여 제거된다. 그러나 여기에서 말하는 불평형 상태란 냉간 가공에 의하여 내부 응력을 가지고 가공 경화된 냉간 가공 조직에 대한 것이며 이 불평형 상태도 풀림을 하면 회복, 재결정 및 결정립 성장의 단계를 거쳐 내부 응력이 제거된다.

제9절 | 소성 변형

1 금속의 변형

금속 재료가 제품으로 만들어져 사용되기까지에는 <그림 1-12>과 같이 다양한 가공법이 사용된다. 금속 가공법 중 소성 가공은 그 범위가 매우 넓으며, 단조 가공, 압연 가공, 압출 가공, 인발 가공, 전조 가공, 판금 가공, 프레스 가공 등이 이에 속한다. 금속 재료는 가공 방법에 따라 재료의 조직과 기계적 성질이 달라진다.

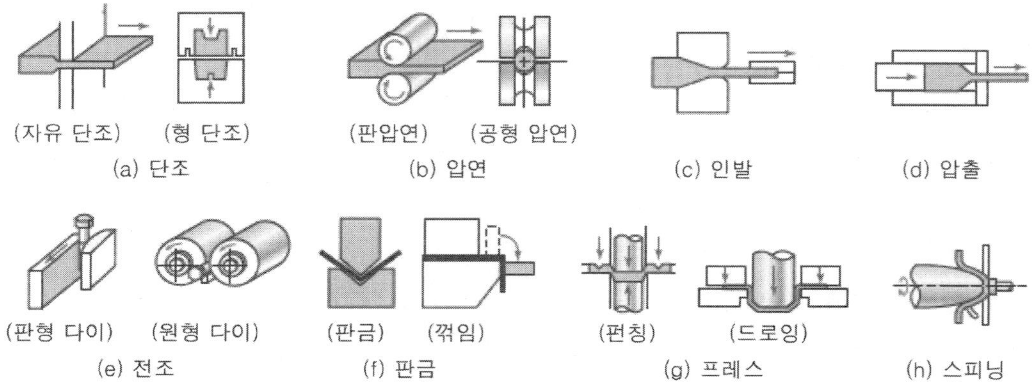

그림 1-12 | **주요 소성 가공법**

1) 탄성과 소성

일반적으로 재료에 외력을 가하면 재료 내부에 응력 상태가 발생하여 늘어나거나 줄어들어 변형이 생긴다. 이때 외력의 크기가 작을 때에는 가했던 힘을 제거하면 재료는 원래의 모양으로 되돌아간다. 이러한 재료의 성질을 탄성이라 하고, 탄성을 나타낼 때까지의 변형을 탄성 변형이라고 한다. 반면에 재료에 일정 한도 이상의 힘을 가하면 재료에 생긴 변형이 힘을 제거한 다음에도 그대로 남게 된다. 이러한 성질을 소성이라 하고, 이때의 변형을 소성 변형이라고 한다.

재료의 변형에 따른 성질은 용수철의 예에서 쉽게 알아 볼 수 있다. 용수철을 적당히 잡아 늘였다가 다시 놓으면 원래의 모양으로 되돌아오는 탄성 변형을 하지만, 어느 한도 이상으로 과도하게 잡아늘이면 가했던 힘을 제거하여도 원래의 모양으로 되돌아오지 않는다.

많은 공업용 재료는 탄성과 소성을 동시에 가지고 있다. 즉, 어느 한도까지의 변형에서는 탄성이 나타나지만 어느 한도를 지나면 소성이 나타난다. 재료의 소성 변형에 관한 특징을 파악하기 위해서는 인장 시험에 의한 것이 보통이다.

<그림 1-13>에서 가로축은 시편의 처음 길이 l0이 대한 늘어난 양(l－l0)을 나타내는 변형률이고, 세로축은 최초 단면적(A_0)당 가해준 하중(P)을 나타내는 공칭 응력(v)이다. 응력과 변형률과의 관계는 처음에는 하중의 증가에 따라 직선적으로 변형률이 증가하는 구간이 있다. 이 범위 안에서는 하중을 제거하면 재료는 원래 상태로 되돌아오는데, 이때 응력과 변형률 사이에 비례 상수 E를 탄성 계수라고 한다.

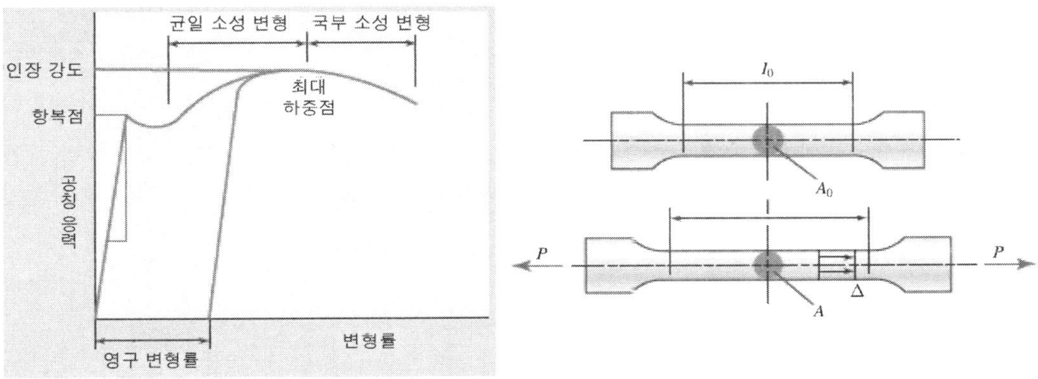

그림 1-13 ▌ **연강의 공칭 응력-변형률 곡선**

이러한 직선 관계가 이루어지는 범위를 넘어 계속적으로 하중을 가하면 하중을 제거하더라도 재료에는 영구 변형, 즉 소성 변형이 남게 된다. 재료가 영구 변형을 일으키기 시작하는 것을 항복이라고 한다.

2) 슬립과 쌍정

금속의 소성 변형을 설명하는 원리에는 <그림 1-14>와 같이 슬립과 쌍정에 의해 설명된다. 격자 구조로 되어 있는 금속 재료는 외력이 재료에 가해지면 결정 내에서 인접하고 있는 평행한 격자면에 서로 슬립이 일어나며, 이러한 슬립이 여러 개 겹쳐(슬립대) 소성 변형을 일으키게 된다.

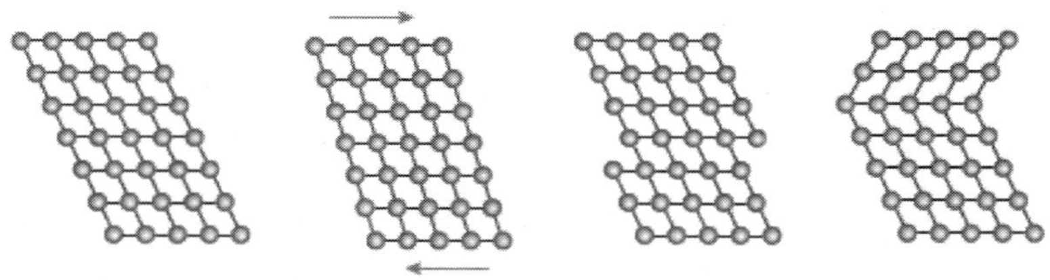

(a) 원 상태 (b) 탄성 변형 (c) 슬립 변형 (d) 쌍정변형

그림 1-14 | 슬립 변형과 쌍정 변형

결정의 슬립은 같은 결정 내에서도 원자 밀도가 가장 큰 격자면과 방향에서 슬립이 잘 일어난다. 이와 같이 원자 밀도가 가장 큰 면과 방향을 슬립면, 슬립 방향이라 한다. 슬립이 계속 진행하면 결정은 점점 단단해져 변형이 어려워지는데, 이때에는 풀림 열처리를 하면 연화된다.

금속의 소성 변형은 주로 슬립에 의해 일어나는 것이나 슬립이 일어나기 어려울 때, 때로는 쌍정에 의해서도 이루어진다. 쌍정은 냉간 가공할 때 변형에 의해 결정 중의 어느 일부분이 다른 결정에 의해 눌려 그 층의 원자가 쌍정 방향으로 이동하여 아래 위층의 결정층에 대하여 대칭으로 나타난다.

2 변형 온도와 소성

1) 냉간 가공

재료의 소성은 가공할 때의 온도와 재료가 받는 열처리 이력에 따라 크게 변한다. 또한 가공 후의 열처리에 따라서도 재료의 성질을 여러 가지로 바꾸는 것이 가능하다.

금속을 냉간 가공하면 결정 입자가 미세화되어 재료가 단단해지는 가공 경화 현상이 일어난다. 냉간 가공된 금속의 결정 입자는 금속 내부에 들어 있는 비금속 개재물과 함께 가공 방향으로 길게 늘어나는 섬유 조직으로 된다. 냉간 가공된 금속을 재가열하면 가공 전의 연한 상태로 되돌아가는데, 재결정이 끝난 금속의 결정 입자 크기는 가공도와 가열 온도에 의해서 많은 차이를 나타낸다. <그림 1-15>는 냉간 가공도에 따른 기계적 성질의 변화 경향을 나타낸 것이다. 탄성 한도, 비례 한도 등 소성 변형의 양을 나타내는 수치는 냉간 가공에 의하여 어느 정도 변하나, 그 과정은 매우 복잡하다. 그 밖에 전기 전도율은 냉간 가공이 진행됨에 따라 경화할수록 낮아지고 온도 계수도 낮아지나 저항은 커진다.

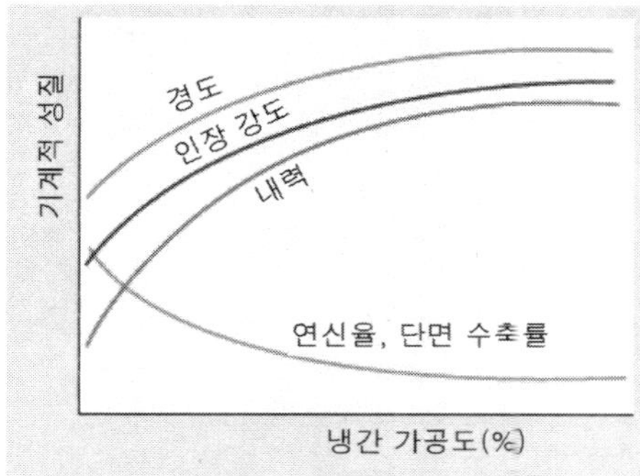

그림 1-15 ▌ 냉간 가공도에 따른 기계적 성질의 변화

일반적으로 비금속 불순물이 많을수록 경화의 정도가 심해지며 경도, 인장 강도, 항복 강도 등이 커지는 반면, 연신율과 단면 수축률은 감소한다. 블순물이 고용체로서 결정 격자 안에 용해되어 있을 때에는 영향이 비교적 작으나 불균일한 상으로 존재할 때에는 소성 가공이 잘 되지 않는다.

2) 냉간 가공재의 풀림

냉간 가공한 재료를 가열하여 풀림을 하면 가공에 의해서 변화한 성질이 가공 전의 상태로 되돌아간다. 이때의 과정은 회복(recovery), 재결정(recrystallization), 결정 입자의 성장(grain growth)이다. 회복은 냉간 가공으로 인하여 일어난 결정 입자의 내부 변형이 없어지는 과정이며, 재결정은 가공에 의하여 변형된 결정 입자가 새로운 결정 입자로 바뀌어 가는 과정이다. 또 재결정에 의하여 생긴 새로운 결정 입자는 온도가 올라가고 시간이 경과되면 결정 입자의 성장이 계속 일어난다.

이 과정은 새로운 결정 입자의 핵의 발생과 그 성장을 포함하며, 새로운 결정 입자는 가공에 의해 변형된 결정 입자와는 모양이나 방향이 다르다.

금속의 재결정 온도는 금속의 종류, 가공도, 가열 시간 등에 따라 다르며, 가공도가 클수록, 가공 전의 결정 입자가 미세할수록, 가열 시간이 길수록 재결정 온도는 낮아진다. 특히, 가공도가 클수록 재결정 온도는 낮아지며 생성된 입자가 미세하고, 반대로 가공도가 작을수록 생성된 입자는 거칠고 커진다. 재결정은 가공 전의 결정 입자의 크기에 영향을 받는다. <그림 1-16>은 극연강의 재결정 과정을 조직으로 나타낸 것이다.

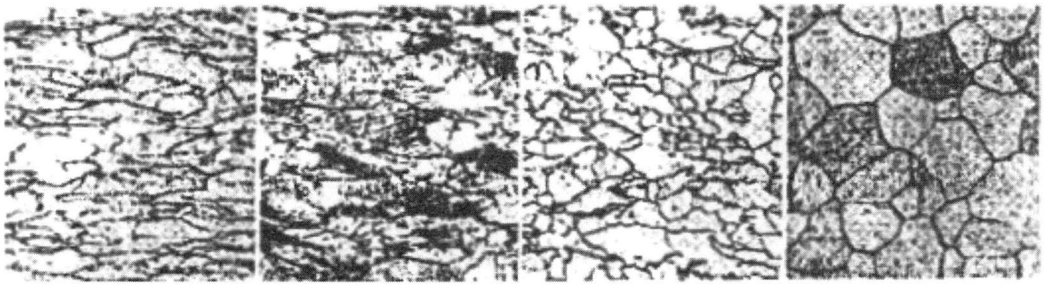

(a) 60% 냉간 가공 | (b) 550℃ 1hr 재결정 개시 | (c) 600℃ 1hr 재결정 완료 | (d) 700℃ 1hr 결정립 성장

그림 1-16 ▌ **연강의 재결정 과정**

결정 입자가 성장하면 기계적 성질이 나빠지게 되므로, 결정 입자가 성장하지 않는 온도에서 열처리하여야 한다. <그림 1-17>은 냉간 가공한 재료의 풀림에 의한 기계적 성질 및 결정 입자의 변화를 나타낸 것이다.

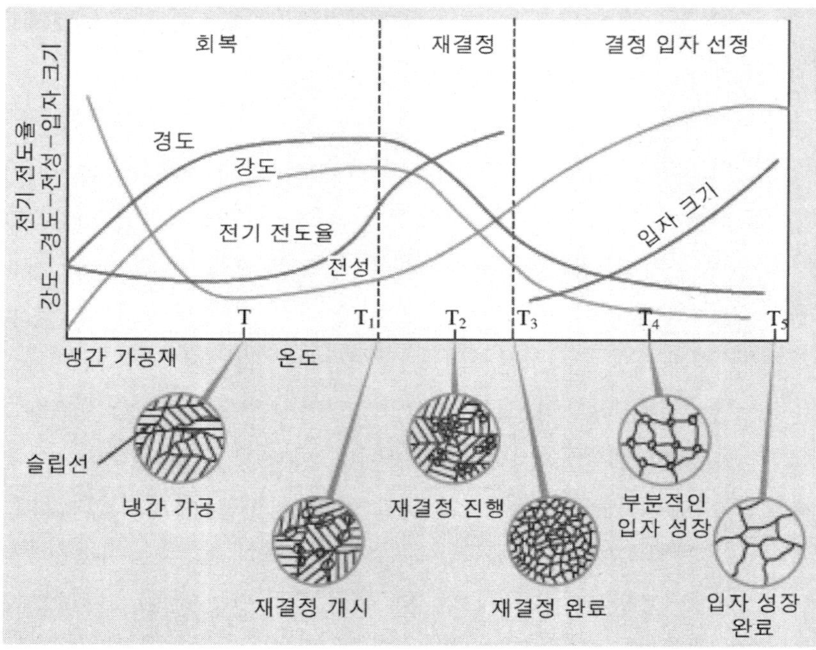

그림 1-17 ▌ **냉간 가공한 재료의 재결정 과정**

3) 재결정

금속 가공에는 재결정 온도를 기준으로 하여, 재결정 온도보다 낮은 온도로 가공하는 경우에 냉간 가공이라 하며, 재결정 온도보다 높은 온도로 가공하는 경우에 열간 가공이라고 한다.

재결정 온도는 금속의 종류에 따라 서로 다르며, 열간 가공과 냉간 가공의 온도 범위도 각 금속에 따라 다르다. <표 1-5>는 주요 금속의 재결정 온도를 나타낸 것이다.

금속	Au	Ag	Cu	Fe	Ni	W	Mo	Al	Zn	Sn	Pb	Pt	Mg
재결정 온도(℃)	200	200	200 ~ 300	350 ~ 400	530 ~ 660	1,200	900	150 ~ 240	7 ~ 75	-7 ~ 25	-3	450	150

표 1-5 ❙ **주요 금속의 재결정 온도**

<그림 1-18>은 철강 재료의 냉간 가공 및 열간 가공의 온도 범위를 철-탄소계 상태도에 나타낸 것이다. 냉간 가공 영역인 210~360℃ 부근에서는 인장 강도는 높아지나 연신율이 갑자기 감소하는 청열 메짐 구간이 존재하는데, 이 온드 구역은 냉간 가공을 할 때 피해야 한다.

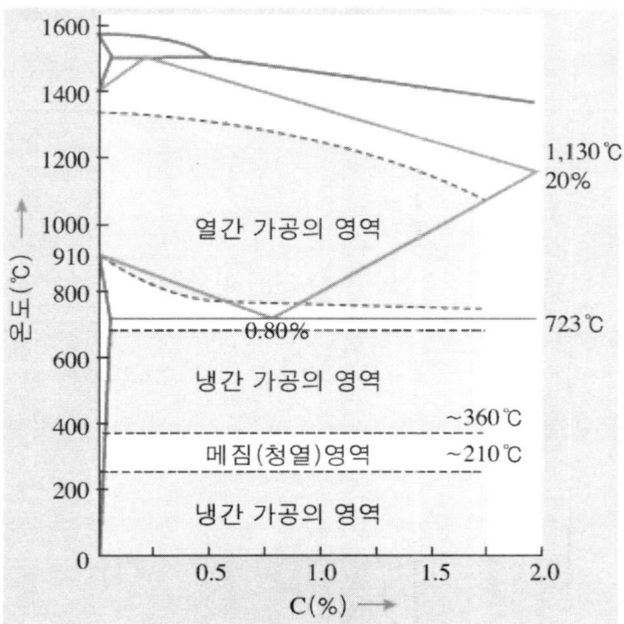

그림 1-18 ❙ **열간 가공 및 냉간 가공의 온도 범위**

일반적으로 냉간 가공된 재료는 결정의 내부 변형과 결정 입계의 미세화로 인하여 단단해진다. 그러므로 열처리에 의해 연화시킨 후에 다시 냉간 가공하면 기계적 성질이 우수한 재료를 얻을 수 있다.

4) 섬유 조직이 재료에 미치는 영향

재료의 조직은 압연할 때의 가공 온도에 따라 달라진다. 재결정 이하의 냉간 가공에서 재료의 조직은 결정립이 늘어난 상태로 남게 된다. 이러한 조직을 섬유 조직이라 한다. 섬유 조직은 압연 방향으로 길게 늘어나며, 압연 가공도가 클수록 더욱 심해진다. 또한 냉간 가공도에 따라 그림 1-19와 같이 결정립이 변하는 정도가 달라진다.

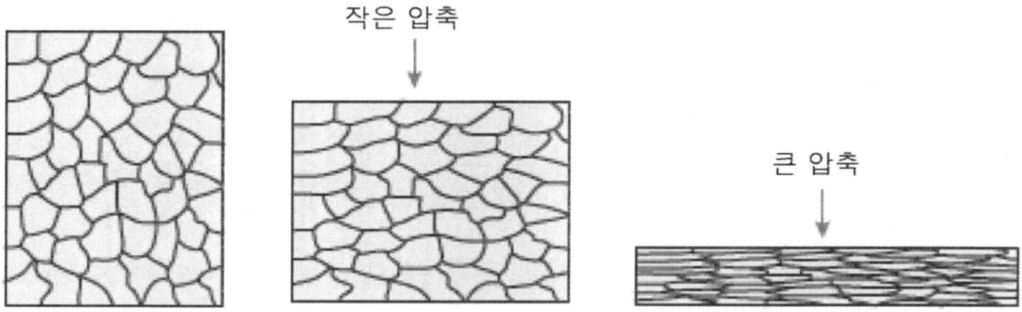

(a) 가공 전　　(b) 가공 후　　(c) 가공 후

그림 1-19 ▎냉간 가공에 의한 조직 변화

냉간 압연 재료가 섬유 조직으로 변하면 여러 가지 성질이 달라진다. 우선 기계적 성질에 방향성이 나타난다. 냉간 압연된 재료는 이방성을 나타낸 다음에 성질이 근본적으로 변화한다. 특히 강도, 항복점, 경도가 증가하고 연신율과 인성이 감소한다.

또한 냉간 가공도가 커짐에 따라 전기 전도율, 투자율이 감소하고 항자력이 증가한다. 기계적 성질의 변화로서는 냉간 가공도가 커질수록 가공 경화는 증가한다.

Part 02

냉연 강판 제조

Chapter 01

최신냉간압연공학

산세

제1절 | 산세 이론

냉간 압연의 재료가 되는 핫코일은 사상 압연에서 온도가 약 300℃로 열간 압연하므로 그 표면에는 철과 산소의 화학적 화합물, 즉 스케일이 발생하여 이러한 상태에서 냉간 압연을 하게 되면 스케일 압입에 의하여 표면재질을 매우 거칠게한다. 또한 제품의 미관을 손상시키고 아연, 주석 등의 도금성 및 에나멜 등의 도장성을 해치게 되며 Deep Drawing 등의 가공이 곤란해지는 것은 물론, 냉간 압연을 만족하게 할 수 없으므로 스트립 표면의 스케일을 제거하기 위한 것이다.

1 산세 목적

열간 압연을 거친 핫코일은 권취시에 표면에 스케일이 많이 생성되어 있기 때문에 냉간 압연 전에 제거를 해야한다. 이 작업이 산세 작업으로 그 목적은 다음과 같다.

1) 스트립 표면의 산화막(스케일)을 제거한다.

① 기계적인 방법 : 스트립을 Bending시켜 스케일 제거
② 화학적인 방법 : 염산이나 황산을 사용하여 화학적으로 스트립의 스케일 제거

2) Side Trimming한다.

3) 코일의 대형화, 연속화(Flash Butt Welder)

4) 불량부 제거

5) 산세한 코일에 오일링한다.

2 스케일의 형성과 조직

일반적으로 철이라 부르는 것 중에 스케일은 철강의 열처리 중에 생긴 검고 단단한 피막을 말한다.

고온으로 열간 압연 작업시 관표면에 생성하는 고온 스케일의 구조는 갈철광(Wustite : FeO), 자철광(Magnetite : Fe_3O_4), 적철광(Hematite : Fe_2O_3)의 3종류의 산화물층이 형성되고 대부분이 FeO층으로 전체 산화물중 95% 정도를 점유하게 된다. 이중 FeO층 중에는 갈철광의 냉각시 $4FeO \rightleftarrows \alpha-Fe+Fe_3O_4$와 같이 공석변태를 일으켜 Fe와 Fe_3O_4의 소립자가 산제하게 된다.

스케일 층의 두께는 일반적으로 6～10μ정도이지만 사상 온도가 930℃정도로 되면 15μ까지 되는 것도 있다.

<그림 2－1>에 나타난 것 같이 사상 출구 온도가 높을수록 스케일 생성량은 많아지는 것을 알 수 있다.

스케일의 조성은 급속 냉각된 곳일수록 잔류 갈철광이 많고 또 급냉에 따라 발생한 균열부가 다수 존재한다. 스트립의 중앙부는 에지부보다 서냉됨에 따라 갈철광의 분해가 진행하고 균열이 적은 자철광이 많이 생성되기 쉽다.

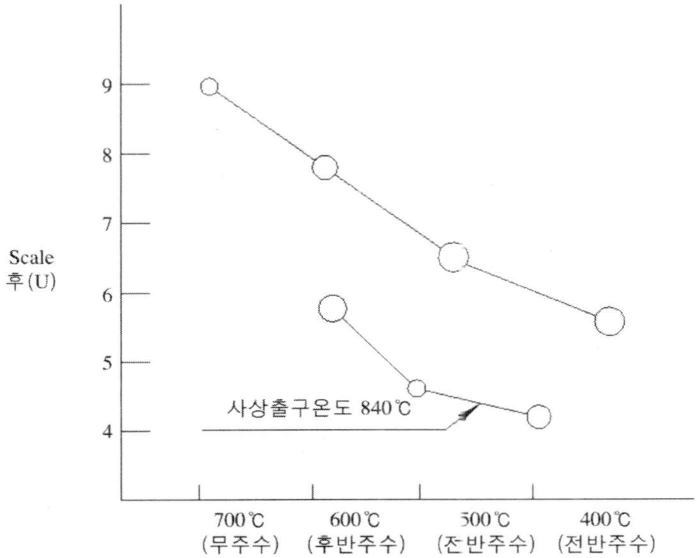

그림 2－1 ‖ 권취 온도와 스케일 두께

1) 통상 고온 575℃ 이상에서 생성된 스케일(산화철)

대기와 접한 외층은 가장 산화도가 높은 Fe_2O_3의 엷은 박막이고 내측은 비교적 두꺼운 자철광의 층이 존재하고 가장 내측에는 FeO층이 형성된다.

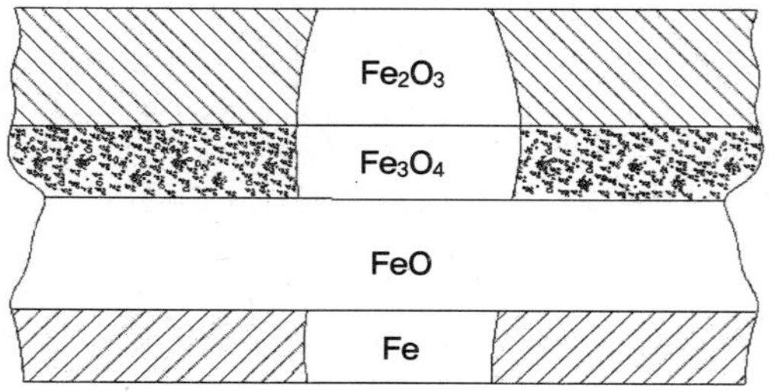

그림 2-2 | 고온 스케일 생성 구조

2) 통상 저온에서 (575℃ 이하) 생성된 스케일(산화철)

575℃ 이하에서 생성된 스케일로서 갈철광 층이 거의 존재치 않고 자철광 층으로 조성되어 있다.

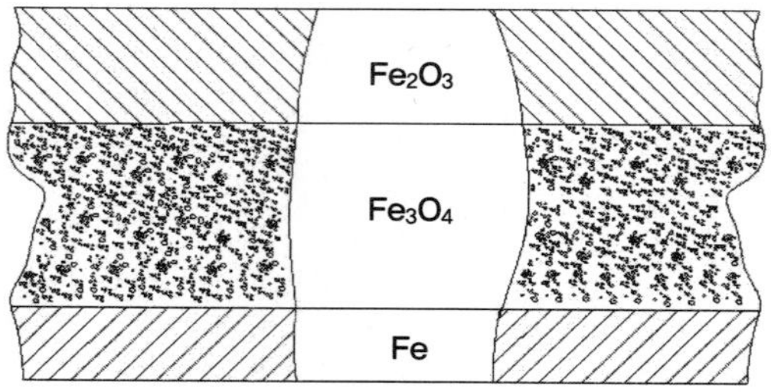

그림 2-3 | 저온 스케일 생성구조

3 Descaling 기구

산세액은 황산, 염산, 질산, 인산 등의 무기산으로 사용 특성이 각각 다르다. 산세용액은 황산이 대표적인데 최근에는 염산이 주로 사용되고 있으며 염산이 황산대비 약 1.5배 산세력이 좋다.

<표 2-1>은 염산과 황산의 산세기구를 설명한 것이다.

표 2-1 | Descaling 기구

구분	염 산 산 세 법	황 산 산 세 법
반응식	$Fe+2HCl \rightarrow FeCl_2+H_2$ $FeO+2HCl \rightarrow FeCl_2+H_2$ $Fe_2O_3+6HCl \rightarrow 2Fe_2O_3+3H_2O$ $Fe_3O_4+8HCl \rightarrow FeCl_2+2FeCl_3 \cdot 4H_2O$	$Fe+H_2SO_4 \rightarrow FeSO_4+H_2$ $FeO+H_2SO4+H_2O$ $Fe_2O_3+H_2SO \rightarrow Fe_2(SO_4)_3+H_2O$ $Fe_2(SO_4)_3+H_2O \rightarrow 2FeSO_4+H_2SO_4$

일반적으로 산세성은 $FeO \rightarrow Fe_3O_4 \rightarrow Fe_2O_3$ 순으로 FeO가 가장 좋다. 이것은 FeO가

① 산에 대한 화학적 및 전기 화학적 용해 속도가 빠르고

② 파단 강도가 Fe_3O_4, Fe_2O_3에 비해 낮고, 과냉각 Strain을 갖기 때문인 것으로 여겨진다.

4 Descaling 능력

1) 산종류의 영향

염산이 황산의 1.5배 정도 산세 시간이 짧다.

2) 온도 및 산농도의 영향

산세 용액의 온도와 농도가 높을수록 산세성은 향상되며 <그림 2-4>에 온도와 산농도와의 관계를 나타내었다.

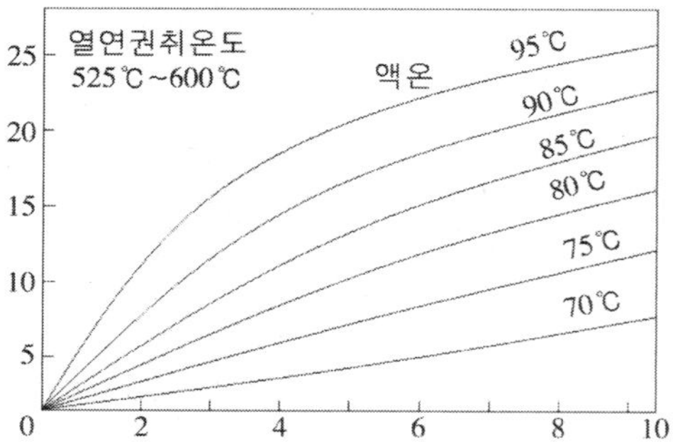

그림 2-4 ▌ **온도와 산농도의 관계**

3) 철분의 영향

황산의 경우는 철분이 증가함에 따라 디스케일 능력은 저하되고, 염산은 능력이 커지지만 $FeCl_2$의 석출한계 농도 부근에서 급격히 저하된다.

4) 열연 조건의 영향

<그림 2-5>와 같이 열연 권취 온도가 높을수록 산세 시간이 길어진다.

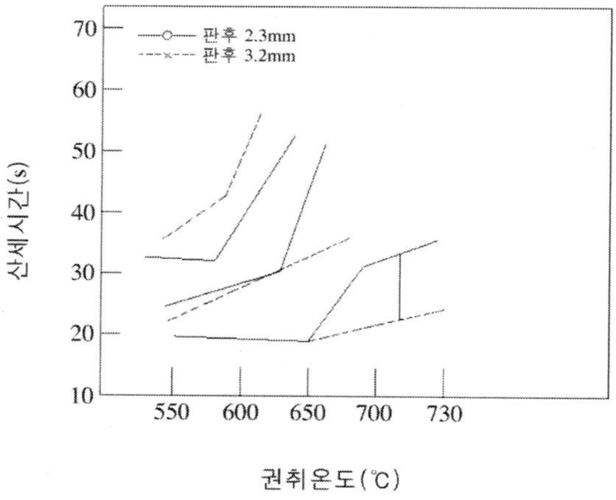

그림 2-5 ▌ **권취온도와 산세시간**

5) 스케일 브레이커 영향

일반적으로 스케일 브레이커(Scale Breaker)에는 Skin Pass Mill, Tension Leveller, Shot Blast 등이 있다. 황산의 경우 스케일 브레이커가 필수 설비이고 염산은 적용하지 않는 경우도 있으나 스케일 브레이커를 적용·사용할 경우 상당한 효과가 있다.

5 산회수 이론

산회수 처리 방법에는 ① 배소 방식 ② 가열 증발 방식이 있다. 이중 배소 방식이 가장 널리 이용되고 있다.

배소법은 폐산을 고온 가열한 배소로에 공급하고 수분을 증발 후 염화철을 산소와 반응시켜 산화제2철(Fe_2O_3)과 염화수소(HCl)로 열분해 시킨다.

$$FeCl_2 + 4H_2O + O_2 \rightarrow 2Fe_2O_3 + 8HCl$$

고온의 배소로 가스는 집진장치에서 미세한 Fe_2O_3를 제거하고 가스 냉각기(Gas Cooler)에서 냉각 후 염산 흡수탑에서 물과 혼합시켜 약 18% 농도의 염산을 97~98% 정도 회수하여 산세 라인에 재공급한다.

6 폐산처리

산회수 장치에서 대기로 배출되는 가스의 성상은 공해방지를 위해 철저히 관리하고 있다.

통상 폐가스 중에는 HCl분 5ppm 이하, Fe_2O_3분 0.2/Nm^2 이하 함유되어 있다. 폐수처리는 중화처리장에서 일괄처리하고 있으며 중화처리장에서는 pH 4 이상, Fe 1,000ppm 이하 정도로 관리한다.

1) 재생산의 성상

분무 배소, 유동 배소 같이 18%의 염산이 97~98%의 효율로 회수된다. 재생산 중에는 약간의 Fe^{3+}분이 함유되고 이 양은 배소로 출측의 집진기의 능력에 좌우된다. 산세조 내에 3가 철이온(10N)이 많이 존재하면 지철과 반응하여 피트(Pit) 홈의 원인으로 될 수 있으므로 Fe^{3+}의 함유량은 낮출 필요가 있다.

2) 폐가스, 폐수의 성상

산회수 장치에서 대기로 배출되는 가스의 성상은 공해 방지를 위해 철저하게 관리되어야 한다. 통상 폐가스 중의 HCl분은 5ppm 이하에 Fe_2O_3분에 $0.2/Nm^3$ 이하로 관리하고 있다.

폐수 처리는 중화처리장에서 일괄처리하고 있으며 중화 처리 능력에서 pH는 4 이상, Fe분은 1,000ppm 이하 정도에서 관리한다.

3) 회수철분(산화철)의 성장

산회수 장치에서 회수된 산화제2철은 순도가 높고 용도에 따라 고가에 판매되는 수가 있으므로 엄격하게 관리할 필요가 있다. 산세 공정에서 주의할 점은 산세조 내의 공업용수, 이물의 혼입방지 산세조 내 코팅제의 마모 등이 있지만 원가관리상 부산물의 판매를 위해 산화철 품질 관리도 필요하다.

제2절 | 산세 압연 공정

냉간 압연은 대부분 산세 후 곧바로 냉간 압연을 실시하므로 산세 라인(PL : Pickle Line)과 연속 냉간 압연 설비(TCM : Tendum Cold Mill)이 결합되어 있는 라인으로 구성되어 있다.

1 PL/TCM 공정도

PL/TCM 공정도는 <그림 2-6>과 같이 구성되어 있다.

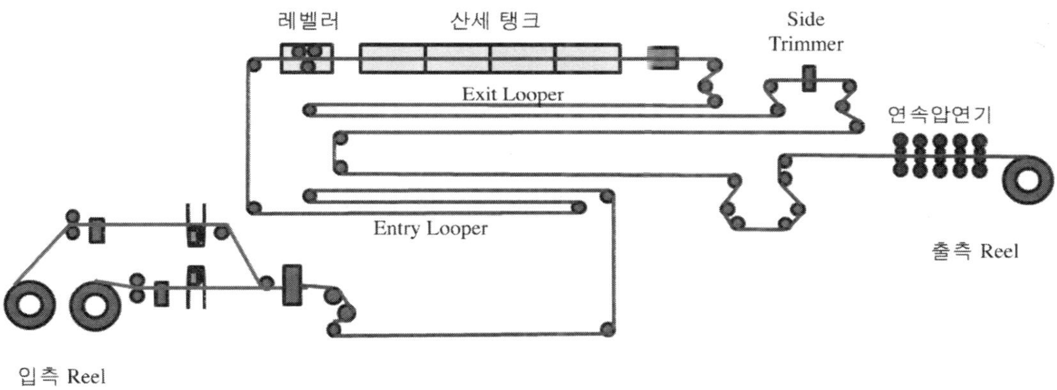

그림 2-6 | PL/TCM 공정도

1) 코일 준비기(Coil Preparation)

냉간 압연하기 위해 소재인 열연 코일을 투입하기 위해 준비 및 대기하는 장치로서 Walking Beam Conveyor, Measuring Machine, Debanding Machine, Weighting, Off Line Shear로 구성되어 있다.

2) 페이 오프 릴(Pay Off Reel)

냉간 압연 소재인 열연 코일을 걸어서 풀어주는 장치이다.

3) 핀치롤(Pinch Roll) 및 플래트너(Flattener)

굴곡이 심한 코일의 상부와 하부를 편평하게 펴주어 통판이 잘되도록 하는 보조 장치이다.

4) 더블 컷 시어(Double Cut Shear)

열연 코일의 선단부와 미단부를 절단하는 장치이다.

5) 용접기(Welder)

복합 타입 플래시 웰더(Combination Type Flash Welder)는 선행 코일의 선단부를 플래시 용접에 의해 맞대기 용접하는 장치이다. 이 장치는 플래시 버트 웰더(Flash Butt Welder)로서 자동 프로그램으로 용접이 진행되도록 구성되어 있다.

6) 엔트리 루퍼(Entry Looper)

엔트리 루퍼는 산 탱크 전단부에 위치하여 입측에서 스트립 용접 작업시 엔트리 부분(Entry Section)이, 정지시에도 진행 부분(Process Section)이 정지하지 않고 연속 작업을 수행할 수 있도록 판을 저장하여 용접 시간을 보상해주는 장치이다. 엔트리 루퍼는 스트립을 저장하기 위한 루퍼카(Looper Car)와 이를 구동시켜주는 와이어 드럼(Wire Drum) 및 스트립의 지지를 위한 와이어 서포트 롤(Wire Support Roll)이 설치되어 있다.

7) 텐션 스트레쳐 레벨러(Tension Stretch Leveller Unit)

산세 전 스트립의 스케일을 기계적으로 제거하고 판의 형상을 교정하는 장치이다. 이 장치를 통과하면 탈 스케일 효과를 얻을 수 있는 것이 가능하고 형상 교정으로도 우수하기 때문에 스트립의 통판성(평탄도 : Flatness)이 개선된다. 이 장치는 정비가 용이하고 폐수 관리가 필요없는 드라이 타입을 주로 사용한다.

8) 산 및 수세 탱크(Pickling & Rinse Tank)

산 탱크는 Shallow Tubulance 타입을 채용하고 있으며 탱크 내에는 약 85~90℃ 온도로 가열되어진 염산이 저장되어 통과되는 스트립에 분사하여 스트립 표면의 스케일을 제거하는 장치이다. 수세 탱크는 산 탱크 통과시 표면에 묻어 있는 산액을 열간 수세 스프레이(Hot Rinse Spray)로 제거시킨다.

9) 출측 루퍼(Exit Looper)

출측 루퍼는 #1, #2 두 개로 구성되어 있다. #1 출측 루퍼는 엔트리 루퍼와 동일하게 산 탱크부의 하부에 설치되어 있으며, #2 출측 루퍼와 함께 놋쳐(Notcher) 절단, 트리머 폭 변환 등으로 작업을 가능하게 하기 위한 장치이다. 일반적인 출측 루퍼의 규격을 <표 2-2>에 나타내었다.

표 2-2 Ⅰ Exit Looper의 규격

구분		두께	폭	내경	외경	단중	비고
#2 RCM	소재(입)	1.6~4.5	700~1380	675	2300	Max 35T	
	소재(출)	0.15~2.3	700~1380	508	2300	Max 35T	
#3 RCM	소재(입)	1.5~5.1	680~1550	672	2300	Max 24T	2.0mm초과 (MC압연)
	소재(출)	0.4~3.2	680~1550	508	2300	Max 24T	

10) 사이드 트리머(Side Trimmer)

연속적으로 통과되는 스트립의 양 사이드를 연속적으로 절단하는 장치로서 Pull Cut 방식의 Overhang Type Housing 선회식이다 하우징 선회는 유압 실린더로 이루어지고 속도 조절 기능 모터 및 위치 검출기를 사용함으로써 고정밀도로 자동으로 폭이 조절이 가능하도록 되어 있다. 사이드 트리밍 후 나온 스트립은 에지의 스크랩을 처리가 용이하도록 120~250mm로 절단해주는 스크랩 쵸퍼(Scrap Chopper)가 사이드 트리머 후단에 설지되어 있다.

스트립 절단 단면은 전단면과 파단면이 있으며 전단면이 너무 커지면 냉간 압연시에 에지부의 균열이 발생하기 쉽다. 또한 <그림 2-7>과 같이 Gap/Lap 부정확으로 Burr가 발생시 톱귀(Saw Edge)의 원인이 된다

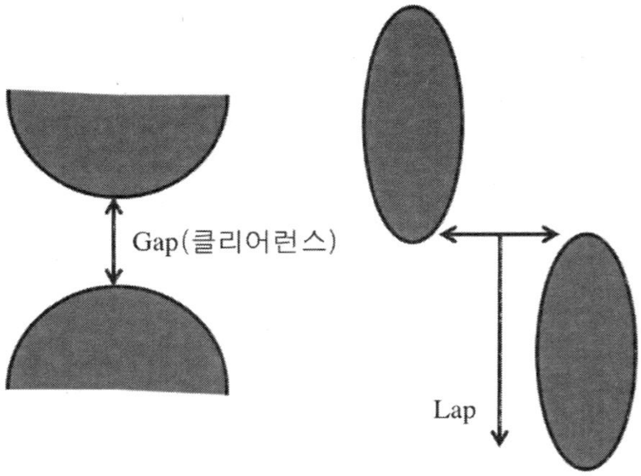

그림 2-7 ❙ Side Trimming

11) 압연기

스트립 두께를 요구하는 두께로 압연하는 장치로 6단롤, 20단롤의 형태로 구성되어 있다. 6단롤의 경우 작업롤, 중간롤, 받침롤로 구성되어 있는 압연기로서 압연재 판폭에 대응하여 중간롤을 축 방향으로 이동시킴으로서 형상이 양호한 스트립을 얻을 수 있다.

압연기 전후에는 <표 2-3>와 같은 검출기가 있어서 스트립의 형상을 검출할 수 있다.

표 2-3 ❙ 측정 장치

종류	내 용
X-Ray	X-Ray Gauge는 스트립의 두께를 연속적으로 측정하는 장치로서 #1, 2, 3, 5 스탠드 압연기 전단에 각 1대와 #5 스탠드 압연기 후단에 두 대가 설치되어 있다.
Tension Meter Roll	롤의 베어링 케이스 하부에 로드셀이 설치되어 있어 압연 중에 각 압연기 사이의 스트립 텐션을 검출하여 보상할 수 있게 하는 장치이다.
Profile Meter	산세의 각 탱크 출측에 설치되어 있어 열연 코일의 두께 형상을 측정하여 그 정보를 #1 스탠드 압연기에 전달하여 정밀한 압연을 할 수 있도록 하는 장치이다.
Shape Meter	#5 스탠드 압연기 후단에 1대 설치되어 있으며 압연되어 나오는 스트립의 형상을 검출 및 평탄도를 보상하는 장치이다.

12) 드럼 시어(Drum Shear)

압연 중 압연기가 정지하지 않고 스트립을 절단하는 드럼 타입의 시어이다.

13) 텐션 릴(Tension Reel)

#5 스탠드 압연기에서 압연 후의 스트립을 소정의 코일로 권취하는 것으로 드럼 시어에서 분할된 스트립을 압연기 정지 없이 연속적으로 권취가 가능하게 두 개의 드럼으로 되어 있고, 이 두 개의 드럼은 공전에 의해 필요한 위치에 세팅이 가능한 구조로 되어 있다.

14) 벨트 레퍼(Belt Wrapper)

텐션 릴로 스트립을 권취할 때 충분한 장력이 걸릴때까지 드럼에 스트립을 초기에 감싸주는 보조 장치이다.

2 부대 설비

1) 산 재생 설비(Acid Regeneration Plant)

산 재생 설비는 산세에서 발생된 폐산을 재생하는 공정으로 재생된 염산을 산세에 순환시킴으로써 산세 작업을 원활하게 하기 위한 일종의 산세 부대 설비이다. 산 재생의 방법에는 고압 분무 배소법, 유동 배소법, Chemirite법 등 여러 가지가 있으나 주로 고압 분무 배소법인 Ruthner 방식을 채택하고 있다.

최근에는 이 설비에서 부산물로 생산되는 산활철에 대한 부가가치를 높이기 위해 산화철 중의 불순물을 제거시키기 위한 공정의 추가가 이루어지고 있다. 이러한 불순물을 제거하는 방법으로는 수세법, 필터링법, 중화 침전법 등이 있으며 중화 침전법을 사용하는 것이 산화철의 부가가치를 높일 수 있다.

가) 산재생 공정

산 재생 공정은 산세에서 폐산을 재생하는 과정으로 산세의 역반응이라고 생각하면 된다.

$$FeO + 2HCl = FeCl_2 + H_2O \text{ (산세)}$$

$$2FeCl_2 + 2H_2O + \frac{1}{2}O_2 = Fe_2O_3 + 4HCl \text{(산 재생)}$$

산세에서 발생한 폐산(Waste Pickle Liquor)은 폐산 저장 탱크에 일단 저장한 다음 세퍼레이터(Separator)로 보내진다. 이 폐산은 여기에서 벤투리(Venturi) 상부로 공급되고 배소로(Roaster)에서 나와서 벤투리 상부를 통과하는 HCl 가스와 반응하여 농축된 상태로 세퍼레이터로 저장되고, 이는 다시 배소로 상부의 노즐을 통해 분사되어 배소로 버너의 가열에 의해 산화철과 HCl 가스로 반응되어 분리된다.

여기서 산화철은 배소로 하부로 방출되어 핫 스크루 컨베이어(Hot Screw Convayor)를 거쳐 산화철 저장 탱크(Oxide Bin)에 저장되고, 상부로 빠져나간 HCl 가스는 벤투리를 지나면서 폐산과 만나 폐산을 농축시킨 다음 세퍼레이터를 거쳐 업소버(Absorber) 하부로 들어가서 상부에서 분사되는 물에 흡수되고, HCl 가스는 약 18~20% 정도로 재생산되어 재생산 탱크에 저장되고, 계속해서 흡수기를 빠져나온 잔류 HCl 가스는 스크러버(Scrubber) #1. 2를 거치면서 제거되어 깨끗한 공기를 굴뚝으로 배출하게 된다. <그림 2-8>은 산 재생 공정도를 나타낸 것이다.

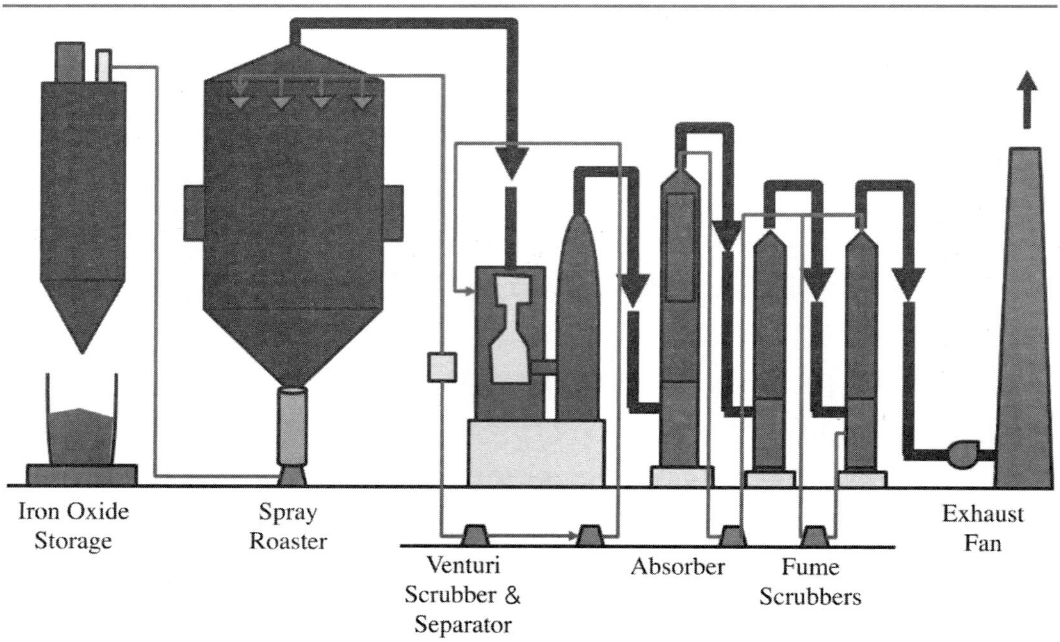

그림 2-8 ▌ 산 재생 공정도

이러한 가스의 흐름이 가능한 것은 연속해서 배기가스를 빨아들이는 배기팬에 의한 부압에 의해 가능하므로 부압 관리를 어떻게 잘 관리하느냐 하는 것이 산재생 공정 관리의 핵심이다.

나) SRS(Silica Removal System)

SRS 공정은 산화철 중의 불순물 제거를 위한 폐산 정제 공정으로 먼저 폐산 탱크에 저장된 WPL을 펌핑하여 히터를 통과시켜 가열한 다음 철 스크랩을 장입한 중화액(Neutralizing) 탱크에서 유리산염을 제거하여 pH를 조정하여 $Fe(OH)_3$를 생성시킴으로써 불순물을 공침시켜 제거하는 폐산 정제 공정이다.

이 폐산은 정제 폐산 탱크에 저장되었다가 산 재생 공정을 거쳐 고급 산화철로 생산된다.

$$FeCl_2 + 2NH_4OH = Fe(OH)_2 + 2NH_4Cl$$
$$Fe(OH)_2 + \frac{1}{2}O_2 + H^+ = Fe(OH)_3$$
$$SiO_2 + Fe(OH)_3 = Fe(OH)_3 \cdot SiO_2$$

이 공정의 핵심은 pH 관리이며, 첫 단계인 중액화 작업의 pH 관리에 불순물 제거 효율의 성패가 달려있다.

2) 롤 연마기(ORG : On Line Grinder)

압연기의 작업롤, 중간롤, 받침롤이 일정 시간 등안 사용하면 롤 표면의 조도가 마모되어 압연 생산성이 떨어지게 된다. 이때 압연기의 롤을 빼내서 롤의 피로층을 제거하기 위해 표면 연마를 하는 설비이다.

3) 오일 셀러(Oil Cellar)

압연기에 필요한 압연유 및 유압유를 공급하는 보조 설비로서 압연유 공급 설비는 화재 예방, 안전 등을 고려하여 별도의 설비를 설치하여 지상화하는 것이 일반적이고, 유압 공급 설비는 응답성 및 신뢰도 보장을 위해 단위 장치와 최단 거리인 지하에 설치하는 것이 일반적이다.

압연유 공급 장치에 의한 압연유를 공급하였을 때 효과는 다음 <표 2－4>와 같다.

표 2-4 ▮ 압연유 공급장치의 사용 효과

구분	내용
냉각 효과	압연 작업 중 롤 표면과 스트립 마찰에 의해 발생되는 열을 제거해줌으로써 품질 향상과 롤 사고를 방지한다.
윤활 효과	고속, 고압의 압연 작업 중 롤 표면에 유막을 형성시켜 마찰계수 증대를 방지하고 국부적인 가열에 의한 스트립의 형상 불량 및 롤 사고에 의한 판파단 방지를 위하여 윤활 작용을 한다.
방청 효과	압연이 완료된 코일이 다음 공정 소재로 투입되기 전까지 정체 기간 중에 스트립 표면에 녹이 발생되지 않도록 산화 방지 역할을 한다.
세척 효과	압연 작업 중 판 표면이나 압연기에 오염된 스케일 등 이물질을 제거한다.
흡착 효과	압연유에 함유되어 있는 극압성 성분은 스트립 및 롤의 계면 근방에 흡착하여 마찰계수를 감소시키는 작용을 한다.

제3절 | 용접이론

1 Flash 용접 개요

Flash 용접은 <그림 2-9>와 같이 접합하고자 하는 두 재료를 가압하지 않고 강판 단면을 접촉시켜 국부적으로 큰 전류를 흘려 과열 용융된 Flash가 비산하면서 강한 Upset 압력에 의해 용접되는 방법으로 <표 2-5>와 같은 장단점이 있다.

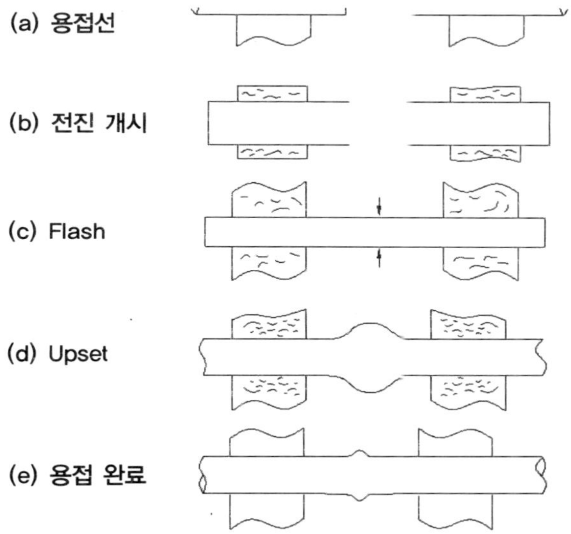

그림 2-9 | Flash 용접 과정

표 2-5 | Flash 용접기의 장단점 비교

장 점	단 점
• 용접시간이 짧아 대량생산 설비에 적합 • 열영향부가 적고 금속조직의 변화가 적다. • 용접봉이나 플럭스를 필요로 하지 않기 때문에 Cost가 적다.	• 기계부분이나 전류장치가 복잡하다. • 고가의 용접장치가 필요하다. • 박관 스트립에 적용할 경우 절단면 정도와 평탄도가 불량하면 용접부 강도를 크게 저하시킨다.

2 Flash 용접조건

Flash 용접시 용접조건으로는 Flash 속도와 전류, Upset 속도, 전류, 압력이 중요한 요소이다. 이의 특징을 요약하면 다음과 같다.

1) Flash 속도

일반적으로 등가속도 곡선을 따르며 Pipe가 아닌 환봉류의 용접에서는 등속도가 이용된다.

Flash 속도 V와 용접단면의 표면온도 T와의 관계식은

$$V = C \cdot P / S(Ts - T)$$

여기서, C : 정수 P : 용접단면적 T : Flash 금속온도

시간적으로는 <그림 2-10>과 같이 부재의 전진속도는 등가속곡선이 가장 합리적인 것으로 알려져 있다.

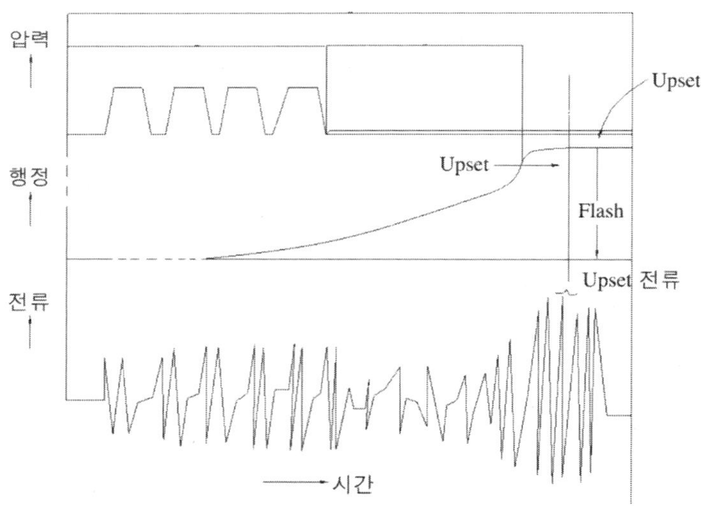

그림 2-10 | Flash 공정의 시간적 변화

2) Flash 전류

불규칙적으로 단속되는 전류로서 평균적으로는 Flash 속도에 비례하여 변화하지만 적극적으로 제어할 수 없는 변수이다.

3) Upset 속도

Upset 속도는 매우 중요한 Parameter이며 산화하기 쉬운 합금원소를 포함하는 재료의 경우는 빠른 속도가 요구된다.

4) Upset 전류

Upset 전류는 경우에 따라서는 흘리지 않는 경우도 있으며 이러한 공정에서는 Upset 전류가 다른 Parameter에 비해 중요도가 약하다.

Chapter 02 최신냉간압연공학

냉간압연

제1절 | 냉간압연 개요

1 냉간압연의 목적

① 열간압연으로 만들 수 없는 박물까지 압연한다.
② 두께를 일정히 하여 높은 두께 정도의 제품 생산
③ 스케일이 없는 깨끗하고 미려한 관표면의 압연 제품의 제조가 가능
④ 형상을 양호하게 한다.

2 냉간압연의 기술발전

표 2-6 | 냉간 압연의 최신 기술 동향

기술 과제		최신 기술 동향
PL-TCM 연연속화	고속산세시설	• 예비 디스케일 설비의 도입 • 산세기술의 개선 및 개발(난류형 산세설비도입)
	산세 Trimming기술	• 주행 폭가변 Trimming 기술
판두께 정도형상	길이 방향	• 전 스탠드 유압 압하방식 채용 • 압연 Motor AC 채용 • 제어 System의 Digital화 • 통판속도 정밀 측정계(Laser Speed계) • BUR Keyless Bearing 채용
	폭 방향	• Work Roll Shifting(Long Stroke) • 폭방향 두께 Profile Meter 채용
판 형상 정도향상		• Work Roll Shifting
Schedule Free 압연		• Cr-Coating Roll 채용

제2절 | 냉간압연 기본이론

1 압하량과 압하율

압연작업에 있어서 압하량 $\triangle h$는 $\triangle h = h_1 - h_2$로 표시하고 압하율 r은

$$r = \frac{\Delta h}{h_1} = \frac{h_1 - h_2}{h_1} = 1 - \frac{h_2}{h_1}$$

로 표시한다.

2 중립점과 연신율

롤 바이트(Roll Bite)에 치입된 후에 롤과 판의 마찰력에 따라 판속도는 점점 빨라지고 롤 주속과 판 속도가 같아진다. 이 점을 중립점 N이라 부르고, 이 각도를 중심각이라 한다.

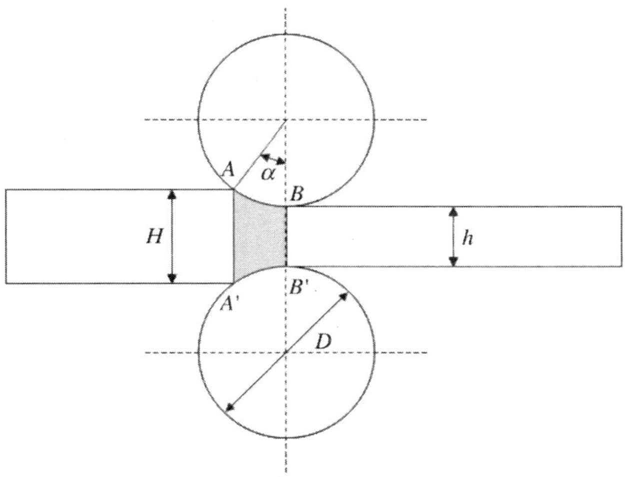

그림 2-11 | 압연 현상

중립점 N을 지나 출측 O에 가까워지면 판 속도는 점점 빨라진다.

따라서 출측 판 속도와 롤 주속도의 비례 관계를 선진율이라 하고 선진율 f는 다음 식으로 표시된다.

$$V_1 h_2 = V h_n \cos\phi$$

$$f = \frac{V - V_n}{V} = \frac{V_2 - V_n}{V} \times \frac{h_2 - h_n}{h_n} = (1 - \cos\phi) - \frac{2R\cos\phi}{h_2} - 1$$

2 압연 압력

압연 압력은 <그림 2−12>와 같이 소성 변형 응력, 마찰 계수, 접촉호의 길이, 장력에 따라 영향을 받는다.

따라서 재료의 판두께 및 재질, 압연유, 롤 조도 등에 따라 영향을 받는다.

압연 압력의 계산을 위한 식중에 상기 요인들을 반영시킬 때는 재료의 항복 응력에 영향을 주는 인자는 전부 항복 응력으로 대표시키고, 롤과 재료간의 마찰 조건에 영향을 주는 인자는 전부 마찰 계수로써 대표시켜 식 중에 넣는다.

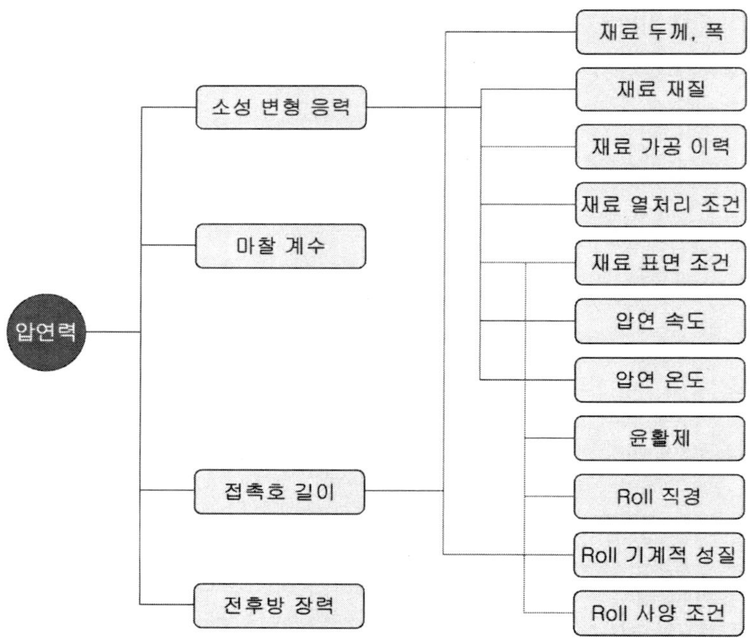

그림 2−12 **압연압력에 미치는 영향인자도**

3 변형저항과 마찰계수

냉간 변형 저항의 측정 방법으로서는 평면 변형 압축 시험, 압연－인장 시험을 실시하여 2차원 응력으로 환산하는 방법 등이 있다.

1) 평균 변형 저항, 2차원 평균 변형 저항

롤 바이트 내에서의 압연재의 압축 변형량은 입구에서 출구측으로 갈수록 커지고 있다.

이것 때문에 변형 저항도 변형량에 따라서 변화한다. 이것을 평균 변형 저항이라고 부르고 입측에서 출측까지의 변형 저항을 적분 평균하는 것으로 얻어진다. 압연 하중 계산에서는 평균 변형 저항을 이용한다.

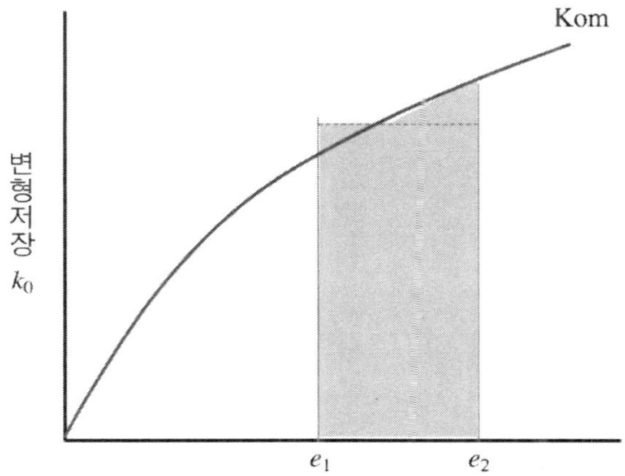

그림 2－13 **평균 변형 저항**

$$Kom = \frac{1}{\varepsilon_2 - \varepsilon_1}\int_{\varepsilon 1}^{\varepsilon 2} Koda\varepsilon$$

$(\varepsilon_2\varepsilon_1)$이 Pass 당의 변형이라고 생각할 수 있기 때문에 단축 변형의 응력치의 $\frac{2}{\sqrt{3}}$ 배로 된다.

$$Km = \frac{2}{\sqrt{3}}kom \cong 1.15kom$$

마찬가지로 평면 변형상태에서의 변형저항은

$$k = \frac{2}{\sqrt{3}} ko \cong 1.15ko$$

로 된다.

단, k : 2차원 변형저항, ko : 단축변형저항, km, kom : 평균 변형저항

2) 마찰 계수

냉간 압연에 있어서 마찰 계수는 압연 중의 윤활 상태를 나타내는 가장 중요한 인자이다.

마찰 계수를 구하는 실험적 방법으로는
① 선진율을 측정하여 역산하는 방법
② 압연하중을 확대하여 역산하는 방법
이 있지만 그 선택은 목적에 맞게 실시한다.

중요한 것은 마찰 계수의 계산은 압하력 등의 측정에서 역산으로 얻어지는 것이므로 종종 오차가 발생할 수 있다는 것을 잊어서는 안된다.

4 압연 동력(Torque)

압연 중 롤을 회전시키기에 필요한 동력으로서 상, 하 롤 중 1본의 동력은 근사치로는 압연 하중(P)과 투영 접촉 길이(L)의 1/2의 곱과 같다고 생각할 수 있다.

그러나 더욱 정확하게는 동력 ARM 계수(λ_a)를 사용하는 것이 필요하다.

5 압연 에너지, 일량, 동력

이론적으로는 롤 2본분의 동력에 롤의 회전 속도를 곱하면 재료를 압연하기 위해 필요한 순수 일량으로 되지만 다른 방법으로도 구할 수가 있다. 변형 저항을 이용하여 산출하는 방법과 전동기의 소요 동력을 갖고 계산하는 방법이 있다.

6 형 상

박판재를 압연하면 중파나 이파 등에 의해 완전히 평탄한 판으로 되지 않는 경우가 많다. 이것은 롤 편평화(Roll Flattening)에 의한 것으로 이론적 고찰이 필요하다.

7 밀(Mill) 강성

압연기는 전체적으로 완전한 강체가 아니고, 압하 실린더(Cylinder)의 위치는 일정해도 무부하 때의 롤 갭(Roll Gap) 보다도 롤에 재료가 치입된 압연 중의 롤 갭이 약간 커진다. 압연 중의 롤 갭과 무부하시의 롤 갭의 차 $\triangle S$는 압연하중 P와 비례 관계에 있고

$$K = \frac{P}{\triangle S}$$

이상과 같은 것을 밀 강성 계수라고 한다.

이것은 압연기마다 서로 다른 값을 갖지만 K가 클수록 강성이 높은 압연기로 두께의 정밀도가 높은 압연을 할 수 있다.

따라서 압연 하중과 압연기의 탄성 변형의 관계를 조사할 필요가 있다.

8 영향계수

압연 후의 판 두께를 $\triangle h$만큼 변화시키기 위해 필요한 압하 실린더의 위치 변화량만을 $\triangle S$라고 하면

$$\triangle h = \triangle S$$

- $T_{\max}$: 최대능력
- T_{eff} : 유효능력
- h : 야드의 이용율

가 성립되지 않고

$$\triangle h = \eta \cdot \triangle S$$

의 관계가 있다.

η는 통상 1보다 작고 앞에서 설명한 밀 강성 계수가 무한대일 경우만 $\eta = 1$이 된다.

이러한 η치를 압하 변화의 판 두께에 대한 영향 계수라고 한다.

연속 압연기(Tandem Mill)의 경우에도 어떤 스탠드의 압하 변화 $\triangle St$는 최종 판 두께에 $\triangle h$의 변화를 준다.

$$\triangle h_n = \eta \cdot \triangle S$$

에 의해 정의된 η를 영향 계수라고 한다.

제3절 | 냉간 압연설비

1 냉간압연기의 종류

냉간압연기는 1개의 롤 스탠드에 있는 롤 수에 따라 분류되며 <그림 2－11>에 개략적인 형식을 나타내었다.

그림 2－14 ‖ 압연기 형식

그림에 나타난 여러 가지 압연기는 그 사용목적에 따라 분류되며 제품 폭이 500mm 이하의 것은 2단(2Hi) 압연기에 의해 쉽게 압연할 수 있다. 하지단 자동차용 강판이나 석도원판 등의 압연에는 4단 압연기가 사용된다. 또한 스테인리스강이나 전기 강판 등의 경질재의 압연에는 다단 압연기가 사용된다.

최근에는 4단 압연기를 개조한 5단 압연기와 작업롤과 받침롤과의 사이에 축방향 시프트(Shift)가 가능한 중간 롤을 가진 6단 압연기 등이 개발되어 사용되고 있다.

<그림 2-15>는 연속 냉간 압연기의 개략도이다.

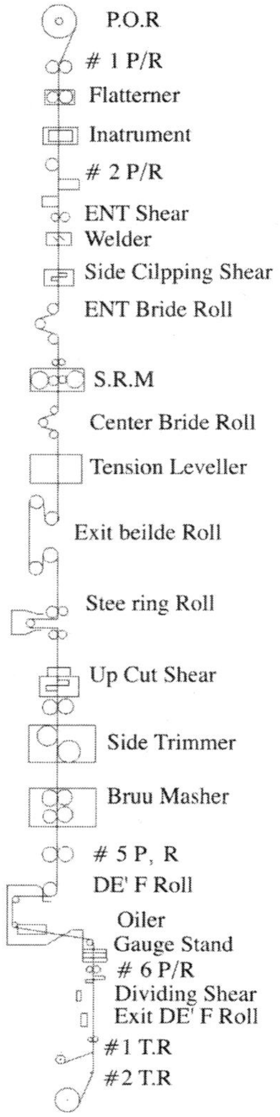

그림 2-15 **연속냉간압연 압연기의 개략도**

2 냉간 압연기 구성 설비

1) 롤

압연기에서 가장 중요한 역할을 하는 것이 롤이며 압연에 사용되는 롤은 압연 재료의 재질, 치수, 온도, 변형 저항 값, 압연 공정, 윤활 조건 등에 따라 여러 종류가 있으므로 용도와 조건에 따라서 알맞은 롤을 선택하여야 한다.

표 2-7 ❙ 각 롤의 요구 특성

종 류	요 구 특 성
작업 롤 (Work Roll)	① 내표면 균일성 : 내표면 균일성 개선을 위해 Cr, Mo, Co 등 첨가 ② 내사고성 : 압연사고(판파단등)시 Roll 손상이 적을 것. ③ 경화심도 : 내균열성을 중시하는 고속, 고하중의 냉연 Roll에서는 낮은 경도(Hs 90~93)인 고심도형, 내마멸성이 필요한 조절 Roll에서는 높은 경도 (Hs 96~100)인 중심도형이 바람직하다.
중간 롤 (Intermediate Roll)	① 전동피로강도, 내마모성, 내표면 거칠기성이 우수할 것. ② 스트립 Edge Chip등 이물에 의한 Roll 표면을 손상치 않을 것
받침 롤 (Back Up Roll)	① 절손, 균열손실에 대하여 충분한 강도를 지닐 것. ② 내균열성, 내마멸성에 대한 강성이 있을 것. ③ 재질로는 Cr-Mo계, Ni-Cr-Mo계 합금강이 있다.

2) 롤 베어링(Roll Bearing)

가) 작업롤 베어링

현재까지는 메탈계 평 베어링이 많이 사용되었으나, 고속 압연기에서는 대부분 롤러 베어링(Roller Bearing)으로 대체되고 있다.

나) 받침롤 베어링

다단압 연기의 받침롤 베어링에는 대부분 유막 베어링이 사용되고 있다. 최근에는 원통 롤러 베어링이 냉간 압연기 및 조질 압연기에 사용된다.

다) 베어링 상자(Bearing Chock)

베어링 상자는 하우징에 조립되어 롤을 지지함과 동시에 압하력을 전달한다. 재료는 하우징과 같은 주강재가 보통이며 베어링 상자와 하우징 내면의 미끄럼부에는 라이너(Liner)가 있고 마찰에 대하여 정밀한 조정을 충분히 할 수 있도록 되어 있다.

3) 압연기 압하 설비

소정의 판 두께를 얻기 위해 필요한 압연력을 롤에 미치게 하는 장치를 압하 설비라 하며 수동 방식, 전동 방식, 유압 방식의 3가지와 롤을 지지하는 롤 스탠드로 구성되었다.

표 2-8 | 압하 설비의 종류와 특징

구 분	진 동 압 하 방 식	유 압 압 하 방 식
	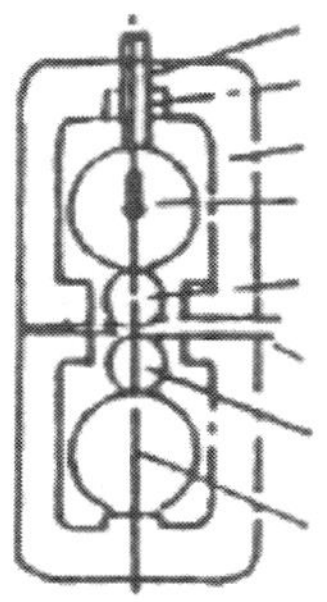	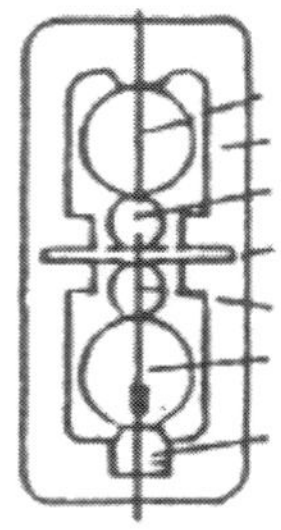
응답속도	늦 음	빠 른
밀정수	일 정	가 변
압연성	안 정	약간 불안정(유압밸브 특성요인)
Off Gauge	많 음	적 음
정비성	용 이	복 잡
제어계	간 단	복 잡
경 향	–	최근의 설비

가) 수동 방식

종래 형강 압연기 등에 사용되었으나 압연기의 고속화, 성력화에 따라 거의 사용되지 않는다.

나) 전동 방식

전동기에서 회전수를 줄이는 감속 기구를 이용 압하 스크류를 구동하여 압하를 행하는 장치이다.

다) 유압방식

유압방식은 관성이 작고 효율이 좋고 적용성이 우수하며 정압하 제어식과 정 롤 간극 제어식이 있다.

라) 롤 스탠드

롤을 지지하는 틀 모양의 주물로서 2개의 롤 하우징으로 구성되어 있으며 압연 롤을 수용하는 구조물이다.

하우징은 일체물이고 그 상부나 하부에 압하 기구를 갖고 있다. 하우징 양면(Work Side, Drive Side)의 Window에는 받침롤 상자(B.U.R Chock)가 들어가서 상·하로 슬라이딩하기 때문에 하우징 라이너는 극히 정확한 마무리 가공을 요구하게 된다. 압하 조정 장치는 압연에 필요한 힘을 롤에 부여하는 것으로 대단히 큰 힘을 낼 수 있어야 한다. 또 하우징은 롤을 지지하여 강대한 압연반력을 최종적으로 흡수하여 주는 것으로 통상 밀 정수가 500～800ton/mm 정도이다.

4) 압연기 구동 장치

가) 스핀들(Spindle)

전동기로부터 피니언 또는 피니언과 롤을 연결하여 동력을 전달하는 주강재 또는 단강재이다. 스핀들은 형식상 Universal Type, Sleeve Type, Gear Type의 3종류로 분류되며 각각의 특성은 <표 2-9>와 같다.

표 2-9 ∥ 스핀들의 종류 및 특징

구 분	Universal Type	Sleeve Type	Gear Type
개략도		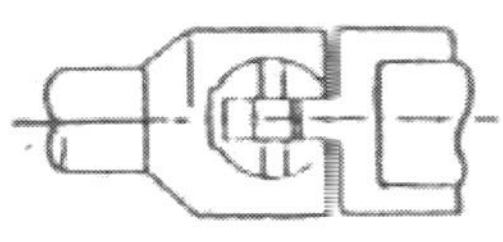	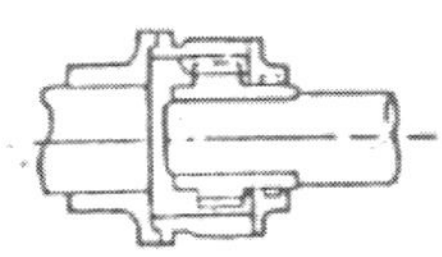
특 징	① 고 동력 전달가능 ② 완전 밀폐형으로 고속 가능 ③ 진동, 소음이 적다.	① 고 동력 전달가능 ② 개방형 윤활로 고속 회전불가 ③ 급유량이 크다. ④ 진동, 소음 크다.	① 고 동력 전달불가 ② 밀폐형 윤활로 고속회전 가능 ③ 경사각이 클 때 동력 격감
적용 예	열간 조·사상압연기	일반 열간 압연기	일반 냉간 압연기

제4절 | 냉간압연 작업

1 압연 스케줄(Schedule)

압연 스케줄은 생산성, 작업 및 품질의 안정성에 영향을 미치는 중요한 요소이다.

최적의 압연 특성을 얻기 위해서는 압연 상태를 결정하고, 그 압연 상태에 따른 압연 재료, 압연 윤활, 압연기 고유 특성을 고려하여 결정해야 한다.

1) 압하율 배분

표 2-10 | **압하율 배분의 종류**

종 류	주 요 내 용	특 징
등압하율배분	$ri = 1 - {}^{n}\sqrt{1-R}$ ri : 각 STD 압하율 n : STD수 R : 전압하율	• 계산이 간단 • 현장 Set가 용이
등부하배분	실적부하 / 정격부하 = 일정	• Motor 구동계 안전도가 가장 높다.
Power-Balance 배분	실적부하 / 정격부하 = 지시부하율	• 임의로 부하배분이 가능
Mixed Schedule	정격부하와 압하율 상·하한치를 제약조건으로 함	• 이론적으로는 능률(T/Hr)이 최대

2) 장력 배분

스탠드간 장력이 높게 되면 판파단, 낮게 되면 형상 불량 등이 증가되어 적절한 장력 제어가 요구된다.

장력은 단위 면적당 단위 인장력(kg_f/mm^2)으로 계산되고 권취 장력은 풀림 공정에서의 스티커(Sticker), 조질 압연 공정에서 권취시 코일의 느슨함, 좌굴 등을 고려하여 결정해야 한다.

3) 압연 스케줄 작성순서(압연 속도 산출 기준)

① 압하율 배분

② 각 스탠드 출측 판두께 결정 [$hi=(1-ri)hi$]

③ 각 스탠드 출측 판속 결정 [$Vi \cdot hi = V_{i-1} \cdot h_{i-1}$]

④ 롤 원주속도 [$Vi = Vi/(1+fi)$, fi : 선진율]

⑤ 압연 속도 설정

2 판두께제어

1) 기본원리

연속 압연기에서 출측 판두께가 결정되는 것은 압연 하중에 의한 압연기의 탄성 곡선과 스트립의 소성 곡선의 교점에서 이루어진다. 하지만 이 두 곡선은 여러 가지 판두께 변동 요인에 의해 변동하게 된다.

예를 들면 마찰계수가 변동하여 <그림 2-16>과 같이 스트립의 소성 곡선이 N → N′로 이동했다면 출측 판두께는 $h_2 \rightarrow h'_2$만큼 얇게 압연된다. 이 판두께 변동량만큼을 보상하기 위해 롤 갭을 So에서 △So만큼 Open하면 출측 두께는 $h_2 \rightarrow h'_2$로 변화해 목표 두께에 근접하게 된다.

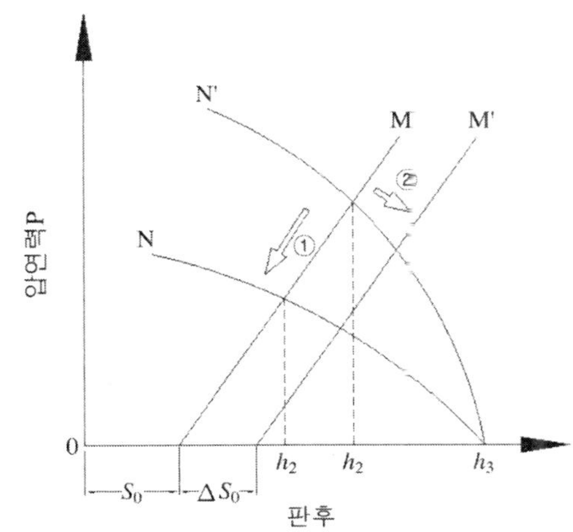

그림 2-16 ❙ 판두께제어 원리

이것이 판두께 제어의 기본원리이며, 이 과정을 X－선, Y－선 두께 측정기, %장력 측정기, 압연 하중 측정기(Load Cell), 압하 위치 측정기(Position Sensor) 등을 이용한 자동 계측 및 컴퓨터를 이용하여 자동 계산 한다.

자동 계산된 값을 제어단을 통해 실행시키는 일련의 작업수행을 자동 판두께 제어(Automatic Gauge Control)라 한다.

2) 판두께 변동 요인

판두께 변동 요인은 압연기의 탄성 변형에 의한 것과 스트립 소성 변형에 의한 것으로 대별할 수 있다.

가) 압연기 탄성특성 변형에 의한 판두께 변동요인

① 롤 갭의 설정치 변동, 롤의 열팽창에 의한 변동

② 롤 축수의 편심, 유막 변동과 롤 편심 오차

<그림 2－17>은 압연기의 탄성 특성 변화에 의한 판두께 변동의 예를 나타내었다.

(1) Roll Force Cylinder 혹은 speed-updp에 의한 유막변동 $S_1 \rightarrow S_2$	(2) Roll의 열팽창에 의한 Roll Gap이 감소 $S_1 \rightarrow S_2$	(3) Roll의 편심에 의한 것 $S_1S_2 \pm \Delta S_1$
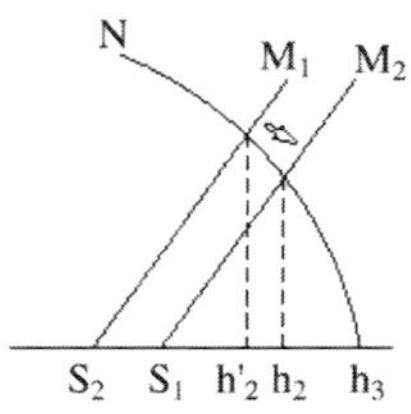	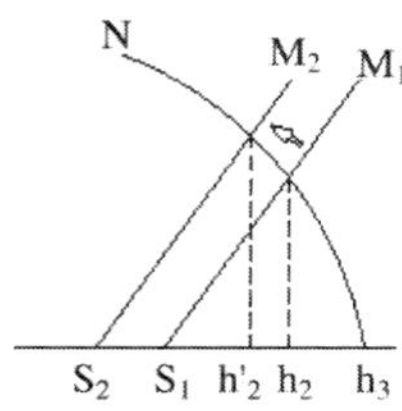	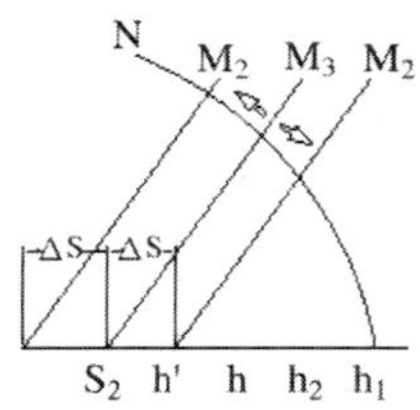
판두께는 감소(얇아진다) $h_2 \rightarrow h_0'$	판두께는 감소(얇아진다) $h_e \rightarrow h_2'$	판두께변동한다 $h_e \rightarrow h_2' + \Delta h_2$

그림 2－17 ▌압연기 탄성 특성에 의한 판두께 변동

나) 스트립 소성 특성 변형에 의한 판두께 변동 요인

① 원판 (Hot Coil)의 판두께 변동, 원판 재질 편차- 등에 기인한 변형 저항의 변동

② 압력 장력의 변동, 마찰 계수의 변동

<그림 2－18>은 스트립의 소성 특성 변화에 의한 관 두께 변동의 예를 나타내었다.

(1) 전방 또는 후방 장력의 변동 N_1-N_2	(2) 입측후 변동 $h_1-\Delta h_e$	(3) 마찰계수가 $\mu_1 \rightarrow \mu_e$로 감소 또는 효과	(3) Strip 변형 저항의 변동 $N_e \odot N_s$
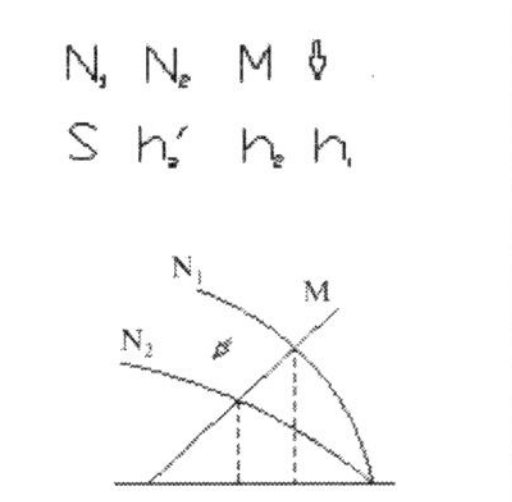	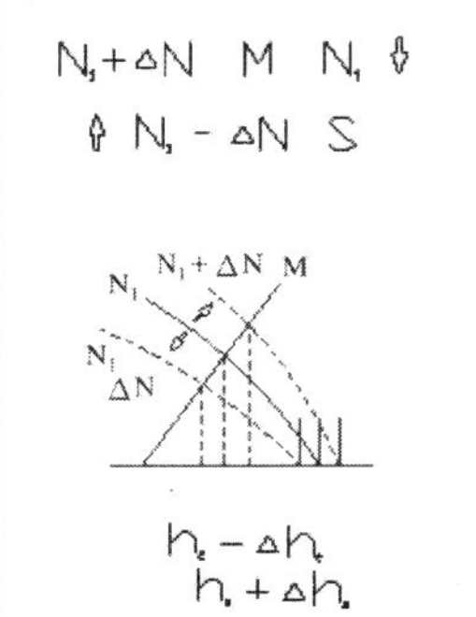	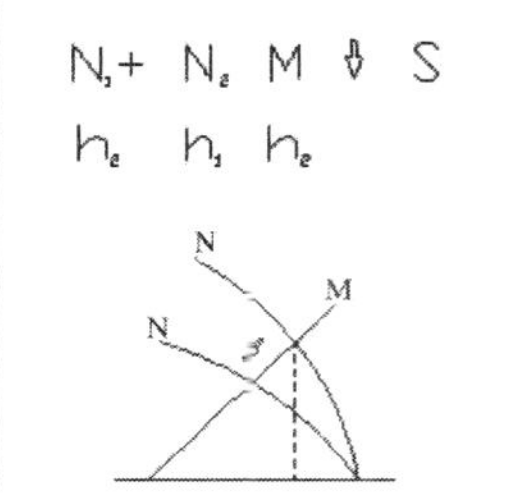	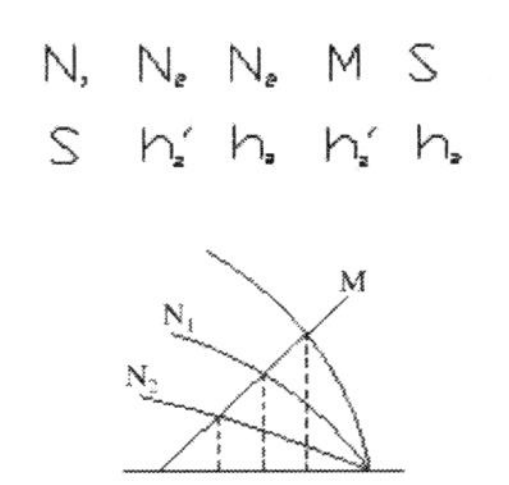
판후는 감소(얇아진다) $h_2 \rightarrow h_0'$ ($h_2 > h_0'$)	판후변동한다. $h_e - h_2' \pm \triangle h_1$ $h_e - h_2' \pm \triangle h_1$	판후는 감소(얇아진다) $h_e \rightarrow h'$ ($h_2 > h_0'$)	판후는 변동한다. $h_e \rightarrow h_2'$

그림 2－18 ‖ 스트립 소성 특성에 의한 판두께 변동

3) 자동 판두께 제어(AGC: Automatic Gauge Control) 기능

가) 비스라(Bisra) AGC

비스라(Bisra) AGC는 열연 핫 코일의 두께 편차와 경도 편차를 제거하는 것이 주목적이며 용접부에서도 또한 효과가 있다.

용접부에서는 경도가 급격하게 변하며 이것은 롤 하중(Roll Force)의 변화로써 검출되어지며 게이지 미터(Gauge Meter) AGC에서는 지연 시간이 없기 때문에 전통적인 피드백(Feed Back) AGC보다 응답시간이 빠르므로 대부분 유압 스크루 다운(Screw Down) 방식을 채택하므로써 이 비스라 AGC의 효과는 매우 크게 할 수 있다.

게이지 미터 AGC에서 스크루 위치와 롤 하중은 의치 검출기(Position Detector)와 로드셀(Load Cell)로 검출된다.

Lock On 시 게이지는 다음 식으로 계산된다.

$$h_{10} = \frac{p_{10}}{k_1} + S_{10}$$

- h_{10} : Lock On Gauge(두께)
- p_{10} : Lock on 시 압연력
- S_{10} : Lock on시의 Screw Down(Roll Gap)
- k_1 : 밀 정수

나) No.1 스탠드 피드백 AGC

피드백 AGC는 모니터(Monitor) AGC라고 부르며 No.1 스탠드 출측 X－Ray를 가지고 제어한다.

게이지 미터 AGC가 No.1 스탠드 출측 판 두께를 일정하게 유지하는 기능을 가지고 있지만 때로는 실제 두께가 목표 두께보다 다를 수가 있다.

피드백 AGC는 No.1 스탠드 출측 X－Ray 이용하여 두께 편차를 검출하고 No.1 스탠드의 롤 갭을 제어한다.

그러나 이 제어 루프(Loop)에서는 No.1 스탠드에서 출측 X－Ray까지의 지연 시간이 있기 때문에 빠른 제어는 기대할 수 없다.

그러므로 피드백 AGC로 주로 두께 레벨을 시프트해주는 용도로 사용한다.

다) No.1 스탠드 피드 포워드(Feed Forward) AGC

피드 포워드(Feed Forward) AGC는 열연 핫 코일의 두께 편차와 용접부에서 급격하게 변하는 두께 편차를 제어하는데 사용된다.

게이지 편차는 No.1 스탠드 입측 X－Ray를 이용하여 검출하고 있으며 게이지 미터는 핫 코일의 경도와 두께 변화를 제거하지만 용접부에서는 경도 변화가 매우 급격하여 어느 정도의 게이지 에러가 남게 된다. 즉 용접부에서의 편차를 완전히 제어할 수 있을 만큼 빠르지 못하다.

라) 텐션 모니터(Tension Monitor) AGC

텐션 모니터(Tension Monitor) AGC는 마지막 스탠드 출측에서 두께 편차를 검출하여 마지막 스탠드의 속도를 제어한다.

이 텐션 모니터 AGC 기능의 목적은 스탠드 중간에서의 장애(Disturbance)에 의해서 생기는 게이지 편차를 줄이는 것이며 핫코일에 관련된 장애로 발생하는 게이지 에러의 대부분은 No.1 스탠드 쪽에서 제거되게 된다.

가감속 중에도 두께 에러가 발생하므로 이 경우는 속도 보정(Speed Compensation) 기능에 의해 편차가 제거되어 이 AGC 기능은 완전히 없어지지 않는 잔조 장애를 줄이는데 적용된다.

비록 마지막 스탠드와 두께 검출기와의 거리로 지연이 발생하지만 마지막 스탠드에서의 두께 편차는 그다지 크지 않고 또 급격하지 않으므로 본 제어 기능으로 편차 제거가 이루어진다.

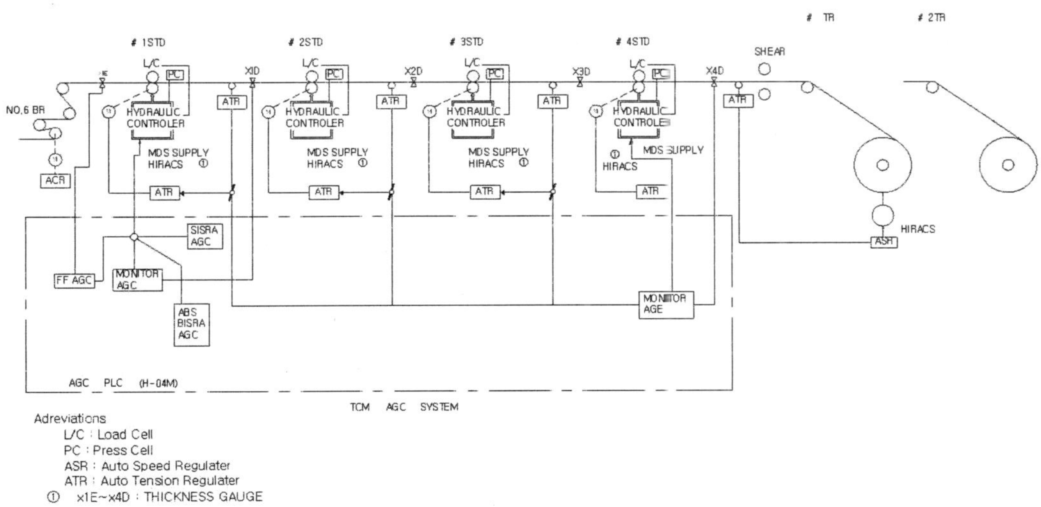

그림 2-19 ❙ AGC BLOCK DIAGRAM

3 형상제어

냉간 압연 후 스트립 형상은 핫코일 형상 및 롤 크라운(Roll Crown)과 압연 반력의 상태에 의존한다. 양호한 형상을 얻기 위해서는 형상을 정확히 인식하고, 제어 수단을 유효 적절히 활용해야 한다.

1) 형상 검출

스트립의 형상은 파고, 급준도, 연신율차, 장력분포 등으로 표현된다.

폭방향 장력차에 의해 스트립의 장력 여부를 눈으로 관찰해 형상을 인식하였지만 최근에는 각종 On-Line 자동 형상 검출기가 개발되어 실용화되고 있다.

<그림 2-20>은 대표적인 형상검출기를 나타낸 것이다.

구분	방식		계략도	원 리
비접촉식	Wave식	전자석	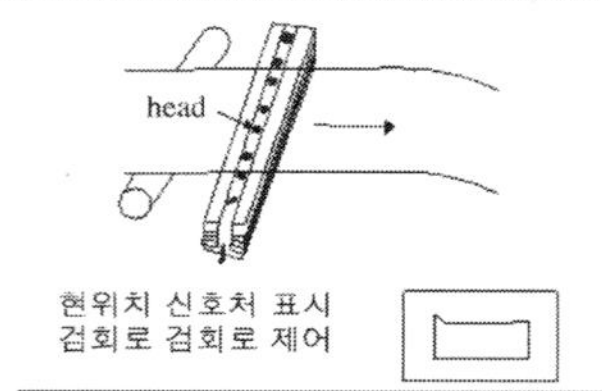	전자석에 의해 강판을 흡인하여 폭 방향의 Wave를 측정
		자왜(磁歪)	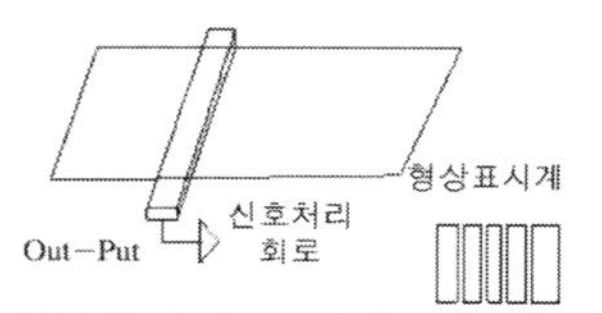	폭방향의 자왜를 측정하여 장력분포를 구한다.
접촉식	분할 Roll식 -Meter	Steresso	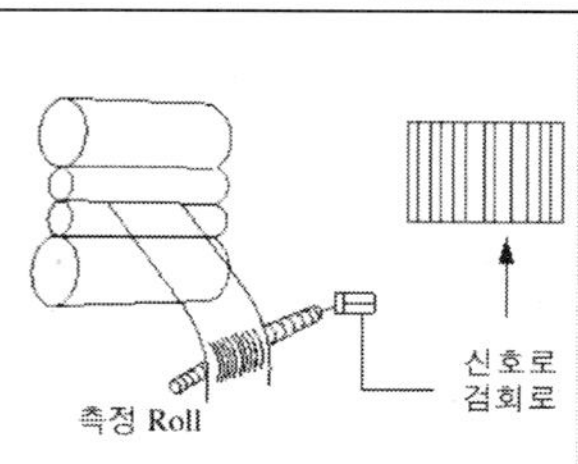	다분활된 Roll의 중앙에 있는 검출기로 폭방향 장력 분포를 측정한다.

그림 2-20 ▎형상검출기의 종류

2) 형상 제어 방법

형상 제어에는 폭 방향의 롤 갭을 제어하는 수단으로 롤 크라운, 장력, 윤활 등을 이용하고 있고 이것을 요약하면 다음과 같다.

표 2-11 ∥ 형상 제어 수단과 방법

제어수단	제 어 내 용	제 어 방 법
Roll Crown조정	Heat Crown 제어	Coolant 유량조정
	Mechanical Crown 제어	BUE, WR Bending, BUR 접촉면 길이
장력조정	폭 방향 장력분포 조정	편심 Roll 등에 의한 외력 증가
윤활제어	폭 방향 압연유 마찰계수 제어	공기, 물의 Spray에 의한 국부 유막제거

제5절 | 냉간 압연유

1 개요

압연은 열간 압연과 냉간 압연으로 구별되며 열간 압연에서는 알루미늄 및 그 합금을 제외하고는 종래에는 냉각제와 윤활제로 물만을 사용하여 왔으나 최근에는 강의 열간 압연에 있어서도 윤활유가 사용되어 롤의 수면 연장, 전력 소비량의 절감 및 판 표면의 품질 향상 등에 대단히 큰 효과가 있는 것으로 인정되고 있다.

한편 냉간 압연에서는 점점 고속화 경향이 되어 최근에는 강의 압연이 300mpm의 속도까지 압연 속도가 증가하였고 이 조건에서 정상적인 압연이 되는 극박판용 고속 냉간 압연유의 개발이 요망되어 왔다.

상기와 같은 고속 압연에서는 냉간 압연이긴 하지만 국부적으로 수백도의 고온으로 되고(코일 평균온도 : 약 80~200℃), 압연압력도 수십 kg_f/mm^2의 고압이므로 고온에 견디는 높은 유막강도의 윤활성이 요구된다.

따라서 이에 적정한 윤활유를 사용하지 않는 경우에는 형상 불량, 롤과 압연재면과의 소부를 일으켜 소정의 압하와 속도의 유지가 불가능하며 판파단을 일으키고 또한 고가의 롤 파손을 초래하게 된다.

냉간 압연시 냉간 압연유의 중요성은 다음과 같은 역할을 하기 때문이며 그러한 역할을 하기 위해 구비해야 할 조건들은 다음과 같다.

1) 냉간 압연유의 역할

- 압하량을 크게 하여 압연재를 효과적으로 얇게 함
- 압연 하중과 동력 등의 압연 부하 감소 및 에너지 절감
- 고속화를 가능하게 하여 압연 능률 향상
- 부하를 경감하여 롤 마모 감소
- 롤과 압연재의 냉각
- 압연재의 표면 성상 향상

2) 압연유가 구비해야 할 이상적인 조건

- 양호한 판 형상이 얻어질 수 있는 압연 하중과 윤활성을 제공할 것
- 깨끗한 오일 또는 에멀션(Emulsion)의 형태로 급유가 용이할 것
- 롤과 스트립으로부터 냉각수로의 열전달을 방해하지 말 것
- 지나친 Plating Out으로 인해 House Cleaning을 어렵게 만들지 말 것
- 성능(Performance)이 항상 일정할 것
- 압연 후 스트립으로부터 용이하게 제거될 것
- 독성이 없고 접촉으로 인한 피부염이나 다른 건강상의 문제가 없을 것
- 사용하는 데 경제적일 것

상기의 각종 요소는 어느 것이나 중요하며 이들을 모두 만족시키는 것이 이상적이나 본질적으로 사용되지 않는 요소가 포함되어 있다.

예를 들면, 윤활성이 좋은 것은 내노화성이 떨어지거나 풀림시 오일 변형(Oil Strain)이 남거나 혹은 급유가 용이하지 않든지 하고 밀세정성이 우수한 것은 윤활성, 방청력 등에서 결함이 생기기 쉬운 것 등이다.

따라서 압연유 선정 과정에서 상기 사항을 충분히 고려하여 압연 조건에 적절한 압연유를 선택하여야 한다.

2 급유방식

표 1-1 ‖ 철광석의 종류와 특징

간접		직접급유방식	간접급유방식
개략도		Fe_3O_4	등축, 정팔면체
특 징		• 유제(윤활류)와 물(냉각제)을 분리하여 공급 • 사용된 유제와 물을 회수하여 분리 재생 후 재사용 • 유제로 Palm유를 주로 사용	• 유제와 물을 혼합한 유화액을 공급 • 유화액이 윤활과 냉각의 양기능을 수행하며 이것을 Coolant라고도 함 • 유제로 Palm유를 주로 사용
장단점	원단위(kg/T)	×	○
	작업안정성	×	○
	압연성	○	×

3 압연유의 종류

1) 직접 급유 방식 압연유

압연시에는 높은 윤활성, 균일한 윤활이 요구되고 제품 특성에는 탈지성, 방청성이 요구된다.

팜유가 일반적으로 쓰이고 있지만 최근에는 저농도로 윤활성이 유지된 우지 베이스의 압연유도 채용되고 있다.

2) 순환 급유 방식 고윤활성 압연유

높은 윤활성을 얻기 위해서 유화제를 소량 첨가한 Loose Emulsion을 사용하고 있다. 따라서 탱크 내에서의 유화 안정도 관리가 중요하여 Plate-Out성 및 유화 안정도의 경시 변화가 적도록 해야 한다.

우지 베이스의 압연유가 일반적이지만 고속하에서 고윤활성을 얻기 위해 최근에는 각종 합성유가 검토되고 있다.

3) 순환 급유 방식 Mill Clean 압연유

양호한 Mill Clean 성을 얻기 위해서는 유화를 극히 안정화시킨 Tight Emulsion이 사용되고 있지만 최근에는 Loose Emulsion도 사용되는 예도 있다.

4 압연유의 특성

압연유의 성질을 나타내는 항목과 그에 따른 정의 및 성능과의 관계는 <표 2-12> 다음과 같다.

표 2-12 | **압연유의 성능**

항목	정 의	성 능 과 의 관 계
검화가 (SV)	시료 1g을 검화하는 데 요하는 KOH의 mg 수	유지의 함유비율을 나타낸다. 압연 중 이종유의 혼입에 의해 값은 작게 된다.
산가 (AV)	시료 1g 중에 존재하는 유리지방산을 중화하는데 요하는 KOH의 mg 수	작을수록 정제도가 높고 신선, 값이 크게 되면 Oil Stain의 원인이 된다.
점도	일정 용량의 액체가 규정조건 하에서 점도계의 모관을 유출하는 시간	점도가 클수록 마찰계수는 작고 압연성이 양호
회분	F′ce내에서 시료가 연소 후 전기로에서 완전 회로할 때 회화물의 중량	Mill Clean성에 대한 영향이 크며 작을수록 양호
요소가 (IV)	시료 100g에 염화요소를 반응시켜 반응한 양을 요소로 환산, g으로 표시	이 값이 클수록 불포화의 지방산을 많이 함유

5 첨가제

1) 유성제

가) 고급 지방산

철 표면에 물리적 또는 화학적으로 흡착하여 경제 윤활성이 양호하게 되나 일부 석비누를 형성한다. C가 많을수록 마찰계수는 감소하나 포화로 C가 많게 되면 융점이 높게 되어 작업성이 나빠진다.

나) 고급알코올

철 표면에 물리 흡착하여 낮은 극압성을 나타낸다. C수가 12 이상이 효과적이고 변형성이 양호하다.

2) 극압제

극압 하에서 금속과 화학 반응하여 마찰면에 전단력을 적게 하는 피막을 형성하여 이것이 마찰을 적게 한다. 압연의 경우는 P화합물이 대체로 쓰인다.

3) 점도 지수 향상제

단체의 윤활 성능은 좋지 않지만 광을 또는 유지에 적당량 첨가하여 점도 지수 및 윤활성을 향상시킨다.

이외에 산화 방지제, 방청제, 유화제 등이 첨가된다.

제6절 | 롤 정비

1 롤 연삭

롤 연삭의 목적은
- 작업롤, 받침롤을 규정 치수, 정도로 연삭한다.
- 작업롤, 받침롤을 적당한 곡률(Initial Crown)로 연삭한다.
- 작업롤, 받침롤의 흠 탐상, 수입, 폐기 처리를 하는 것이다.

롤 연삭을 하는데 있어서는 롤 치수 정도와 동시에 연삭 표면 성상도 요구된다. 일반적으로 지석, 절입량, 가공물 속도를 증대하면 연ㅁ- %가 거칠게 된다.

1) 롤 그라인더(Roll Grinder)

롤 그라인더의 특징은 ① 치수가 크고 대중량으로 센터 지지가 불가능해 저널 지지를 실시하고 ② 치수 정도, 표면 조도 등에 따라 그 사상 정도가 엄격히 요구된다는 것이다.

2) 연마 지석

연삭 가공은 주로 지석으로 실시하며 지석 입도, 결합제, 기공을 연삭지석의 3요소라 한다.

2 Dull 가공

냉연강판용 압연 롤의 경우 냉압 최종 스탠드 작업롤 및 조절 압연용 작업롤은 일반적으로 Dull 가공을 한 것을 사용한다. Dull 가공은 그릿트(Grit)를 고속으로 롤 표면에 투사하여 표면 가공을 하는 것으로 그 목적은 다음과 같다.

① 풀림시 스트립 스티커(Strip Sticker)를 방지한다.
② 스트립 표면 결함을 보이기 어렵게 한다.
③ 도장 밀착성을 좋게 한다.
④ 프레스 가공시 다이 마모를 경감시킨다.

냉연 강판의 최종 표면은 Bright제품의 경우 사용되는 롤에는 물론 Dull 가공을 하지 않는다. Dull 롤의 경우 냉압용 작업롤 표면조도는 2.5 ~ 4μRa, 조질 압연용 작업롤 조도는 2.0μRa 정도가 사용된다.

1) 숏 브라스트(Shot Blast)

롤 공장에 있어서 숏 브라스트는 그릿트를 사용한 원심식 분사기로써, 그 구조도는 <그림 2-22>와 같다. 장치는 그릿트의 순환장치, 분리장치, 분사실 및 롤 대차로 구성되어 있다.

즉, 분사실 내에 피가공물인 롤을 대차로 운반하여 임펠러의 회전수 및 그릿트량을 조절하여 투사 가공한다.

투사 후의 그릿트는 버켓 엘리베이터(Bucket Elevator)로 순환 사용하며 중간에 진동 스크린으로 그릿트 입도가 구분된다.

구분된 그릿트는 호퍼(Hopper)에 모여 가공 목적에 맞는 입도의 그릿트가 사용된다. 그릿트를 여러번 사용하면 부서져 분말이 되기도 하고 또 장치의 틈에 들어가 소모된다.

금속분말 때문에 화기취급 및 집진장치에 충분히 고려할 필요가 있다. 또 분사실 내벽은 그릿트 투사로 마모된다.

피가공물인 롤의 목(Neck)부와 같이 가공이 필요 없는 부위는 고무 커버 등으로 보호할 필요가 있다.

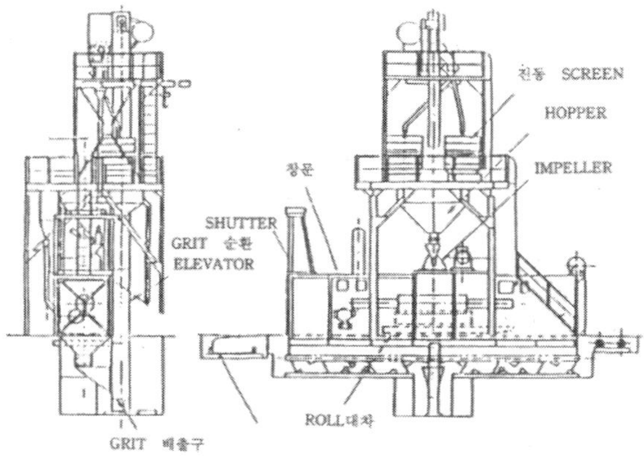

그림 2-22 | Shot Blast 구조도

2) 방전 Dull 가공

최근 롤 수명의 연장, 조도의 개선을 위하여 종래의 그릿트 Dull대신으로 방전 Dull 가공이 실용화되었다.

<그림 2-23>에 그 원리를 나타내며 원리는 방전에 의해 가공면을 용융시켜 요철(凹凸)을 얻는 것이다.

가공액은 절연, 냉각, Dull분의 제거를 위해 필요하다.

일반적으로 롤 조도는 방전 에너지 S = IP × t에 비례한다.

(IP : 방전전류, t : 방전시간)

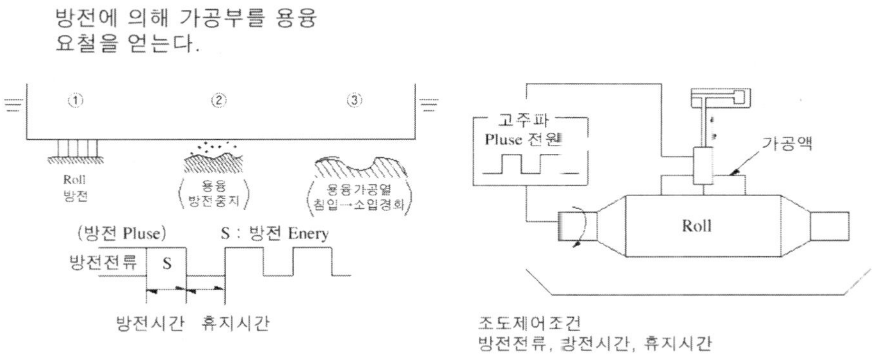

그림 2-23 ▌ **방전 Dull가공의 원리**

3 롤 정비

롤 정비 작업은 밀 스탠드에서 롤을 취외 → 롤 초크 분해 → 흠검사 → 연삭 → 롤 초크 조립 → 밀 스탠드 취부 순으로 이루어진다.

전해 청정

제1절 | 전해 청정 개요

냉간 압연된 스트립 표면에서 압연유, 기계 작동유, 철분, 분진 등의 이물이 다량으로 부착되어 있다. 스트립 표면에 부착된 이러한 오염(Contamination)을 제거하여 청정으로 하는 것이 청정 설비의 목적이다.

세정이 불충분한 경우에는 풀림 후 오염이 탄화물로써 잔존하여 외관을 손상시키고, 후공정에서 트러블의 원인이 된다. 특히 주석 도금 등의 표면 처리를 실시하는 강판의 경우에는 표면 상태에 얼룩을 만들기도 하고, 내식성의 열화를 일으킬 수가 있다. 최근의 청정 설비는 생산성 향상을 목적으로 고속화되는 경향이고, 고속에서 충분한 세정을 어떻게 달성하느냐가 매우 큰 문제로 되어있다. 세정 방법에는 화학 세정(용제 세정, 알카리 세정, 계면 활성제 세정, 유화 세정 등)과 물리 세정(침지 세정, 브러수 및 스프레이 세정, 전해 세정, 초음파 세정 등)이라는 것이 있고, 이러한 것을 최적으로 조합할 때 가장 효과적인 세정력이 얻어진다. 고속화에 따르는 라인 설비의 관리, 보전이 중요하게 되어 가지만 최근에는 성자원, 성에너지에 이르기까지 검토되어 효율생산의 방법이 대폭으로 채용, 실시되어가고 있다. 또한 환경 보전에서도 세정 폐액 처리에 대해서 새로운 기술이 요구되고 있어, 청정 라인도 새로운 국면을 맞이하고 있다.

제2절 | 전해 청정 설비

압연된 강판 표면에는 압연유, 이물질 등이 100~200mg/m^2 정도 부착되어 있고 이들 부착물은 풀림 공정에서 탄화물을 형성하여 판표면에 잔류하기 때문에 도장성과 후공정 결함을 유발한다. 따라서 풀림전 전해 청정을 통해 이물질을 제거하게 되는데 전해 청정 설비 구조는 <그림 2-24>와 같다.

Hot Dip(AD) Tank → #1 Scrubber → ECT → #2 Scrubber → H.W.RT → Dryer

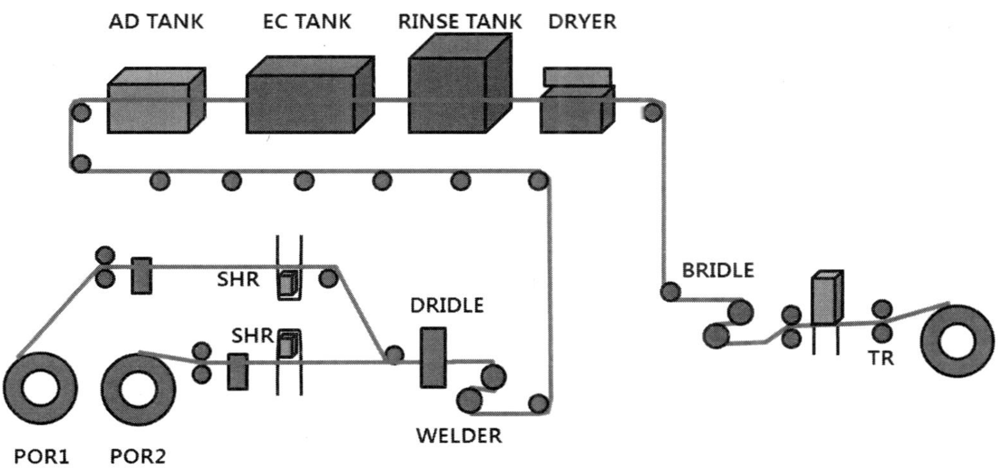

그림 2-24 | 전해 청정 설비 구조

1 열간 침적 탱크(HDT : Hot Dip Tank)

NaOH, $2Na_2SiO_4$ 용액을 사용하여 점화 작용으로 금속 표면의 이물질을 제거하는 방법으로 침윤, 침투, 분산, 부하 작용이 필요하고 계면 활성제, 탈지 첨가제를 사용하여 탈지성 향상을 도모한다.

탱크 용액 온도 : 80℃ ~ 90℃, 알칼리 농도 : 3%

$$
\begin{array}{lll}
CH_2O \cdot OH_3\ {}_3C_{18} & & CHOH \\
\quad | & & \\
CH_2O \cdot OH_3\ {}_3C_{18} + 3NaOH = & 3C_{17}H_3\ {}_5{}_1CO\ \ Na + & CHOH \\
\quad | & & \\
CH_3O \cdot OH_3\ {}_3C_{18} & & CHOH \\
\quad | & & \\
\text{스텐아린} & \text{비누} & \text{글리세린}
\end{array}
$$

2 스크러버 유닛(Scrubber Unit)

① 스트립 양면을 브러싱하여 유지의 이탈을 촉진

② 용액이 다음 탱크로 이동하는 것을 방지 및 수절 능력 향상

3 Electrolytic Cleaning System

예비 전처리 과정인 침적 탈지(HDT)에서 금속에 부착된 유지를 알칼리로 검화시켜 유지분을 약화 및 수용성을 만든 것을 전해 탈지로서 스트립 표면에 발생되는 가스(H_2 or O_2)의 물리적 작용과 생성 NaOH에 따라서 비산 제거하여 고도의 탈지를 행한다. 스트립 침적 시간은 최대 라인 속도에서 전해 전극 통과 시간 0.1초 이상으로 설계되었으며 전류치는 스트립 폭 변화에 따라 최적의 세정 효과가 이루어질 수 있도록 성정한다.

$$4H_2O \rightarrow 4H^+OH^- \quad \text{(용액 중에서)}$$
$$4H^+ + 4e^- \rightarrow 2H_2 \quad \text{(기체)}$$
$$OH^- - 4e^- \rightarrow 2H_2O + O_2 \quad \text{(기체)}$$

제3절 | 세제관리

1 세제의 종류, 온도

알칼리 탈지는 청정 라인의 세정 기구의 주체를 이루는 것이고, 세정제는 알칼리 단독으로 사용되는 경우도 있지만, 세정 효과를 증가시키기 위해 계면 활성제와 혼합으로 사용되는 것이 보통이다. 금속면에 부착한 유지는 동식물유 등의 검화성유와 광물유 등의 불검화성유로 분류된다.

검화성유의 탈지 원리는 알칼리와 유지와의 검화 작용에 의한 수용성의 석검을 생성하는 것이 있고, 한편 발생한 석검의 계면 활성 작용에 의해 탈지 효과는 점점 높아진다.

불검화성유의 경우에는 검화 반응을 일으키지 않기 때문에, 화학적으로 제거하기 어려워 광유의 분산성이 풍부한 규산소다계의 알칼리와 침투력, 분산성, 유화성 등이 풍부한 계면 활성제와의 작용에 의해 탈지가 행해진다.

세제의 주체가 되는 알칼리로서는 가성소다, 규산소다, 인산소다 등이 있지만, 냉연강판의 청정 라인에서는 주로 올소규산소다가 사용되고 있다.

1) 가성소다(NaOH)

알칼리 중 동일 농도에서 가장 pH가 높고, 검화 작용이 크다. 그러나 규산소다에 비하여 침투력, 분산성, 유화력, 세척성이 부족하다. 단독으로 사용되는 것은 적고, 규산소다와 배합하여 사용되고 있다.

2) 규산소다

침투, 분산성, 유화성이 양호하고 검화 작용도 높다. 소다분(Na_2O)과 규산(SiO_2)을 복합한 것이고, 그 비율에 의해 다음과 같이 분류된다.

① 올소규산소다($2Na_2O \cdot SiO_2$)

다른 규산에 비하여 Na_2O의 함유율이 높기 때문에 전기전도도가 높고, 산성오염의 중화능력이 크고, 또한 SiO_2의 피막과 침전물을 형성하기 어렵다.

② 메타규산소다(Na_2O, SiO_2)

③ 1호규산소다(Na_2O, SiO_2)

④ 2호규산소다(Na_2O, SiO_2)

①~④는 알칼리도가 높고, 금속표면에 대한 부식성도 크지 않기 때문에 비철금속의 세정에 사용되고 있다.

3) 인산소다

올소인산소다(Na_3PO_4), 피로인산소다($Na_4P_2O_7$), 3인산소다($N_6P_4O_{13}$) 등이 세정제로서는 많이 사용되고 있지만, 침투 작용은 규산소다만큼 양호하지는 않다. 그러나 경수의 연화제로서는 양호하고, 수세도 용이하다. 비교적 고가로 비철금속용에 주로 사용되고 있다.

2 계면 활성제 종류와 특성

알칼리 탈지의 기구는 검화 작용 외에 습윤, 침투, 분산, 유화 등의 제작용에 의한 것이지만 알칼리만으로는 이러한 작용이 반드시 충분하다고는 할 수 없다.

이 결점을 보완하고 탈지 시간을 단축하기 위해 알칼리액에는 계면 활성제가 소량 첨가되어 탈지 능력이 현저하게 향상되고 있다. 계면 활성제로서는 다음의 4종류가 있다.

1) 음이온 계면 활성제

수중에서 해리하여 활성기가 음이온에 대전하는 것으로 석검이 그 대표적인 것이다.

2) 양이온 계면 활성제

수용액에 있어서 활성기가 양이온으로 되기 때문에 살균작용의 특성이 있지만, 세정제로서의 활성은 적다. 산에는 강하지만 알칼리에는 극히 약하다.

3) 비이온 계면 활성제

물에 대한 용해성은 작고, 온도가 높게 되면 일부 불용해되어 혼탁을 일으키는 것도 있다. 수중에서는 이온으로 해리하지 않는다. 세정성이 우수한 것이 많다.

4) 양면 계면 활성제

양이온에 해리하는 부분과 음이온에 해리하는 부분을 1분자 내로 유지하기 때문에 세정력과 살균 작용을 갖는다.

그 외 세정액 중에 함유되어 있는 것으로서는 수중에 용해되어 있는 Ca, Ma, Fe 등의 알칼리토 금속 이온이 유지와 결합하여 물에 불용성의 금속 석금을 형성하는 것을 방지하는 목적으로 첨가되는 금속 봉쇄제(Chelate제)가 있다. 이것은 봉쇄제가 금속 이온과 수용성의 금속 착화물을 생성하는 것을 이용한다.

또한 내식성 등의 표면 특성 개선 및 풀림시 밀착 방지를 위해 여러 가지의 첨가제가 이용되고 있다.

3 세정 조건과 세정성

동일한 세제를 사용하여도 그 사용 조건에 따라 세정 효과는 달라질 수 있다. 실제의 라인에서는 세정성을 좌우하는 요인은 많고, 이러한 것이 복잡하게 얽혀 있어 그 요인마다 세정 효과를 파악한다는 것은 매우 곤란하다. 다음은 스폿 테스트(Spot Test) 결과를 설명한 것이다.

1) 세정 농도와 세정성

농도를 올리면 당연히 세정성은 향상되지만, 4% 정도에서 상한에 달한다. 계면 활성제의 작용도 있지만, 일반적으로 이것 이상 농도를 올려도 효과는 그다지 변하지 않는다.

2) 세정 온도와 세정성

올소규산소다 단독의 경우는 세정 온도에 의해 세정성은 크게 좌우되지만, 활성제의 첨가에 의해 온도의 영향도는 작게 된다. 요즘 저온 탈지 첨가제가 개발되어 세정 온도가 낮은 범위(보통 40∼50℃ 정도)에서도 작업 가능하게 되어 성에너지에 기여하고 있다.

3) 전해 전류 밀도와 세정성

전류 밀도를 증가하는 것에 의해 세정성은 급격히 상승한다. 실제 라인의 전류 밀도는 5～$40A/dm^2$ 정도이다.

4) 압연유의 첨가와 세정성

세정액 사용에 따르는 검화 작용이 진행하여 감에 따라 알칼리 농도는 서서히 저하하여 간다. 이 경우 어느 정도 내에서는 세제의 보충에 의해 농도를 회복시켜 세정을 계속할 수 있지만, 한도 이상으로 되면 세제를 보충하여도 농도의 회복이 적어 양호한 세정성이 얻어지지 않는다. 이것을 세정액의 노화 또는 피로라고 하지만, 이것은 세제의 보충에 의해 전 알칼리량은 회복하여도, 세정에 필요한 유효 알칼리량이 회복되지 않기 때문이다.

또한 전해 세정에서는 물리적인 오염의 제거에 의한 표면의 활성화와 동시에 스트립 표면으로의 전기화학적인 타물질의 전해석출이 일어난다. 이물질이 후공정에의 유해 물질로서 작용하는 경우에는 전극 극성 배열, 최정 전극 극성 및 사용액의 선택에 대해서 고려할 필요가 있다.

제4절 | 전해 청정 작업

1 알칼리 용액 관리

1) 온 도

다른 조건이 허용된다면 비등점 부근에서 가장 좋은 결과를 얻을 수 있다. 온도가 높으면 오물의 정착력이 감소하고, 용액을 끓이는 것은 교반 효과가 있다.

2) 농 도

알칼리 농도 관리는 중요하며 탈지에 유효한 것은 유리 알칼리(활성 알칼리)이다. 알칼리도는 유리(활성) 알칼리와 전알칼리로 나누어 측정하는데 알칼리 탈지 용액(신 용액)에서 유리 알칼리와 전 알칼리의 비보다 크면 세정 효과는 저하되기 때문에 새로운 액으로 교체해야 한다.

3) 표면 장력

처리액의 표면 장력은 탈지 세정성에 크게 영향을 미치며 20℃ 이하에서 35dyne/cm^{2}가 적당하며, 이를 유지 표면 장력은 향상시키기 위하여 계면 활성제를 첨가한다.

4) 노화 판단

시험편을 만들어 새로 만든 탈지 용액과 노화된 탈지 용액에 각각 같은 농도에서 침전 처리하여 탈지 시간을 측정한다. 탈지 시간이 2배 이상 필요하게 되면 탈지액은 교체해야 한다.

2 브러쉬 롤의 운전

알칼리 세정에 의해 유화 팽윤한 오염을 스트립 표면에서 분리시키는 기능은 브러쉬 롤러 압하력에 크게 좌우되고 또한 압하력은 롤의 수명에도 영향을 미친다.

압하 관리의 방법으로서는 압하력 일정 방식과 압하량 일정 방식이 있고, 브러쉬 롤의 점검은 일반적으로 1주간 1회 행하고, 2~4주간 간격으로 교체한다.

3 린스의 관리

린스(Rinse) 관리상의 중요한 점은 수온, 수량, 분사 압력 및 수질이 있다. 수온에 대해서는 세척성 및 수질성의 점에서 높은 편이 좋고, 일반적으로 출측의 사상 린스의 온도는 85~90℃로 되어 있다.

사용수량은 60~120m^3h이고, 그 값은 분사 용량, 적정 분사 압력에 의해 결정된다. 수질에 대해서는 통상 정수(경수)가 이용되고 있지만, Ca, Mg등을 약간 함유하고 있고, 이러한 것이 탄산염등을 형성하여 강판사에 석출할 가능성이 있다.

이 때문에 총 경도는 규제되어 지는 것이 요망되고, 이러한 알칼리토류 원소를 연수기 등에서 처리하여 사용하는 경우가 있다. 연수기의 처리에 의해 총 경도는 5PPM 이하로 된다.

4 링거 롤(Wringer Roll)의 관리

린스 후의 수절 롤이고 롤 압하력은 수절성 및 롤 수명에 영향을 미친다. 정상적으로는 압하력을 크게 하면 수절성은 어느 정도 향상하지만 고무의 내부 발열에 의해 수명이 저하된다. 압하력은 통상 스트립의 단위 폭에 대한 압하력, 즉 선압으로 표시된다. 허용 선압은 사용조건에 의해 변화하지만 일반적으로는 10~30kg_f/cm이고, 실제사용 선압은 약 1/2인 7~15kg_f/cm 정도이다.

링거 롤(Wringer Roll)은 내부 철 롤에 고무를 입힌 것이고, 고무의 재질은 최적의 Nip압이 얻어지는 것을 선택할 필요가 있고 네오프랜 고무가 일반적으로 채용되고 있다. 마모 관리는 통상 목시로 행하고 2~4주간 간격으로 교체한다.

5 폐액 처리

공해 방지의 입장에서 클리닝 폐액은 일반적으로 중화법에 의해 처리되어 폐기된다.

Chapter 04

풀림

제1절 | 풀림의 개요

연질 강판의 제조 기술은 냉연 기술의 진보와 함께 살펴볼 수 있으며 상풀림의 형식이 완성된 1920년경에는 이미 대량 생산의 체제와 함께 DQ급의 연질 냉연 강판이 제조되었으리라 생각된다. 풀림 방식에서도 상당한 발전이 있었던 박스상 풀림 방식은 1960년경 미국에서 OCA(Open Coil Annealing)이 개발되어 탈탄 및 탈질을 풀림과 함께 실시하여 연성을 부여하므로써 연질 강판의 개발에 진보를 가져왔으며 이후 풀림 설비가 열처리 제어의 정확성과 생산성을 높이는 방향으로 발전을 가져오면서 DDQ의 생산이 가능하게 되었다.

한편 풀림 기술의 혁신이라 말할 수 있는 연속 풀림 설비(CAL)는 1936년 미국에서 석도 원판을 제조하기 위해 제작되었으나, 1972년 Sheet CAL이 일본에서 개발되어 연질 냉연 강판 역시 CAL로도 생산할 수 있다는 확신을 가지게 되었다. 그러나 CAL에 의한 연질 냉연 강판의 생산을 가속시킨 것은 오일 쇼크였다. 오일 쇼크는 자동차 업계 뿐만 아니라 철강 업계에 까지 영향을 주었는데 철강 업계의 대책으로서 에너지 절감 및 생산성 향상에 주안점을 둔 설비의 등장 및 기술 개발이 가속되었고 냉연 부문 중 연속 풀림 설비는 이러한 전략을 충족시킬 수 있는 것으로서 관심을 끌게 되었다.

1970년에서 1980년 사이 CAL설비는 과시효 장치 및 각종 급냉 설비를 갖추게 되었는데 이는 단시간 풀림에 의해 문제되는 고용 원소의 저감을 주목적으로 하는 것으로서 오늘날의 풀림 설비의 주종을 이루게 되었다. 열간 압연 후 성장한 결정 조직으로는 <그림 2-25(a)>과 같으며, 열연 강판을 냉간 압연하여 조직이 변형된 조직 것으로는 <그림 2-25(b)>와 같으며 이것은 경도도 높고 가공성도 나쁘다.

이것을 강의 재결정 온도 이상인 600~700℃로 가열하여 일정 시간 유지하면 내부 응력이 제거되고, 새로운 결정립이 나타나 점점 성장하게 되는 재결정 현상이 일어난다. 재결정된 조직으로는 <그림 2-25(c)>와 같으며 강판의 경도, 항복점 및 인장 강도가 떨어지고 가공성은 좋게 된다.

또한 Al-킬드강에서는 제강 단계에서 탈산제로 첨가된 Al과 강중의 N과 결합한 AlN(질화 알루미늄)의 미립자를 가열 공정 중에 결정립계에 석출시킴과 동시에 온도 제어를 하면, Al-킬드강 특유의 일정 방위를 갖는 전신립(Pancake)조직으로 성장해서 <그림 2-25(d)>와 같으며 이것은 가공성이 우수한 조직으로 된다.

(a) 열연강판의 조직

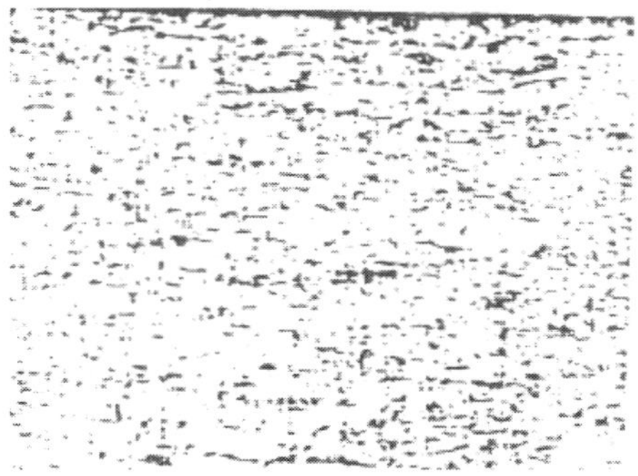

(b) 열연강판을 냉간압연한 조직

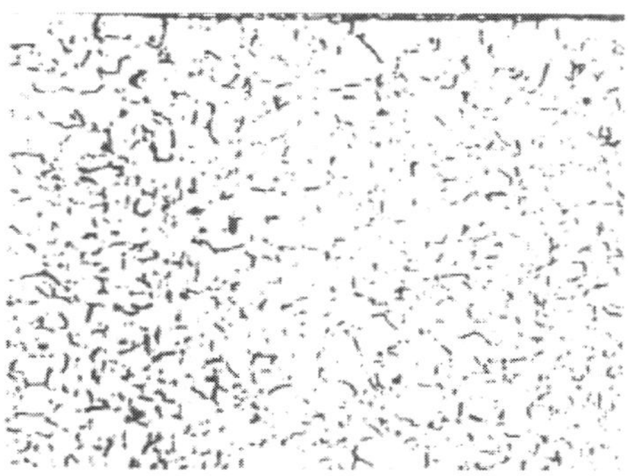

(c) 림드재 냉연강판의 소둔 후의 조직

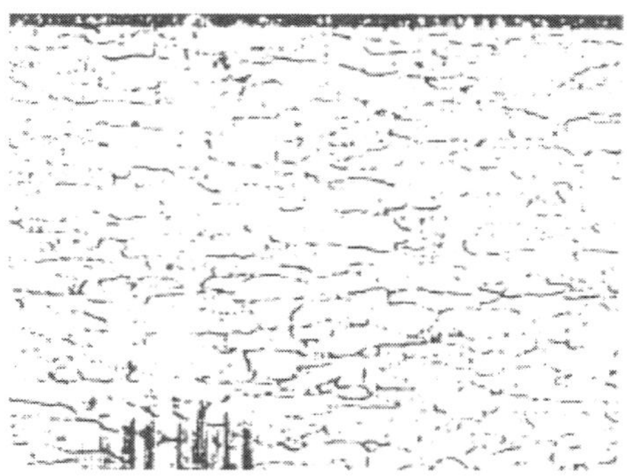

(d) 킬드재 냉연강판 소둔 후의 조직

그림 2-25 ▎ 강판의 결정조직(X100)

이와 같이 풀림은 냉연 강판의 재질을 좌우하는 주요 공정의 하나이다. 그런 연유로 일반용 냉연 강판(SCP1, SPCC, SPCCT), 가공용 냉연 강판(SCP2, SPCD) 및 Deep Drawing 가공용 냉연강판(SCP3, SCP3N, SPCE, SPCEN) 등의 규격, 용도에 의해 풀림 방식, 풀림 싸이클(풀림 온도, 풀림 시간, 승열 속도 등)이 결정된다.

1960년대까지의 제강기술은 0.01% C의 극저탄소 베이스였었고 탄소 저감을 풀림 중에 행하는 OCA가 1957년 개발되었는데 탈탄을 목적으로 습 HNX 가스를 분해한 암모니아 가스가 사용되었다.

1960년 이후 Burns가 드로잉성을 지배하는 인자가 집합 조직이라고 보고한 후, 집합 조직 형성에 미치는 제조 조건의 영향은 물론 가공성에 미치는 재결정 거동과 AIN의 관계를 연구하게 되었다.

이러한 연구의 성과로서 상풀림 연질대에 대한 화학 성분, 열연 조건 및 풀림 가열 속도 등이 확립되었고, 오늘날 연속 풀림 EDDQ의 기초가 되는 Ti 첨가강을 개발케 되었다.

1970년대 이후 등장한 연속 풀림 설비의 문제는 단시간 풀림, 급속 냉각의 특징 때문에 고용 원소를 효과적으로 줄일 수 없고, $\bar{r}$값이 낮다는 것이었다.

그러나 Ti 첨가강은 이러한 문제점을 해결할 수 있기 때문에 연속 풀림의 등장과 함께 각광을 받기 시작하였다.

제2절 ㅣ 풀림 이론

열간 압연 후 성장한 결정 조직은 냉간 압연에 의하여 큰 변형을 받아 결정 조직은 큰 내부 응력을 남기게 된다. 이와 같이 가공에 의하여 경도가 높게 되는 현상을 가공 경화라 한다.

풀림의 목적은 회복, 재결정 및 결정립 성장의 단계를 거쳐 내부 응력을 제거하여 냉연 강판의 경도, 항복점, 인장 강도를 하락시키고, 가공성을 향상시키는데 있다.

<그림 2-26>은 회복, 재결정 과정 중 결정립 형성 과정을 모식적으로 나타낸 것이다.

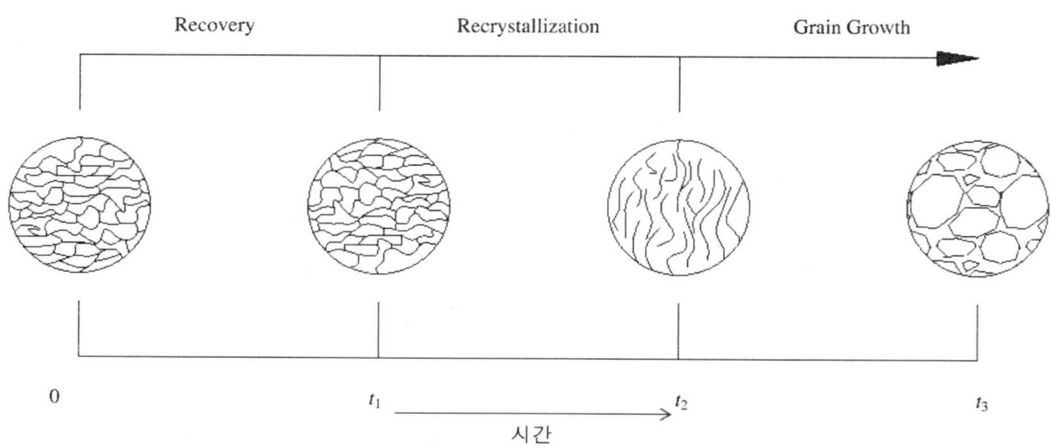

그림 2-26 ▮ 회복, 재결정 과정 중 결정립 형성과 성장

1 연화 과정

1) 회 복

이 과정에서 결정 조직의 변화는 없지만 가공에 의하여 생긴 물리적 성질의 변화는 차제에 어느 형태로 회복되는 것이다.

즉, 내부 응력은 저하되고 경도나 인장 강도는 서서히 저하되지만 연성은 다소 회복된다.

2) 재결정

연화 현상은 가공을 받은 재결정 중에 새로운 변형이 아닌 결정이 생겨나와 발달하고 동시에 그 수를 증가시켜 전체가 새로운 결정과 교체하는 것이며 이것을 재결정이라고 한다.

3) 성 장

재결정 온도를 경과하여 고온도로 가열할 경우에는 결정의 어느 것은 인접한 결정을 병합하여 다음에 조대화한다.

이 조대화는 재결정의 표면에너지가 최소로 안정된 상태로 되기 위해 결정립계의 이동이 되고 그 결과로써 어느 결정은 인접하는 결정을 침입하여 결정립 성장이 이루어진다.

제3절 | 풀림 설비

1 상풀림 설비

1) 상풀림의 종류

상풀림은 냉간 압연 후 코일이 감긴 상태 그대로 풀림하는 방식으로 설비의 형태 및 코일의 권취 상태에 따라서 다음과 같이 분류된다.

타이트 코일(Tight Coil) 풀림 방식이란 코일을 타이트(Tight)하게 감은 상태로 풀림하는 방식으로 현재 가장 넓게 사용하는 방식이다. 풀림 조건에 따른 특성은 다음과 같다.

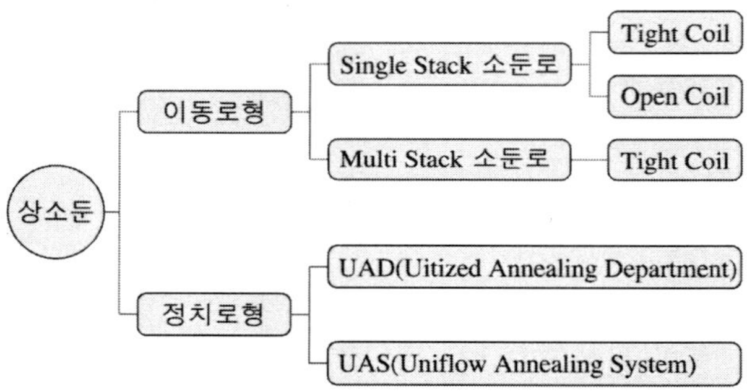

그림 2-27 | 상풀림로와 풀림 방식

2) 타이트 코일 풀림법

이 풀림 방식은 코일을 타이트하게 권취된대로 장력을 유지한 상태에서 풀림 작업하는 방법으로 노의 형태에 의해 Single Stack Furnace로 분류되지만 풀림 작업의 차이는 없다.

Multi−Furnace의 구조는 여러 대의 Single Furnace를 집약하는 설비이다. 양 Furnace를 비교하면 다음과 같다.

타이트 코일 풀림은 코일이 견고하게 감겨진 상태로 풀림되기 때문에 코일은 대류판으로부터의 열전달과 인터카버로부터의 복사열에 의해 가열된다. 그 결과 코일의 중심부가 소정의 온도로 되기까지 장시간을 요하지만 다음에 설명하는 오픈 코일(Open Coil) 풀림법에 비해 코일 풀림이 없어 표면 결함이 발생하지 않고, 건설비가 싸다고 하는 이점이 있다.

표 2−13 ▌Single Stack Furnace와 Multiple Stack Furnace 비교

형식 / 항목	Single Furnace	Multiple−Furnace
생 산 성	생산성에 융통적으로 생산량을 조정할 수 있는 만능형이다.	동일 품종 대량 생산량 상풀림 코일의 치수 종류가 많고 동일 조건의 소재가 적은 경우 능력 하락
작 업 성	Cover수가 많아 이동 점화, 소화의 소요 시간이 많이 걸린다.	Cover수가 작기 때문에 관리가 간단하다.
가열냉각	소재가열 냉각시간이 짧다.	길다.
연 료 비	소재처리 원단위가 높다.	낮다.
건 설 비	건설비가 많다.	적다.

3) Open Coil 풀림법

이 풀림은 Lee Welson사(미국)에 의해 오픈 코일 풀림법(COA : Coil Open Annealing)으로서, 견고하게 권취되어 밀착되어 있는 코일을 느슨한 상태로 다시 감아 각각의 스트립이 적당한 간격을 유지토록 하여 풀림하는 방법으로, 분위기 가스는 이 틈 사이를 순환한다. 따라서 분위기 가스가 스트립전면에 직접 접촉하기 때문에

① 코일을 균일하게 가열할 수 있고

② 가열, 냉각속도 및 생산능률이 높고

③ 가스 청정이 가능하고

④ Gas Alloying이라고 칭하는 탈탄, 탈질, 크로마이징 등의 장점이 있다.

오픈 코일 풀림은 싸이클이 타이트 코일 풀림에 비하면 짧고, 재질의 편차가 적다고 하는 이점이 있지만 판 두께가 얇아지면 느슨한 코일(Loose Coil) 직경의 제한으로 코일 중량이 감소하고 능률은 분리한다. 또한 느슨하게 감긴 스트립이 풀림 중에 변형하여 꺾여지는 경우가 있고, 코일을 풀 때 표면 결함을 유발시키기 쉽다는 등의 결점이 있다.

4) 풀림 싸이클

상풀림의 대표적인 열 싸이클은 <그림 2-28>과 같다.

풀림 싸이클은 보통 가열, 균열, 냉각의 세부분으로 구분되는데 Lee Wilson사에서 개발한 K-System방식을 채용하고 있는 회사가 많다.

상풀림재로 주로 사용되는 Al-킬드강에서 중요한 원소는 Al과 N이다. Al은 탈산제로 첨가하지만 풀림 과정에서 재결정 초기에 미세한 AIN으로 석출하여 {111} 방위를 발달시키므로서 가공성을 향상시키게 된다.

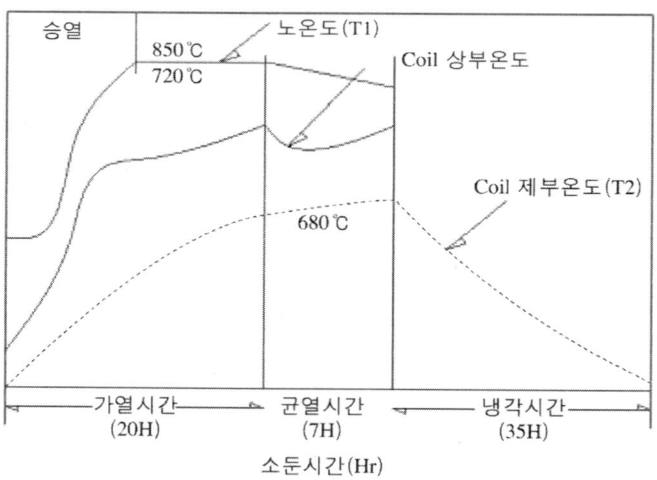

그림 2-28 ▌ 상풀림 싸이클 예

① 균열 온도는 600~750℃ 범위이고 고온일수록, 균열 시간이 길수록 연신율이 증가하며 가공성이 향상된다.

② 풀림 온도가 너무 고온이면 재결정립이 조대화 되고 가공표면에 오렌지 필(Orange Peel) 현상이 일어난다.

2 연속 풀림 설비

1) 연속 풀림의 설비의 종류

연속 풀림 설비(CAL)는 생산 제품의 종류에 따라, 용기용 냉연 강판을 제조하는 아연도 CAL(Tin CAL)과 연질 냉연 강판 및 고장력 강을 제조할 수 있는 시트 CAL로 분류할 수 있다.

또한 아연도 CAL은 경질 BP(Black Plate, T4, T5, T6)를 제조하는 Hard Tempered Tin CAL과 연질 BP, 전기 강판재, 고장력 등의 다목적 제품 생산이 가능한 Soft Temper Tin CAL로 분류할 수 있으며, 시트 CAL은 급냉 방식에 따라 <그림 2-29>와 같이 몇 가지 형태로 분류할 수 있다.

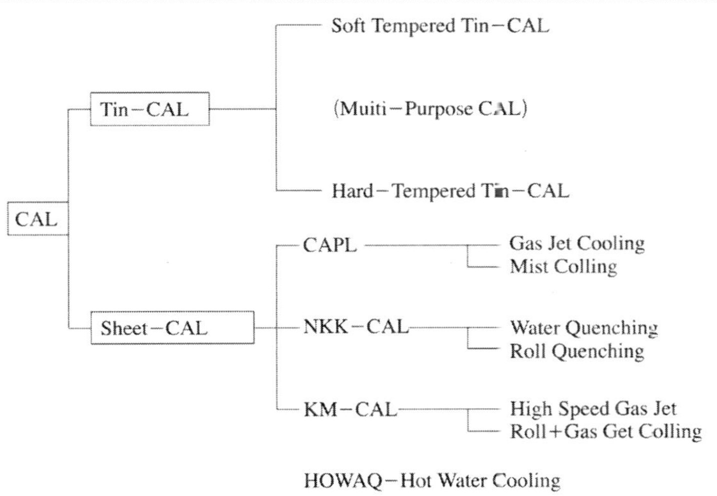

그림 2-29 | CAL의 분류

2) 연속 풀림 설비의 구성 및 특성

자동차, 가전 제품 등의 프레스 가공용 냉연 강판은 종래 냉간 압연 후 전해 청정, 배치 풀림, 코일 냉각, 정정 등의 복잡하고 많은 공정을 거치며 긴 제조 일수가 소요되었다. 이러한 제조 공정의 연소화는 성 에너지 차원에서 필수적이었으나 가공성을 요구하는 딥 드로잉(Deep－Drawing)용 냉연 강판 제조에는 연속 풀림 특유의 급속 가열, 급속 냉각에 의한 강판의 경질화라는 야금학적 제약이 있었다. 또한 제각기 독립한 이색적인 5개 공정의 설비를 단순히 연결할 수 없다는 설비 기술적 제약으로부터 연속화가 지연되었다. 1971년부터 1972년에 걸쳐 이러한 두가지 문제를 해결해서 <그림 2－30>과 같은 구성의 연속 풀림 설비가 주로 사용되고 있다.

가) 압축 설비(Entry Section)

이 부분은 냉각 압연된 코일을 계속적으로 풀어 노와 연결된 스트립으로 해서 일정 속도로 이동시키는 동시에 냉간 압연유를 제거하는 기능을 가지고 있다.

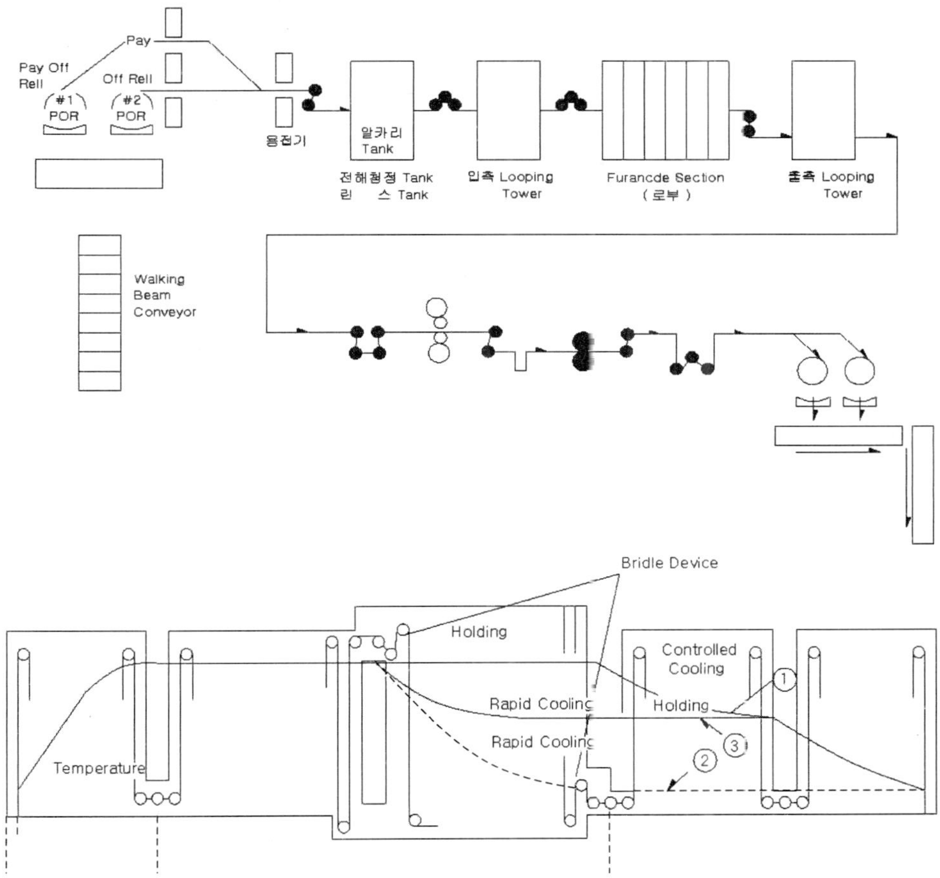

	Type of Steel	HS°	SS°	1st CS°	2nd Cs°	3rd CS°
1	High Temper Timplate Electrical Steel	Heating	Soaking	Holding	Controlled Cooling	Cooling
2	Dual Phase Steel	Heating	Soaking	Rapid Coling 1	-	-
3	Low Temper Tinplate Cold Rolled Steets	Heating	Soaking	Rapid Coling 2	Holding	Cooling

그림 2-30 | CAL 설비 Lay Out

<그림 2−30>에서와 같이 입측부에는 페이 오프 릴(POR : Pay Off Reel), 용접기, 전해 청정 장치(ECL), 입측 루퍼(ELT)로 구성된다. 코일의 교체를 단시간에 할 수 있도록 2개의 POR이 상호 사용되고, 또 용접기는 단시간에, 그것은 로내의 Hearth 롤에 의한 굽힘 하중에 견디도록 용접 강도를 유지하기 위해 Narrow−Lap 심 용접기(Seam Welder)가 설치되어 있다.

전해 청정부는 알칼리 탱크에 의한 화학 세척부, 브러시 롤(Brush Roll)에 의한 기계적 세척부와 전기 분해에 의한 전기 화학적 세척부 및 알칼리 액을 제거하는 수세부로 구성되어 있으며, 또 선행 스트립과 후행 스트립을 용접하는 사이에는 일측 설비가 정지해야 하나 그 사이 로내에서 속도를 변화시키지 않고 일정 균일 속도로 스트립을 공급하기 위해 루퍼는 정상시에 저장한 스트립을 보내주는 역할을 한다.

나) 연속 풀림로(Furnace)

연속 풀림로는 그 대상으로 하는 강종에 따라 열 싸이클을 변화시킬 필요가 있다.

① 가열대(Heating Section)

스트립은 로 입구에 설치된 씰 롤(Seal Roll)을 통과해서 환원성 분위기 가스로 채워져 있는 로내로 이송한다. 로내로 이송된 스트립은 20m 간격으로 상하부에 배치된 Hearth Roll에 각각 180° 잠겨있어 롤 회전에 의해 이송된다. 가열대에는 Radiant Tube Burner가 설치되어 있어 소정의 온도로 가열시킨다.

또 버너군은 수개의 영역으로 분할되어 각 영역은 독립된 노온 제어가 가능하고 또한 열 싸이클은 자유 선택할 수 있도록 되어있다.

② 균열대(Soaking Section)

가열대를 지나간 스트립은 균열대로 이송되며 스트립은 폭 방향, 길이 방향으로 균열된다.

균열대에서는 방산열 손실에 대한 열량을 투입하면 되나 열 싸이클의 변경에 따른 노온변경이 신속히 행해질 수 있도록 고려하여 전열 가열방식(CAPL)이나, Radiant Tube 가열방식(KM, NKK)을 채용하고 있다.

③ 제1냉각대(서냉대+급냉대)

이 영역은 다음과 같이 3가지 모드로 사용되고 있다.

㉮ High Temper Tin Plate 및 전기 강판재로 처리하는 경우에는 냉각을 하지 않는다.

㉯ 과시효 처리를 요하는 Soft Temper Tin Plate 및 Sheet재를 과시효 온도까지 급냉한다.

㉰ Dual Phase강을 처리하는 경우에는 300℃까지 급냉한다.

제1냉각대에 이송한 스트립은 가스 제트와 냉각 롤 접촉에 의해 냉각한다.

- G/J 냉각법

이 방식은 냉각기에 의해 냉각시킨 로내 분위기 가스를 노즐을 통해 스트립에 분사시켜 스트립을 냉각시키는 방식으로 초기 설비에서는 가스를 분사 압력 불균일로 인한 스트립 헌팅(Hunting)으로 스트레쳐(Scratch) 발생의 문제가 있었으나 노즐 챔버(Nozzle Chamber) 중간에 가이드 롤을 취부하거나 압력 패드(Prossure Ped)를 추가해서 스트립을 안정화 시켰고 또한 스트립 에지-센터-에지(Edge-Center-Edge)의 냉각 속도를 가변하여 폭 방향 균일 냉각을 확보함으로써 변형을 방지한다.

- 롤 냉각법

본 방식은 스트립을 수냉 롤에 접촉시켜 냉각시키는 방식으로 스트립과 롤간의 접촉 길이를 변화시켜 용이하게 냉각 속도를 조절할 수 있는 최대의 이점이 있다. 단 스트립 폭 방향의 균일한 냉각 온도를 확보하기 위해 필요한 장력을 안정적으로 유지시키는 것과 롤에 통입하는 냉각수의 수지로와 방향이 중요하며 물의 흐르는 방향에는 여러 가지가 있으나 가장 좋은 방식은 한 방향에서가 아닌 롤 중앙부로부터 양단부로 2분되어 흐르는 것이 제한되어 있다.

롤 내부에 물때가 부착되면 열전도가 나빠지므로 순수를 사용하는 것이 좋다.

냉각수의 유량을 변화시켜 냉각속도를 조절할 수 있으나 수온 상승에 따른 물때 발생과 불균일 냉각을 고려하면 유량을 변화시키는 것은 좋지 않다.

④ 제2냉각대

제2냉각대는 2개의 Mode로 사용된다.

㉮ High Temper Tin Plate 및 전기 강판 처리의 경우는 소정온도에서 서냉한다.

㉯ 과시효 처리를 하는 Soft Temper Plate 및 Sheet재의 경우 소정의 온도를 유지한다.

이 영역은 스트립을 서냉시키는 냉각 튜브 및 온도를 유지시켜 주는 전기 히터가 설치되어 있다.

⑤ 제3냉각대

연속으로 제3냉각대에 이송된 코일은 냉각한 분위기 가스로 직접 스트립에 분사하여 70～90℃로 냉각시킨다.

다) 출측 설비

노에서 나온 스트립은 출측 루퍼, 조질압연기, 사이드 트리머(Side Trimmer) 표면 검사대, 릴러(Liler)를 거쳐 TR(Tension Reel)에 권취된다.

출측 루퍼는 조질 압연기의 작업롤 교체 표면 결함 검사 등에 필요한 시간 약 2분에 상당하는 양의 스트립을 저장할 수 있게 설계되어 있다.

조질 압연기는 시트재 압연용 1스탠드 및 BP재 압연용으로 2스탠드 형태가 있고 통상 4High 조질 압연기 각각 2EA, 1Set의 작업롤 및 받침롤로 구성된 조질 압연기가 사용되나 스트립 형상 교정 능력을 높이기 위해 작업롤과 받침롤 사이에 시프팅(Shifting)이 가능한 중간 롤 1Set를 채용한 6High 조질 압연기도 널리 사용되고 있다.

제4절 | 풀림 작업

1 상풀림 작업

BAF란(Batch Annealing Furnace)로서 베이스에 소재를 투입 가열환원성 HN 가스로 스트립 코일을 브라이트 풀림(Bright Annealng)시키기 위한 설비이다. 스트립 코일은 베이스 상에 적입되면서 코일 사이마다 컨벡터 판(Convector Plate)을 적입시켜 인너 커버(Inner Cover)로 베이스 위에 장착 베이스 내부 불순 가스(O_2)를 제거(Purge) 작업 후 가열할 노를 작성한다.

가열 준비 작업이 완료되면 규정된 소재 싸이클로 가열 작업을 하여 가열이 끝나면 코일을 베이스 상에서 자연 냉각하여 베이스 상 코일 온도가 500℃로 냉각되면 1차 급속 냉각 작업이 시작된다. 강제 냉각 이후 베이스 내부 코일 온도가 250℃로 내려가면 2차 급속 냉각 작업이 냉각 싸이클에 의해 계속 이루어진다. 베이스 코일 온도가 100℃에 도달하면 베이스에서 상풀림된 코일을 추출하여 코일의 녹 발생을 방지키 위해 냉각장으로 코일을 이송 냉각장 냉각 스탠드(Cocling Stand)에 적입 냉동기 CCU 설비에서 공급시키는 냉각 제습된 공기를 냉각 스텐드에서 코일을 적정 온도(30~40℃)로 냉각 떨어뜨리는 작업을 하여 다음 공정으로 코일을 이송한다. 이런 과정을 상풀림 설비라고 한다.

1) 풀림 싸이클

풀림 싸이클은 가열, 균열, 냉각 3부분으로 구분되는데 형식은 미국 Lee Wilson사에서 개발한 K-System 방식과 일본 MHI에서 개발한 싸이클 등 두가지 방식이 주로 사용되고 있다.

현재 미국 Lee Wilson사에서 개발한 K-Stem 방식은 (포항 BAF)방식으로 이것은 코일의 최냉점(Center)을 가열 풀림하는데 소요되는 시간에 대한 데이터 개념인데 가열 시간에 균열 시간이 포함되어 있다. 가열 시간을 산출하는 식은 다음과 같이 나타낼 수 있다.

$$\text{가열시간} = \frac{(\text{K Factor} \times \text{W Factor} \times \text{총적입중량(톤)})}{(\text{Per for Mance Factor})}$$

- K : 코일의 폭과 단중에 따라 분류된 계수 △T에 따라 분류된 계수
- W : 총적입중량
- △T : 가스유량 온도(Furnace COG T, 온도－코일 Center 온도)

풀림 온도는 재결정 온도 이상이어야 하며 보통 600～700℃ 범위로 균열 시간이 길수록 결정립이 커져 강판이 연하게 되어 가공성이 좋게 된다. 코일 온도가 너무 높으면 재결정립이 조대화하여 가공 표면에 오렌지 필이 생겨 표면이 거칠게 된다.

가열 속도가 빠르고 보정(Soaking)시간이 짧으면 결정립이 미세하게 되고 가중의 고용 탄소가 잔류되어 경도가 증가하여 가공성을 나쁘게 한다. 따라서 적절한 가열(균열)냉각 싸이클이 설정되어야 하며 냉각도 강중의 고용 탄소가 충분히 석출하도록 서냉하는 것이 좋다.

또한 MHI의 가열 싸이클은 광양제철소의 풀림 라인에서 사용 검토 중에 있다.

풀림 싸이클 사용 테스트 실적치가 미확인되어 향후 사용 개발에 연구 검토하여야 한다.

MHI 냉연 싸이클 계산식은 다음과 같다.

$$Y = 0.27\,Wt - 6\,W^2 + 16\,W - 4.0$$

$$Y_0 = 985 \times y/25 \frac{1}{\left(\frac{TL_1}{100}\right)^4 - 2.2^4}$$

2) BAF 단위편성

가) 생산능력

표 2-14 | BAF 생산 능력

구 분	CQ	DQ	DDQ	비 고
Charg Tons	78Ton	72Ton	66Ton	
코일폭 m/m	1,700m/m	1,500m/m	1,400m/m	
풀림작업(T)	630℃	680℃	700℃	T2 T/C온도

나) 재질별 작업 소요 시간

표 2-15 | 재질별 소요 시간

구분		CQ	DQ	DDQ	비고
Charge & Purge (D+P)시간		2	2	2	
Heating & Soaking		40	43	48	가열시간
cooling		40	40	39	
총시간	가열시간	40	43	48	
	Base시간	82	85	89	
T/HR	Furnace	1.95	1.67	1.37	
	Base	0.95	0.847	0.74	

다) 코일 적재 높이

① 소재폭이 1.250mm × 2.660 = 3단

② 코일폭이 1.400mm × 2.660 = 2단

③ 코일폭이 1.400mm × 이상 코일 = 2단

④ 베이스 최대적임 높이 3.750mm(Convector 높이 제외)

3) 분위기 가스

산세, 냉연 압연 후의 압연 강판의 풀림에서는 코일 표면에 산화물이 생기지 않도록 방지하는 것이 필요하다.

풀림 후의 스트립 표면의 산화물은 제품의 품질에 아주 큰 영향을 미친다. 산화된 스트립이 사용되는 경우에는 제품의 외관을 손상시키그 도료의 밀착성을 열화시킨다. 또한 도금 강판에 있어서는 강판 표면에 균일한 도금이 불가능하여 제품의 외관을 손상만 시키는 것이 아니고 내식성에 큰 영향을 미친다. 때문에 풀림시에는 인너 커버 내부에 보호 분위기 가스(HN)를 투입시킨다.

이러한 목적으로 사용되는 분위기 가스는 금속과 븐위기 가스가 서로 반응되도록 조성되어서는 안 된다.

이런 문제로 환원성 불활성 가스가 사용된다.

가) 분위기 가스의 종류

분위기 가스의 종류에는 코크스로 가스(COG), LPG 등을 주원료로 한 DX 가스, NX 가스, HNX 가스와 암모니아를 원료로 한 AX 가스, 산소 공장에서 생성된 질소 가스와 AX 가스를 혼합한 Mix 가스(HN 가스)등이 있다.

이러한 가스 성분, 용도 등은 각 제철소에 따라 약간 차이는 있지만 <표 2-16>에 표시한 바와 같은 것이다.

표 2-16 ▌각종 분위기가스 성분비교

가스명 가스성분	CO_2	CO	H_2	CH_2	H_2O	N_2
DX 가스	4~7	9~12	10~15	0~1	0~1	나머지
NX 가스	0~01	1~2	1~2			〃
HNX 가스	0~1	0~1	3~10			〃
AX 가스			75			〃
HN 가스			3~10			〃

나) DX 가스

최초로 실용화된 풀림용 보호 분위기 가스로, 각종의 원료(COG, LPG 등)을 불완전 연소시켜 필요량의 수분을 제거하여 얻어지는 것이다.

DX 가스의 성분이 $CO_2/CO > 0.6\%$이면 산화변색이 발생하고 CO_2, $CO > 0.5\%$이면 카본 에지(Canbon Edge)가 발생된다. 그리고 $H_2O/H_2 > 0.1$이면 역시 산화 변색이 발생하여 가장 적절한 성분은 $CO_2/CO = 0.55\pm0.05\%$이고 H_2O/H_2는 0.1% 이하이다.

다) NX 가스

DX 가스와 같이 연료 가스를 불완전 연소시켜 CO_2, H_2O를 제거하여 얻어진 가스로서 DX 가스에 비하면 장치 및 조작이 아주 복잡하지만 성능이 안전하다. 보통 NX 가스는 NHX 가스의 일부 공정을 생략하여 얻어진 것이다.

라) HNX 가스

HNX 가스는 NX 가스를 일부 개량한 것이고, 제조법은 NX 가스의 그것과 유사하지만 H_2를 추가 형성시킨 점이 다르다. 산소 성분을 함유치 않아 폭발에 대하여 안전하고 석도금용 원판 풀림에 널리 사용되며 내식성에 뛰어난 효과가 있다. 또한 풀림된 강판의 강휘도가 DX 가스보다 뛰어나게 우수하다.

마) AX 가스

AX 가스는 무수 암모니아(NH_3)를 고온에서 분해하여 만든다. 높은 수소 성분 때문에 폭발성이 있으며, 취급상 충분한 주의를 요한다

바) HN가스

일관제철소의 경우, 산소공장의 부산물인 질소를 이용하여 NH 가스를 제조하여 풀림분위기가스로 사용하고 있는 것이 보통이다.

HN 가스라고 하는 것은 이 산소공정에서 만들어진 질소에 AX 가스를 혼합하여 적당한 수소 농도로 조정한 가스이다.

HN 가스는 산소 공장에서 생성된 부산물인 N2가스와 수소 발생 설비에서 발생한 H_2가스를 적당하게 혼합시켜 BAF CAL, CGL에서 사용한다. 냉연 공정에서 사용되는 HN 가스는 아래와 같다.

- 압력 : 700～1,000mm H_2O
- 이슬점 : −40℃ 이하
- H_2 함유량 : 3～8%(조절)
- N_2 함유량 : 100−H_2 가스(%)
- O_2 함유량 : 3PPM 이하

2 연속 풀림 작업

연속 풀림 설비는 입측부, 노부 조질압연 및 출측부로 구분된다. 입측부에서는 페이오프 릴, 두께 측정기, 더블 컷 시어 등을 지나면서 소재 미압부가 처리되고, 용접기에서 선·후행 코일을 연결하여 연속 작업이 이루어지게 한다.

용접이 완료된 스트립은 청정 설비를 통과하게 되는데, 알카리 탱크, 전해 탱크, 린싱 탱크, 드라이어를 거치면서 스트립 표면이 세척되어진다. 노부는 예열대, 가열대, 균열대, 서냉대, 급냉대, 과시효대, 최종 냉각대, 수냉대로 나누어져 있다. 예열대에서 스트립은 가열대의 폐가스로 가열된 HN 가스로써 예열되고, 가열대에서는 라디안 튜브(Radiant Tube)를 사용하여 균열 온도까지 가열하고 균열대에서는 이 온도를 유지한다.

서냉대에서는 열교환기에서 냉각된 HN 가스를 스트립 분사하여 5~15℃Sec로 서냉되고, 급냉대에서는 롤냉각 설비와 가스 제트로써 50~100℃Sec로 급냉된다. 과시효대에서는 전기저항 가열 장치로 소요 시간 동안 필요한 온도로 스트립을 과시효시키며, 다시 가스 제트로써 냉각하는 최종 냉각대를 거쳐, 수냉대에서 실온으로 냉각된다.

로에서 열처리된 스트립은 센터 조절용, 스티어링롤, 텐션조절부, 브라이들 롤 및 출측 루퍼를 지난 조질 압연부로 보내진다.

출측 루핑 파워는 코일을 중량 단위로 생산하기 위해 스트립을 분할할 때 라인을 정지시킬 수 있기 위함이며, 조질 압연은 스트립의 기계적 성질개선, 형상교정 및 스트립 표면에 조도를 부여한다.

조질 압연 후 스트립은 사이드 트리머로 스트립의 에지 트리밍을 할 수 있으며, 폭 및 두께 게이지 검사, 오일러, 출측 시어를 거친다.

1) 화학 성분의 영향

연속 풀림은 단시간 풀림하기 때문에 제품의 재질은 소재의 화학 성분에 영향을 받는다.

통상 성분에서 제품의 재질을 크게 영향을 주는 것은 림드강, 캡드강에서는 C, Si, S, O 등이며, Al-킬드강에서는 C, Mn, N, Sol-Al 등이다.

2) 열연 조건의 영향

연속 풀림에서 가공성이 양호한 강판을 제조하기 위해서는 열연 고온 권취가 매우 유효하다. 열연 고온 권취의 목적은 ① 냉연 재결정시 탄소의 고용을 지연, ② MnS의 적정 분산, ③ 냉연전의 결정립 조대화, ④ Al-킬드강에서는 Al을 석출시켜 고용 N을 고정하는 효과를 고려할 수 있다. <그림 2-31>에서 열연 권취 온도가 670~680℃(Al변태점)을 경계로 냉연 재질 특성이 급격히 변화한다.

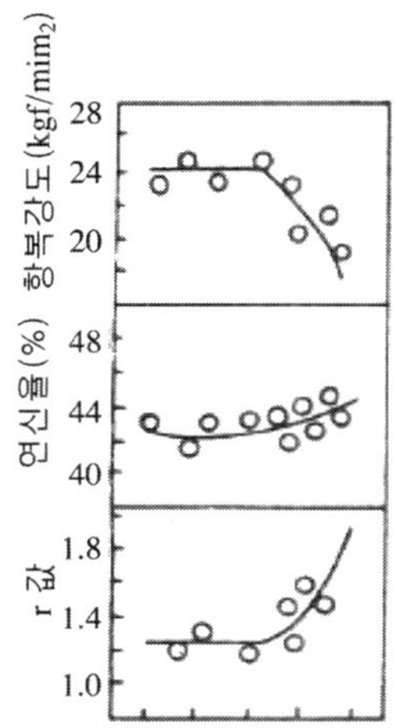

그림 2-31 ▎ **열연 권취온도**

3) 냉간 압하율의 영향

연속 풀림제의 냉간 압하율에 의한 $\bar{r}$값의 변화는 <그림 2-32>과 같고 열연 권취온도가 높을수록 $\bar{r}$값이 고냉연율 쪽으로 이동한다.

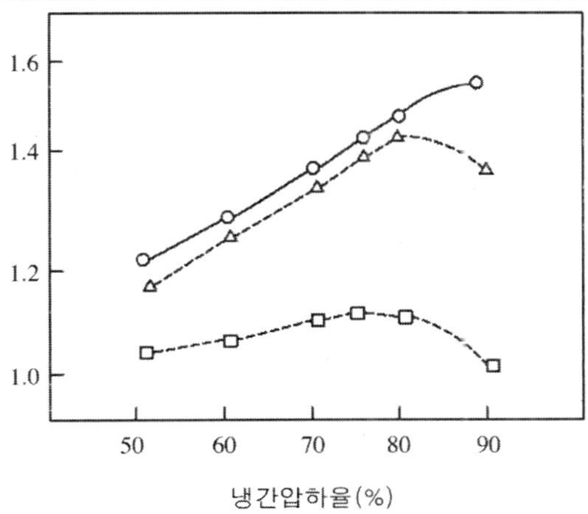

그림 2-32 ▎ **냉간 압하율과 r값의 관계**

4) 풀림 가열 속도의 영향

연속 풀림의 가열속도는 통상 수만 ℃Hr로 이러한 급속 가열의 경우에는 열연 고온 권취를 행하므로 상풀림의 서가열 보다는 성형성이 우수한 냉연 강판의 제조도 가능하다. <그림 2−33>과 같이 Ti 첨가강처럼 고용 탄소, 질소를 고정시킨 강의 경우에는 열연 권취 온도, 가열 속도에는 그다지 큰 영향을 받지 않으며 급속 가열에서는 $\bar{r}$값 2.0 이상의 고성형용 냉연 강판의 제조가 가능하다.

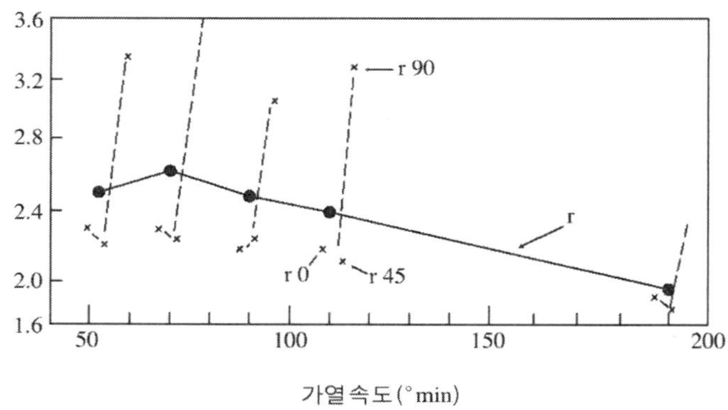

그림 2−33 | Ti 첨가강의 가열속도에 따른 r값

5) 풀림 온도의 영향

연속 풀림의 풀림 온도 범위는 재결정 온도에서 A3 변태점까지이지만 제품 특성이 대응하는 최적의 온도가 채용된다. <그림 2−34>와 같이 풀림 온도가 650℃ 이하의 경우는 불완전 재결정이므로 재질이 좋지 않다.

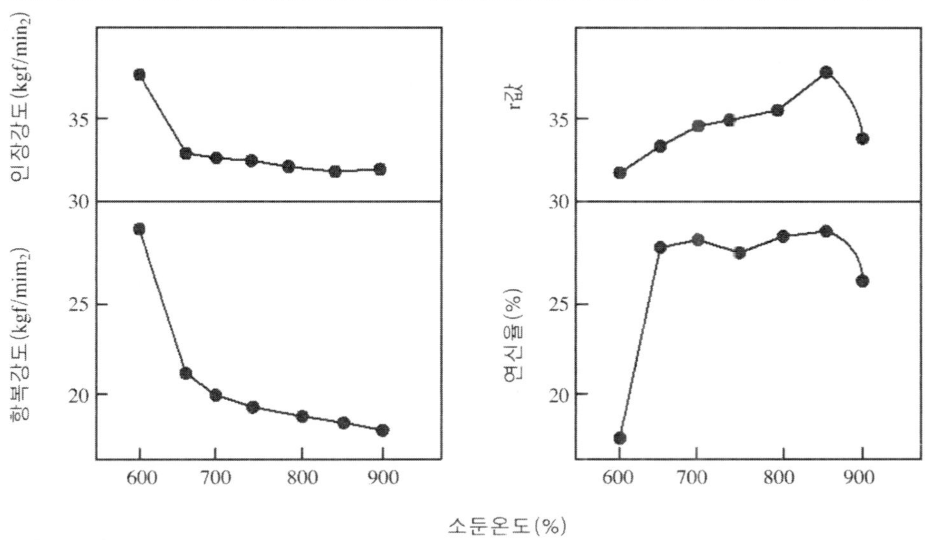

그림 2-34 **냉연 재질이 미치는 풀림 온도**

650℃를 초과하면 풀림 온도가 높아짐에 따라 결정립 성장의 진행과 함께 연질이 되고 가공성이 향상된다.

6) 냉각 속도의 영향

가공용 연속 풀림재에서는 급속 냉각에 의한 고용탄소 증가에 대한 대책으로서 과시효 처리를 행한다. 즉 가열, 균열 후에 500℃ 이하까지 급냉 처리로 탄소의 과포화 상태로 만들어 석출 구동력을 부여한 다음 350~450℃ × 30sec 이상으로 가열 유지시켜 고용탄소를 거의 완전히 석출시킨다.

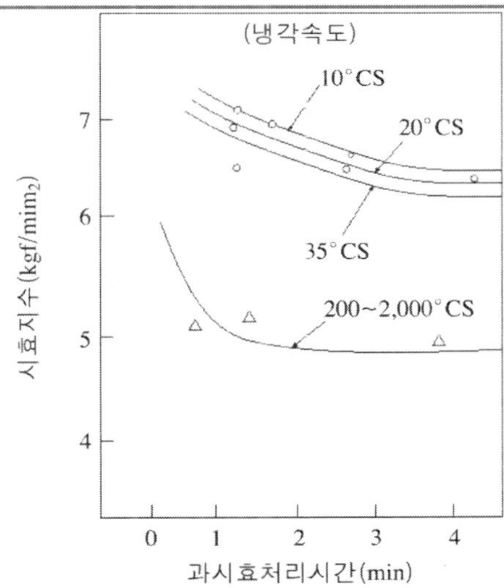

그림 2-35 **시효 지수에 미치는 과시효 시간과 처리전 냉각 속도의 영향**

Chapter 05

조질 압연

제1절 | 조질 압연의 목적

냉간 압연에 의해 섬유상 조직으로 된 강판은 풀림 공정에 의해 새로운 결정 조직의 강으로 변하지만, 이러한 풀림판은 거의 Dead Soft 상태로 가공에는 부적당하고, 또한 이것을 그대로 얕은 오무림 가공을 하면, 판의 표면에 Stretcher Strain 또는 Liders 라인이라고 칭하는 불규칙한 선이 나타나 외관을 손상시킨다. 즉 풀림판 그대로는 거의 실용화 할 수 없고 가벼운 냉간 가공에 의해 그 재질을 개선하고, 형상을 교정하기 위한 조질 압연을 실시한다.

조질 압연(Skin Pass 또는 Temper Rolling)은 냉간 압연의 한 분야이지만, 단순히 사상 압연에서는 없는 야금학적으로 아주 중요한 의미를 갖는 작업 공정으로 판의 두께를 거의 연화시키지 않고, 어떤 종류의 성질을 부여하기 위하여 냉간으로 판을 압연하는 경우에 이것을 조질 압연이라고 한다.

즉, 조질 압연의 목적으로써 다음의 점을 열거할 수 있다.

① 재료의 항복점 선율을 소실시켜 가공시의 스트레쳐 스트레인(Stretcher Strain) 발생을 방지한다.

② 재료의 인장 강도를 상승시켜 항복점을 내리고 소성 변형 범위를 넓혀, 가공성을 증가시킴과 동시에 강도를 부여한다.

③ 스트립의 형상을 교정하여 평활하게 한다. 냉간 압연에서는 압하율이 크기 때문에 양호한 형상을 내기가 어렵고, 또한 풀림시의 열응력에 의한 변형이 이것에 가하여지기 때문에, 제품으로 나갈시에는 조질 압연으로 형상을 수정하고, 평탄한 형상으로 개선할 필요가 있다.

④ 스트립의 표면 상황을 양호하게 또한 소정의 조도로 사상한다.

제2절 | 조질 압연 설비

본 설비는 라인 진행 방향에 입측 텐션 브라이드(Tension Bridle), 조질 압연기(Temper Mill), 출측 텐션 브라이드(Tension Bridle) 순으로 기계가 배치되어 각 브라이드 간에 걸리는 스트립 인장력으로 조질 압연을 한다.

입측 텐션 브라이드는 각 롤 단독의 전동기에 의해 감속기를 거쳐 구동된다. 조질 압연기 속도는 입측 텐션 브라이드를 기준으로 압연기 입측 장력이 설정 장력치로 되도록 제어한다. 또한 출측 텐션 브라이드 속도는 압연기 출측 장력이 설정 장력치로 되도록 제어한다.

조질 압연기 연신율은 압하력으로 조정하며 압연 중의 실제연신율과 설정연신율이 일치되도록 압연기 압하력을 제어한다.

압연기의 압하는 하부 받침롤 쵸크의 하부에 설치된 2개의 유압 압하 실린더에 의해 하부 쵸크와 롤을 리프트시켜 행한다. 압연 압력은 서보변(Servo Valve)에 의해 압력을 제어한다.

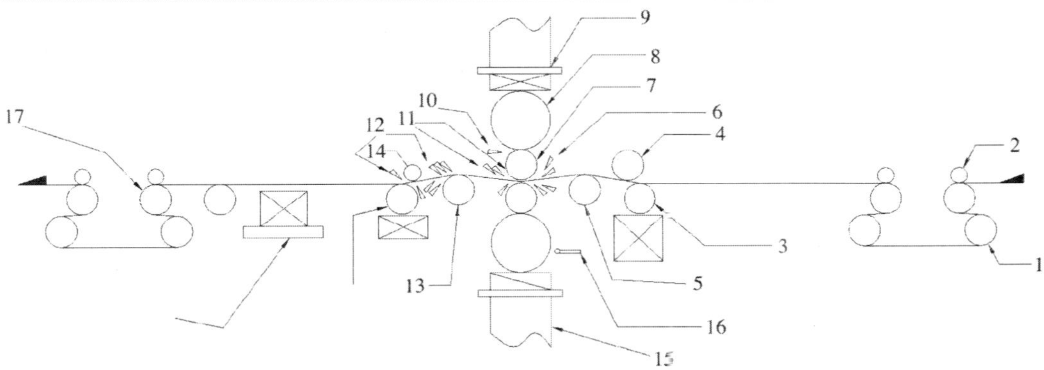

1	입측 T.B.R	7	Work Roll	13	Cross-Breaking Roll
2	Snubber Roll	8	Back up Roll	14	Defletor Roll
3	Tension-Meter Roll	9	Passline ADJ' Divice Load Cell	15	HYD' Roll Force CYL'
4	Deflector Roll	10	Back Up Roll용 Air Wiper	16	Shape Meter
5	Anti-Climpping Roll	11	1차 Air Wiper	17	출측 T.B.R
6	WET유 분사장치	12	2차 및 Edge Air Wiper	18	B.U.R Polisher

그림 2-36 | SPM의 Layout

1 입측 텐션 브라이드 롤(TBR : Tension Bridle Roll)

입측 TBR은 조질 압연기에 후방장력(Back tension)을 주기 위한 것이다. 이것은 4개의 롤로 구성되며 조질 압연기 앞에 설치된다. 4개의 TBR은 Cr－코팅이 되었고 D.C 모터로 구동한다.

D.C 모터는 드라이브 사이드(Drive Side)에 설치되며 1번과 4번 브라이드 롤의 작업 측에는 PLG가 부착된다. 1번과 4번 롤 상부에는 공기압 실린더로 작동하는 스너버 롤(Snubber Roll)이 설치되어 통판성을 좋게하고 라인 속도 1mpm 이하에서 스트립을 정지시킨다.

입측 TBR의 입측에는 WPD(Welding Point Detecter)가 설치되어 CAL 용접부 통과를 감지하고 압연기 압하력을 감소시킨다.

2 받침롤(Back Up Roll)

BUR은 재료를 직접 압연하는 WR의 상·하에 위치하여 높은 압연 하중에서 WR이 벤딩되는 것을 감소시키며, 하부 BUR은 압연기 드라이브 모터로부터의 회전력을 WR 및 상부 BUR에 전달하고 하부의 유압 롤 압하 실린더로부터 압연 하중을 받아 WR에 전달한다.

상부 BUR은 스크루 형태의 조정기(Screw Type Pass Line Adjustment Device)에 의해 지지되며 압연 하중을 Breaker Block에 전달한다.

3 작업롤(Work Roll)

WR은 하부 BUR로부터 회전력 및 압하력을 전달받아 재료에 직접 접촉하여 압연을 행하기 때문에 압연 압력에 대해 변형이 적고 일정한 형태를 유지해야 한다.

4 Wet Skin Pass Header 및 Air Wipper

압연기 스탠드의 WR 전방 패스 라인 상·하에 각 10개씩 Wet Skin Pass 노즐이 설치되어 스트립에 약간의 방청 효과를 갖게 한다.

압연 작업 중 사용되는 Wet유가 압연 후의 스트립에 잔류하지 않도록 Air Wipping 하여 Wet유를 제거한다.

5 Tensionmeter Roll

압연기 입·출측에 가이드 롤과 한쌍으로 이루어져 있으며 압연기 전·후방의 스트립 장력을 측정하는 로드셀이며, 측정범위는 0~15kN/set이며 롤 바디는 ∅350mm× 2,100mmL 이다.

6 Anti Crimp Roll

WR 전방 하부에 위치하며 스트립을 받쳐주어 폭별 장력을 균일하게 주고 원판의 웨이브를 감소시켜 WR까지 원활하게 진입되도록 한다. 롤 바디는 ∅250mm × 2,100mmL 이며 0.1mm 두께로 Cr-코팅 되었으며 유압 실린더에 의해 상·하로 작동된다.(Cylinder Stroke : 500mm)

7 Cross Breaking Roll

WR 후방 하부에 위치하며 스트립을 받쳐주어 폭별장력을 균일하게 함으로써 압연 후의 스트립에 잔류하는 압연 응력을 분산시켜 크로스 버클(Cross Buckle)을 제거하고 형상을 양호하게 한다. 롤 사양은 Anti Crimping Roll과 같다.

8 No.5 Tension Bridle Roll

4 Roll Type으로 D·C 모터로 구동되며 조질 압연에 필요한 전방 장력을 주고 연신율 측정용으로도 사용된다.

9 Shapemeter(형상 검출기)

고장력(High Tension) 조업을 하는 온라인에서 육안에 의한 형상 식별은 형상 불량이 잠재함에도 양호한 것으로 오판하기 쉬워 압연 후의 제품 형상을 온라인으로 체크하여 조질 압연기 형상 제어 시스템에 피드백 함으로써 양호한 형상을 얻기 위해 설치된다.

제3절 | 조질 압연 작업

조질 압연 작업은 제품의 표면형상, 기계적 성질 등의 품질 특성을 결정하는 최종 작업이라는 것은 전술한 대로지만, 품질 관리면에서도 품질 결함의 방지를 위해 최대한의 노력을 경주할 필요가 있다. 조질 압연 공정에서 주의해야 할 품질 관리 항목은 다음의 4가지로 대별된다.

① **조질도** : 연신율
② **표면사상** : 작업롤, 표면경도, 압연톤 수, 압하력
③ **형상** : 작업롤, 받침롤의 초기 크라운, 롤 벤딩 제어, 장력 및 압하력 제어
④ **표면품질** : 롤 교체, 롤 폴리싱

1 조질도

조질 압연 작업이 주된 목적은 풀림된 스트립의 기계적 성질의 개선을 주체로 하고, 곱쇠(Coil Break)와 가공시의 스트레쳐 스트레인(Stretcher Strain) 방지를 피하는 것이다. 또한 조질 압연 후의 스트립이 도금 등에 의해 고온으로 되거나, 조질 압연 후 가공되기까지 장기간 경과한 경우, 변형 시효에 의해 기계적 성질(특히 경도, 항복점 신율)이 변화하여 간다. 따라서 조질 압연 시의 연신율은 각 형식의 풀림로에서 얻어진 여러 가지의 재료에 대하여 시효성을 고려하여 결정할 필요가 있다. 또한 제품에서의 가공도가 큰 연질제의 경우는 항복점 신율을 억제하는 범위에서 할 수 있는 한 낮은 연신율로 하는 것이 바람직하다.

<그림 2−37>에 Batch 풀림한 석도금 원판의 연신율과 기계적 성질과의 관계를 나타내고, <그림 2−38>은 Tight 풀림 및 Open 풀림한 냉연 강판의 연신율과 기계적 성질을 나타낸다.

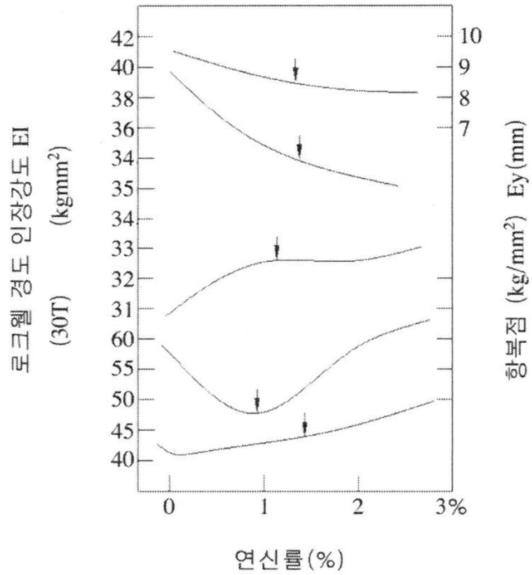

그림 2-37 ‖ 상 풀림한 석도금원판의 연신율과 기계적 성질과의 관계

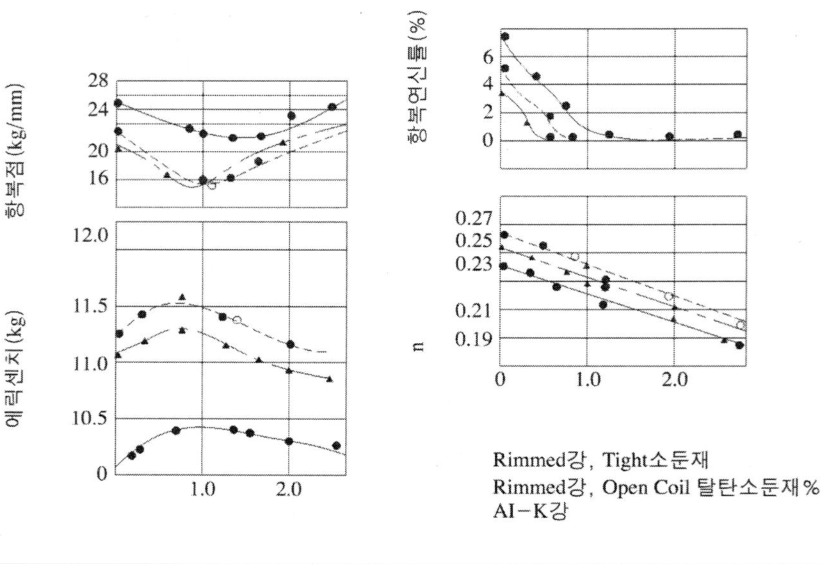

그림 2-38 ‖ Tight 및 Open 풀림한 냉연 강판의 기계적 성질

<그림 2－39>에 단 스탠드 조질 압연기의 경우의 압연 하중과 연신율의 관계를 나타낸다. 이 그림에서 압연 하중과 연신율의 관계가 거의 직선적인 것을 알 수 있어, 연신율 제어시의 조작 변수로써 압연 하중이 효과적이라는 것을 알 수 있다.

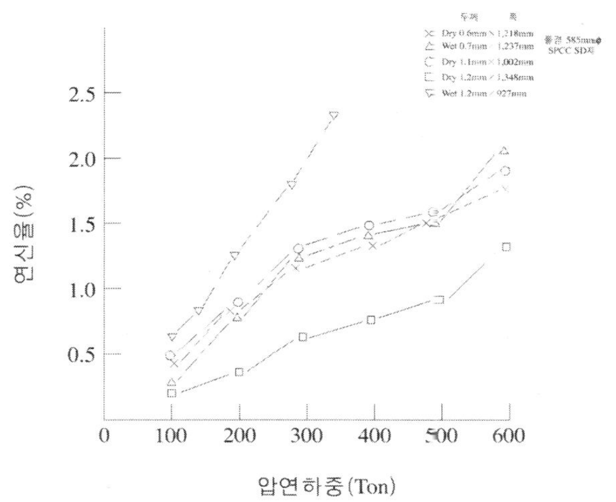

그림 2－39 ❙ **압연하중과 연신율과의 관계**

2 표면 사상

냉연 강판이나 표면처리 강판 제품의 표면 사상은 제품의 외관을 결정하는 결정적인 요인일 뿐만 아니라 제품을 가공할 때의 윤활 상태라든가 표면처리시의 피막 특성에 큰 영향을 끼친다. 이와 같이 제품의 표면 사상 상태는 대단히 중요한 품질이고, 그 요인의 관리 방법에는 여러 가지의 방법이 취해지고 있다. 이러한 것들을 열거하면, ① 작업롤의 표면 조도, ② 작업롤의 압연톤수 및 압하력, ③ 조질 압연전 스트립 표면 조도 등이 있다. 이러한 것 중에서 가장 큰 요인은 작업롤의 표면 조도이다.

조질 압연에서 사용되고 있는 작업롤의 표면조도 상태는 Dull, Bright의 2가지로 대별되지만, Dull 사상은 Shot Blast, 방전 가공, 레이저 가공에 의한 가공을 받은 작업롤을 사용하는 경우이고, Bright 사상은 연마기에서 지석에 의해 연마된 작업롤을 사용하는 경우를 말한다.

2스탠드 압연기의 경우, 거의 모든 압연기에서 No.1 스탠드에는 Dull사상의 작업롤을 사용하고 있지만, 이것은 형상 제어 및 연신율 확보를 위한 것이고, No.2 스탠드의 작업롤에서 소요의 표면 조도를 낸다고 생각되어진다.

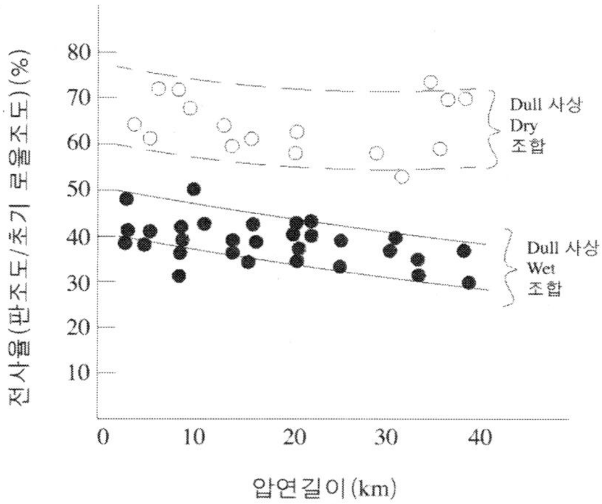

그림 2-40 ▌ **압연길이와 전사율과의 관계**

또한 작업롤의 표면 상태는 압연을 계속함에 따라서 마모가 진행하고 제품의 표면 사상에도 영향을 미친다. 이 때문에 제품의 표면 조도가 엄격하게 요구되는 제품에 대해서는 압연 톤 수 제한이나 압하력 등의 작업조건의 관리에 의해, 작업롤 표면 조도의 변화를 보완해 갈 필요가 있다. 방전 가공, 레이저 가공에 의해 롤 조도 수명을 연장하고 있으며 <그림 2-40>에 압연 길이와 전사율의 관계를 나타낸다.

조질 압연 공정에서의 스트립의 표면 사상 상태의 관리는 작업롤의 표면 사상만에 의해 관리하고 있는 것이 대부분이고, 그 확인으로서 정기적으로 조질 압연 후의 스트립 표면 조도의 외관 체크를 행하고 있다.

3 형상 제어

조질 압연 공정의 품질 결함 중 가장 많은 고민은 형상 불량이고, 이것에 영향있는 요인이 많다고 하는데도 현장 작업으로서 가장 어려운 점이다. 주된 형상 결함을 보면 이파, 중파, 반곡, 프로펠러형 반곡, Cross Buckle, Longitude Buckle 등으로 분류된다.

1) 이파, 중파

형상 불량 결함에 대부분을 차지하고 있는 것이 이파, 중파지만, 이것을 정리하여 원인별로 분류하면 다음과 같다.

① **롤에 기인하는 것** : 작업롤 및 지지롤 초기 크라운 부적, 롤마모, 롤 온도 불균일 분포

② **작업 요인에 기인하는 것** : 연신율, 압하력, 장력, 롤 벤딩력, 작업롤 레벨 등의 부적

③ **재료에 기인하는 것** : 재질의 폭 방향, 길이 방향의 편차, 스트립의 프로펠 불량, 스트립의 온도 고온

④ **판정에 기인하는 것** : 판정기준, 형상 검출기의 정도 불량 작업롤의 초기 크라운은 거의 凸형이지만, 일부 광폭 후물재의 경우 凹형을 사용하는 경우도 있다. 크라운 량에 대해서는 凸방향을 플러스(+)라고 하면 두께, 폭에 따라 다르지만 −0.05～+0.05mm 정도의 범위이고, 또한 프로필을 대부분 싸인 커버가 사용되고 있다. 롤 관리면에서 생각하면 초기 크라운의 종류는 적은 편이 보다 바람직한 것이고, 롤 벤딩 장치를 활용하는 것에 의해 초기 크라운의 종류의 감소를 꾀할 수가 있다.

재료에 기인하는 것으로서 최근 모든 용도에 연속 주조재가 사용되고, 그 사용 비율은 증가 일로에 있지만, 이것은 재질면에서 폭방향으로도, 길이 방향으로도 균일하다는 이점이 있고 품질에 미치는 이점은 대단히 큰 것이다. <그림 2−41>에 연주재와 잉고트 재의 배치 풀림 후의 코일 길이방향의 경도 분포의 일례를 나타내고 있다.

마지막으로 형상 불량 결함의 발생 요인의 하나로 육안 확인이 어려운 것으로 온−라인에서 불충분하다는 점이다. 형상 검출기의 현상에 대해서는 실제의 제품 형상 수준의 검사 기능을 충분히 얻을 수 있을 만큼의 정도(精度)를 갖고 있지 않지만, 최근 조질 압연에서도 냉연과 같이 여러 가지 형의 형상 검출기가 실용화되어 가고 있다.

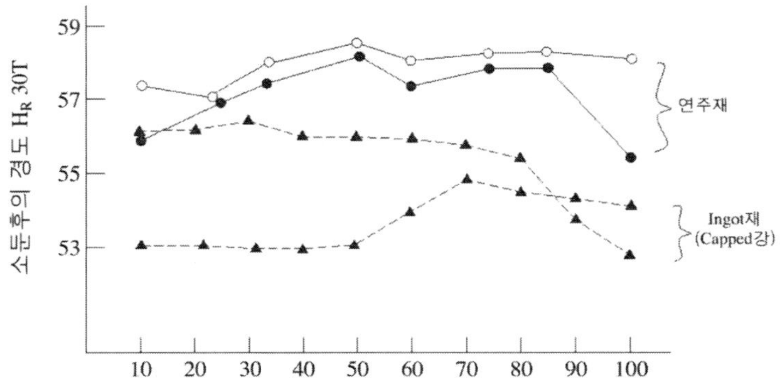

그림 2-41 ▌Batch 풀림 후의 코일 길이 방향의 경도분포

2) 반곡

시트 라인의 입측에서 코일상의 스트립의 굽힘을 수정하기 위해 레벨러에 의한 교정 작업을 실시하는 경우가 많다. 특히 박물재에서는 레벨러에 의한 교정으로 수정 불가능한 반곡이 발생하는 수가 있다. 이것은 풀림 공정에서 완전히 잔류 응력이 제거된 후 조질 압연 작업에서 어떠한 요인으로 불균일한 잔류응력이 분포되어, 그것이 레벨러 작업 후도 잔류하여 스트립의 굴곡이 발생하는 현상이고, 요인으로서 다음의 점을 들 수 있다.

① 스트립의 작업롤과의 권부각의 차이
② 작업롤 구동의 경우 작업롤의 경차
③ 상·하 작업롤 또는 지지롤의 경차
④ 상·하 작업롤의 표면 조도차
⑤ 롤 조립시의 형태 및 압연기 하우징의 조립 정도

작업롤과의 스트립의 권부각은, 입측은 안티 클림핑 롤, 출측은 안티 코루게이트 디프렉터 롤에 의해 변화시킬 수가 있기 때문에 이것에 의해 반곡을 어는 정도까지 제어할 수가 있다.

3) Cross Buckle, Logitude Buckle

특히 0.5mm 이하의 박물재를 조질압연하는 경우 압하력과 장력 밸런스가 무너진 경우에 스트립에 일종에 좌굴현상이 일어나고, 그것에 의해 Cross Buckle 및 Longitude Buckle이 발생한다. 그 발생 요인으로서는,

① Cross Buckle : 전방 장력 부족
② Longitude Buckle : 전방 장력 과다로 보여진다.

이 2가지의 현상은 전혀 상반하는 작업조건에서 발생하기 때문에 각 부분 장력의 적정한 관리가 필요하다.

4 Wet 조압과 Dry 조압

냉연 강판의 조질 압연 작업에 있어서 다음의 목적에 의해 수용성 도는 유용성 방청제를 조질 압연액으로서 사용하는 경우가 많다.

① 단 스탠드 밑에서 연신율을 확보한다.
② Dry 조압에 비하여 이물 압입, 이물 부착 등에 의한 롤 흠이 발생하기 어렵다.
③ 조질 압연 후의 스트립에 방청효과를 갖는다.

조질 압연액을 사용하는 Wet 조압은 Dull 사상의 작업 롤을 사용하는 후물재에 사용하는 것이 주체이다. 또한 현재 각 회사에서 사용하고 있는 조질압연액의 대부분은 아초산 소다계를 주성분으로 한 것으로서, 사용 농도는 5～10%이다. 제품의 용도에 따라 방청력을 일단 높인 유용성의 조압유가 개발되어 일부 사용되기 시작하고 있다. 이러한 압연유의 특징을 <표 2－17>에 나타냈다.

표 2-17 | 각종 조질 압연액의 비교

종 류	수용성 압연액	유용성 압연액
사용방법	5~10% 용액	100% 원액
장 점	1. 롤 및 스트립의 표면을 청정하게 유지 2. 마찰 계수가 높아 작업성이 양호 3. 먼지(티끌)의 누적을 방지 4. 화재의 위험이 없다. 5. Cost가 낮다.	1. 세척력이 크다. 2. 방청력이 크다. 3. Slushing유와의 상용성 불량에 의한 트러블이 적다.
단 점	1. 방청을 위한 수절 관리가 중요하다. 2. 무기계의 수용성 방청제와 Slushing유와 상용성에 문제가 있다.	1. 판 오염 발생 용이 2. 방화에 대한 설비 및 관리제가 필요하다.

다음에 Wet 조압과 Dry 조압의 양자 비교를 <표 2-18>에, 또한 <그림 2-42>에 단 스탠드 압연기의 경우, 양자의 판 두께별 압하력의 비교를 나타냈다.

표 2-18 | Wet 조압과 Dry 조압의 비교(단 스탠드 밀의 경우)

항 목	Wet 조압	Dry 조압
생 산 성	대(大)	소(小)
압 연 하 중	0.2~0.3Ton/mm폭	0.3~0.5Ton/mm폭
전사율(Dull)	30~50%	60~80%
롤마모(Dull)	200~300Ton	500~600Ton
신 율 제 어	고 연신율 영역에서 용이	저 연신율 영역에서 용이
형 상 제 어	곤란	용이
방 청 효 과	대(大)	무
조 압 효 과	약간 열등	양호
표면품질관리	용이	곤란

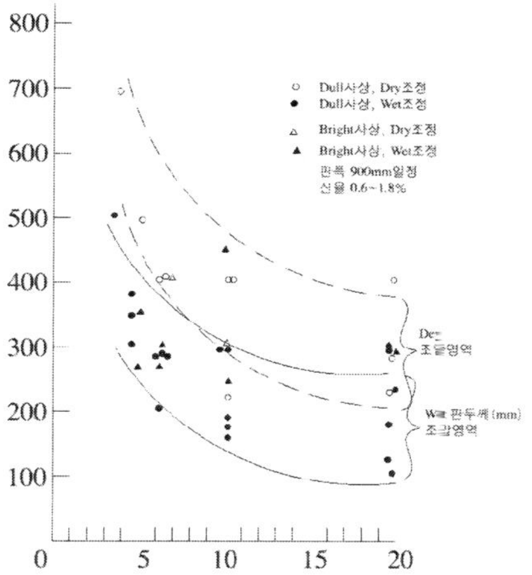

그림 2-42 ▮ 판 두께별 압연 하중

정정

제1절 | 개 요

조질 압연을 거친 코일은 냉연 최종 공정인 정정 라인에서 수요가의 주문에 맞도록 처리된다.

정정 공정에는 되감기 공정(Recoilng Line), 전단 공정(Shearing Line)으로 구분한다.

주요 작업으로는 스트립 선단부, 후단부, 불량부 제거, 제품의 폭과 중량을 수요가 주문에 맞도록 작업, 치수, 형상 및 표면결함 검사 및 제품의 녹 발생 방지를 위한 도유 작업을 실시하며 최상의 제품은 수요가에서 공급하기 위한 작업을 실시한다.

제2절 | 되감기 라인(RCL : Recoiling Line)

1 목 적

조질 압연을 거친 냉연 제품을 수요가 주문조건에 맞도록 작업하는 것으로 최근 자동차, 가전 중심으로 냉연 강판을 코일의 수요가 압드적으로 많아지고 있으며 RCL은 이와 같은 제품을 만들기 위한 설비이다. 슬리팅(Slitting) 설비는 스트립의 종방향 분할을 행하여 폭이 좁은 코일을 제조하는 경우에 사용한다.

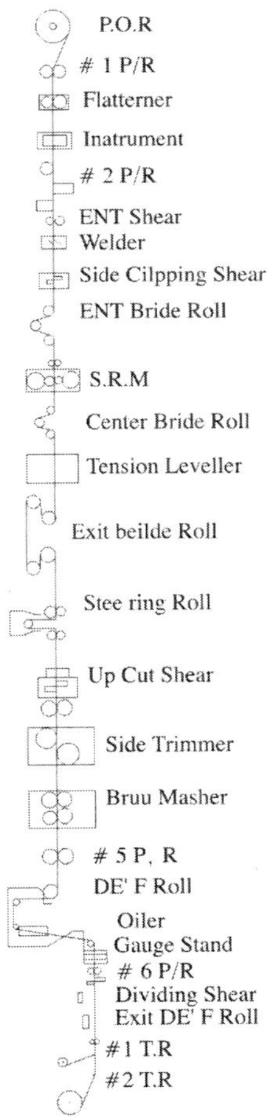

그림 2-43 | Recoiling Lay Out

① 양단의 불량 부분을 절단 제거
② 폭, 중량을 수요가 주문 조건으로 분할 및 절단
③ 치수, 표면, 형상 엄격검사
④ Rust 발생 방지를 위한 방청유 도포

2 RCL 설비와 작업

1) Tension Leveller

본설비는 입측에서 Entry Bridle Roll, Tension Leveller, Exit, Bridle 순으로 배치되고, Exit, Bridle Roll 간에 주어지는 스트립 Tension 하에서 스트립을 Levelling한다.

Levelling 압연기은 3개의 Unit로 나누어져 스트립을 팽팽하게 하고 폭방향 및 길이방향의 반곡을 제거하면서 재료를 평탄하게 한다.

2) Steering Roll

스트립 사행수정을 하며 Side Trimming에 스트립을 보내기 위해 설치되어 있다.

3) Side Trimmer & Slitter

Side Trimmer 본체는 Over Hang형 Housing 이동식의 본기에 의해 스트립의 양단측을 연속적으로 규정폭을 Trimming한다.

Knife Clearance 및 LAP 조정은 Tirmmer 기록 조작반에서 자동 설정이 가능하며 Clearane량의 최종확인은 Thickness Gauge를 사용하여 Check한다.

Slitter는 Side Trimmer의 Spindle간에 Arbor Shaft를 부착하여 2분할의 Slit를 실시한다.

Slitter 운전시의 라인 Speed는 Max 200mpm으로 한다.

4) Burr Masher

본기는 Side Trimming시 및 Slitting시 발생하는 스트립단부 절단면의 Burr를 감소하는 것에 사용되며 Air Cylinder 작동의 Masher Roll을 스트립단부의 Burr 발생면을 눌러 운전한다.

제3절 | 전단 라인(Shear Line)

1 목 적

전단 라인이라고 하는 것은 냉연 강판을 수요가 주문 요구조건에 따라 전단으로써 출하하기 위한 설비로써 주된 목적은 아래와 같다.

① 판폭, 길이를 목표치로 절단
② 치수, 표면, 형상의 검사를 실시하여, 불량 부분을 절단 제거
③ 방청유 도포 작업

2 전단 설비와 작업

1) Steering Roll

본기는 Steering Roll 및 Steering Roll 전후에 Deflector Roll로 구성되며 스트립의 사행을 수정하여 Side Tlimmer에 스트립을 보내기 위해 설치한다.

2) Side Trimmer

스트립의 양 Edge를 절단하는 장치로 좌우의 하우징에 상하 2매, 총 4매의 환도가 취부되어 있다. Trimming부 폭정도는 통상 설정치에 대하여 0～0.5m/m이다.

3) Looping Pit

Flying Shear의 전단 정도 확보를 위해 설치하고 또한 Roller Leveller부 스트립을 본 Pit내에 저장하기 위한 설비이다.

4) Roller Leveller

Tension Leveller에서 교정된 스트립 평탄도를 유지 또는 최종 조정하여 정확하게 Flying Shear까지 스트립을 보내기 위한 설비이다.

스트립 평탄도를 확보하기 위한 Work Roll경을 80mm로 하고 Roll은 11본으로 되어 있다.

5) Flying Shear

본 기는 수치제어 Rotary Flying Shear로서 상하부 Blade Holder와 Electric Shaft, Shear 스탠드로 구성된다.

전단 길이는 작업 Panel에 설정되고 Measuring Roll의 부호로써 측정한다. 부호수는 컴퓨터로 보내져 연속적으로 관리된다. 절단 허용 공차는 일정 속도 ±0.5mm 정도이다.

제4절 | 검사 설비

1 판두께 측정기

판두께를 최종적으로 검사하여 두께 허용 범위를 넘는 부분(Off Gauge)를 제거하기 위한 목적으로 사용하고 있다. 판두께 측정기에는 Flying Micrometer, X-Ray 측정기 등이 있지만 γ-Ray가 가장 많이 사용되고 있다.

2 핀홀 감지기

핀홀(Pin Hole) 감지기는 진행 중인 냉연 강판에 자외선을 쏘아 강판을 통과하는 빛을 수광기에서 감광한 후 핀홀 발생 여부를 판정하는 설비이다.

3 표면 결함 검출기(Surface Defect Detector)

CCD 카메라와 조명을 이용하여 스트립에 스캐닝(Scanning)하여 결함 영상, 결함 검출을 분류하여 결함의 정도 및 종류를 인식하는 설비이다.

포장

전단, 리코일링을 종료한 강판은 포장되어 수요가에게 출하된다.

포장의 목적은 운반 중의 흠, 먼지의 부착, 녹의 발생 방지 등이다. 종래, 포장은 모두 사람의 손으로 실시하여 왔지만, 자동 밴딩 장치, 포장지의 자동 절단 및 자동으로 부착, 접는 포장 기구 등의 개발에 의해 코일에 대해서는 일부 자동화가 이루어지고 있지만, 시트에 대해서는 아직도 자동화가 곤란하다.

Part 03

표면 처리 강판 제조

표면 처리 강판 제조 일반

제1절 | 개요

철강은 먼저 대량으로 생산되는 금속이고 우수한 강도와 가공성을 갖고 있지만 통상의 환경에 있어서 대단히 부각되기 쉬운 것이 결점이다.

이 때문에 대부분의 강재에서는 도금 화성 처리, 도장 등의 표면 피복을 행하든가 혹은 유효한 합금 원소를 함유하고 있는 보호 능력이 큰 부식 생성물 층을 표면에 형성시키는 것 등의 수단이 행하여지고 있다.

특히 근래에 와서는 에너지 절약 및 내구성, 방청성 요구가 수요가로부터 강력히 요구되므로 강재의 표면 처리 기술의 개발은 눈부시게 발전되고 있다. 표면 처리 강판은 크게 도금 강판, 도장 강판, 피복 강판 등 여러 가지로 나누어지며 유형별로 분류해 보면 아래 <그림 3−1>과 같다.

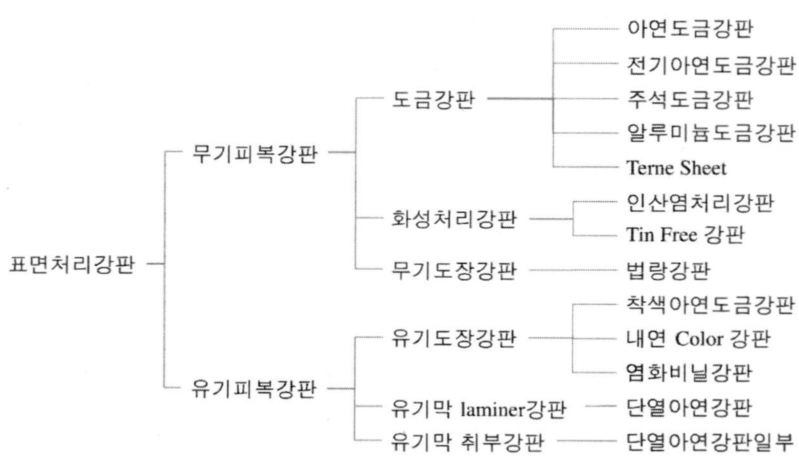

그림 3−1 | 표면 처리 강판의 분류

표면 처리 강판은 앞에서 설명한 것 같이 여러 가지로 나누어지나 본장에서는 우리 나라에서 생산되고 있는 도금 강판에 대하여 설명한다.

1 용융 아연 도금 강판

용융 아연 도금의 역사는 오래되었으며 이 강판은 표면 처리 강판 중 가장 많이 사용되고 있다.

이 제품의 용도는 대부분 건축용이나 최근 Galvanneal재, Mini−Spangle재, Galvalum 등의 개발로 가전기기, 자동차 등에도 널리 사용되고 있다.

이 강판은 냉간 압연 강판이나 열간 압연 강판을 연속 풀림하여 450℃ 정도의 도금욕에 침괴하여 도금된 후 냉각된다.

이 제품의 특징은 내식성이 우수하여 내구성을 요하는 제품에 많이 사용된다.

2 전기 아연 도금 강판

냉간 압연 강판은 보통 성형가공 후 인삼염 처리를 하고 도장을 실시하나, 표면에 흠이 있거나 장시간 도막을 통해서 물이나 산소가 침투하여 철이 산화된다든가 해서 도막이 박리되게 된다.

따라서 전기 아연 도금 강판은 내식성 향상에 이용되며 용융 아연 도금 강판과 목적하는 바는 비슷하다. 보통은 한 면의 아연 부착량이 20g/m^2 정도로 아연 부착량은 용융 아연 도금 강판에 비해 1/5 정도에 불과하다. 그러므로 내식성에 대해서는 용융 아연 도금 보다 못한 것은 당연하다.

하지만 전기 도금은 상온에 가까운 온도에서 작업되므로 냉연 강판이 갖고 있는 재질 특성을 그대로 갖고 도금할 수 있어 가공성이 우수하다. 또 전기 도금은 한 면만 도금할 수 있어 자동차 등에 소요되는 편면 도금이 가능하므로 최근에 와서 급속히 생산량이 늘어나고 있다.

제2절 | 아연의 방청 이론

1 부식

아연 도금하면 왜 강을 방청할 수 있는가를 논하기 전에 부식이라는 것이 어떻게 일어나는가를 먼저 논한다.

부식이라는 것은 광의의 산화반응에 따라서 소모하는 현상으로 Corrosion이라 부른다. 특히 수용액의 작용에 의한 경우를 습식이라 말하고 또 고온의 기체작용에 의한 경우를 건식이라 말한다.

그래서 철이 수분 존재 하에서 녹스는 것이 전기화학반응이고 또 Nickle이 고온의 산소 가스나 염소 가스에서 산화되는 경우가 순화학반응이다.

철이 대기 중에서 녹스는 현상을 횡형적으로 표시한 것이 <그림 3－2>이다. Anode에 생긴 Fe^{++}는 H_2O의 해리에 따라 생긴 OH와 결합하여 $Fe(OH)_2$로 되고 다시 한 번 산화되어 $Fe_2O_3 \cdot H_2O$로 변화한다. 실제로 생기는 녹의 조성은 생성 조건에 따라 여러 가지 복잡하다.

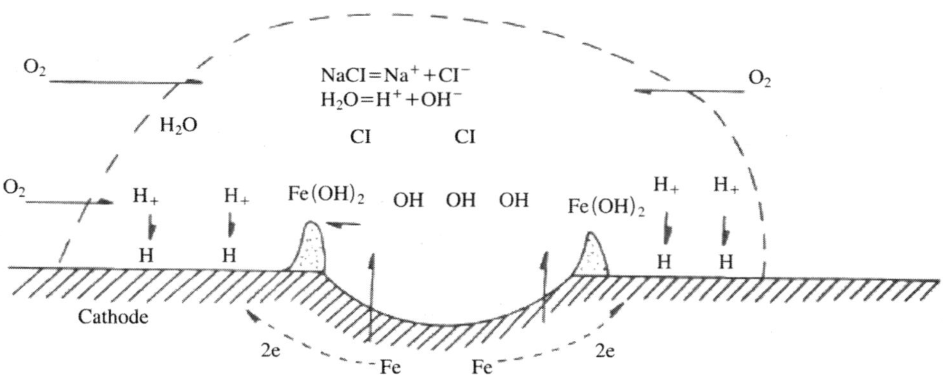

그림 3－2 | 식염수에 의한 철의 발청

2 부식의 전기 화학성

1) 국부 전지

Fe와 Pt와를 유산 수용액 중에 침지하여 이것을 드선으로 연결하면 비금속 Fe는 Fe^{++}로 용해하고 귀금속의 Pt표면에서 H_2 가스가 발생하여 도선에는 전류가 흐른다.

Fe측 : $Fe \rightarrow F^{++} + 2e^-$ (산화 반응)
Pt측 : $2H^+ + 2e^- \rightarrow 2H$ (환원 반응)
$+H \rightarrow H_2$(기체)

Fe 원자가 Fe^{++}이온으로 될 때 금속측에 남는 전자 2개는 액중으로 석출하는 H^+이온을 중화하기 때문에 Pt표면에서 소비된다.

Anode (양극) : 전자를 남게해서 이온화하는 전극측
Cathode (음극) : H^+이온이 전자와 중화하여 H원자로 되고 다시 한번 H_2 기체를 발생하는 측

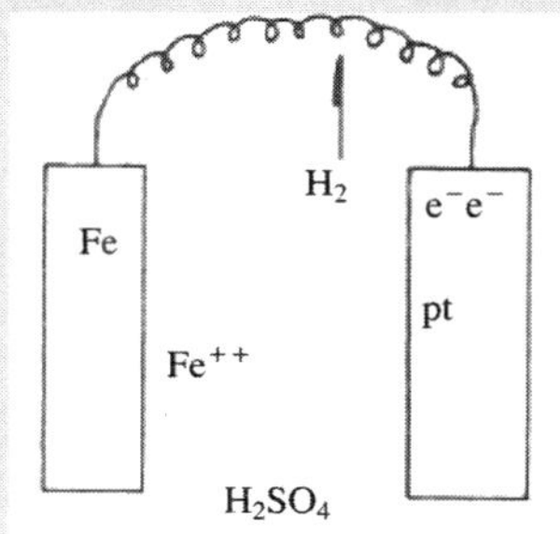

양극의 전위는 비(卑)이고 음극 전위는 귀(貴)이다. 이같이 전지 작용은 동일 금속 표면에서도 일어난다.

국부 전지 생기는 원인

- 금속측에 관계하는 인자 : 조직적인 불균일성, 불순물의 편석, 가공 스케일 부착, 산화 피막의 불균일성
- 용액측에 관계하는 인자 : 전해질의 농도차, 용해 산소의 불균일성, 온도차, 액의 유동 상태

2) 단극 전위와 이온화 경향

금속의 이온화 경향의 크기를 나타낸 것이 표준 단의 전위이다. 특히 금속을 그 금속 수용액에 침지한 것을 제1종의 전극이라 말한다.

이 전극과 용액간의 전위차, 즉 단위 전위차는 용액 중의 이온 농도(정확히는 활동

도)에 따라 정해지는 일정의 전위를 나타낸다.

수소의 단극 전위를 기준으로 잡고 이것을 0으로 하여 이것에 따라 이온화 경향이 큰 것을 −, 작은 것을 ＋로 표시한다.

<표 3−1>은 수소를 기준으로 한 각종 원소의 단위 전위표이다. 이온화 경향이 큰 것을 상대적으로 비(卑)로 말하고 작은 것을 상대적으로 귀(貴)로 말한다.

표 3−1 ❙ 수소를 기준으로 한 단위전위(V)

전 극	전위차	전 극	전위차	전 극	전위차
Li L^{+}	−3.01	Cd Cd^{++}	−0.40	Cu	0.52
Rb Rb^{+}	−2.98	TL TL^{+}	−0.34	2Hg	0.80
K K^{+}	−2.92	Co Co	−0.28	Ag	0.80
Ba Ba^{++}	−2.92	Ni Ni^{++}	−0.23	Hg	0.88
Sr Sr^{++}	−2.89	Sn Sn^{++}	−0.14	Au	1.40
Ca Ca^{++}	−2.84	Pb Pb^{++}	−0.13	Au	1.70
Na Na^{+}	−2.71	Sn Sn^{++++}	−0.05		
Mg Mg^{++}	−2.38	Fe Fe^{+++}	−0.04	½I_2(고)I^{-}	−0.54
Al Al^{+++}	−1.28	½H_2 H^{+}	0	S(고)S^{++}	−0.51
Mn Mn^{++}	−1.05	Sb Sb^{+++}	0.2	½O_2(기)OH^{-}	0.40
Zn Zn^{++}	−0.75	Bi Bi^{+++}	0.2	½Br_2(액)Br^{-}	1.07
Cr Cr^{++}	−0.56	As As^{+++}	0.3	½Cl_2(기)Cl^{-}	1.36
Fe Fe^{++}	−0.43	Cu Cu^{++}	0.34	½F_2(기)F^{-}	2.85

제3절 | 아연 도금 강판의 방식 작용

철과 기타 금속에서 전지를 구성하는 것으로 <표 3－2>와 같이 전압을 발생한다. 전압을 발생하는 금속은 철에 대하여 비금속으로 쿠르고 있다. 예를 들면 Fe표면에 Zn을 접촉시키면 국부 전지로 되어 전압을 발생시ᄏ 는데 Zn은 Fe보다 비금속인 것으로 양극으로 되어 Zn이 먼저 용해가 시작되어 Fe의 녹은 발생치 않는다. 그렇지만 Fe에 대하여 귀금속을 접촉하면 Fe가 양극으로 되어 건저 용해하기 시작하여 접촉하게 된 귀금속은 남게된다.

따라서 Sn을 도금한 석판에서 아주 작은 핀홀(Pin－Hole)이 있으면 Fe가 먼저 부식하여 Sn이 남는 현상을 나타낸다. 핀홀이 문제로 되지만 Zn같은 비금속의 도금 경우는 설령 작은 핀홀이 있어도 부식면은 아연의 희생적인 작용으로 철을 보호하여 큰 문제로는 되지 않고 있다.

표 3－2 | 철과 타금속과의 전위

금 속	전 압 (V)	금 속	전 압 (V)
Al	－0.94	Sn	+0.15
Zn	－0.43	Pb	+0.18
90%Zn 10%Fe	－0.31	H	+0.34
80%Zn 20%Fe	－0.25	Cu	+0.68
Cr	－0.16	Ag	+1.10
Cd	+0.08	Pt	+1.20
Fe	+0	Au	+1.40
Ni	+0.11		

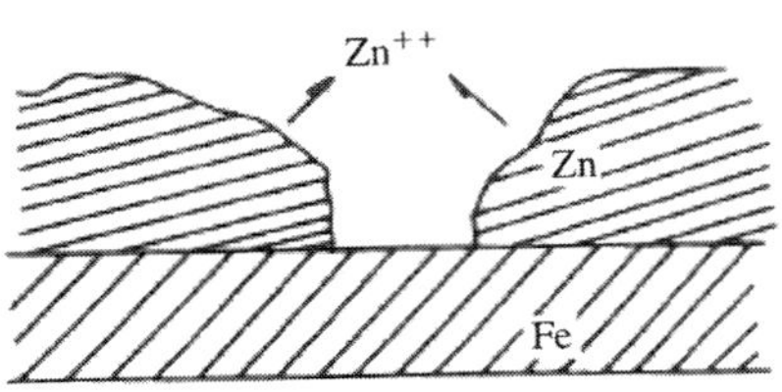

그림 3－3 | 아연 철판의 부식

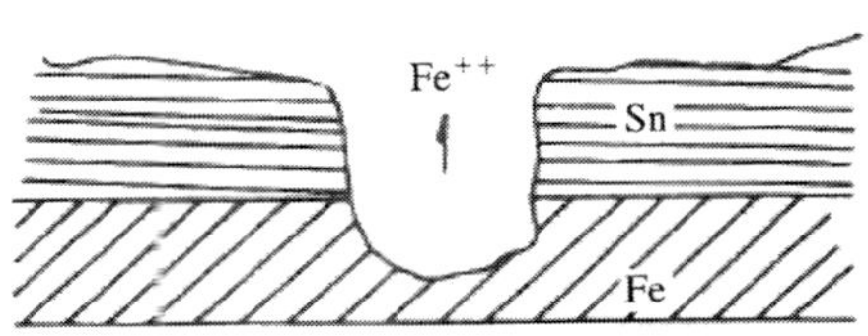

그림 3－4 | 석도 철판의 부식

제4절 | 제품의 특징과 용도

1 내식성

아연은 전절에서 설명한 바와 같이 철판을 보호하는 Galvanic Action(전기화학 보호작용)을 갖고 있으므로 강판자제의 내식성이 대단히 우수하므로 옥외 등에서 사용할 경우 아연 도금 강판이 다른 것에 비해 오래 간다는 점이다. 즉 아연은 철에 비교하여 용해력이 크지만 보통의 공기 중에 폭로된 때에는 용해하는 속도는 늦어져 녹발생이 어려워지는 것을 의미하고 있다.

각종 금속의 내식성과 아연 도금 강판의 내후성 시험 결과를 <표 3-3>과 <그림 3-5>에 나타낸다.

표 3-3 | Iron Age

금속	대기 폭로
Al	0 ~ (mg/Dm^{2}day)
Zn	0 ~ 2
Sn	0 ~ 1
Pb	0 ~ 1
Fe	5 ~ 40

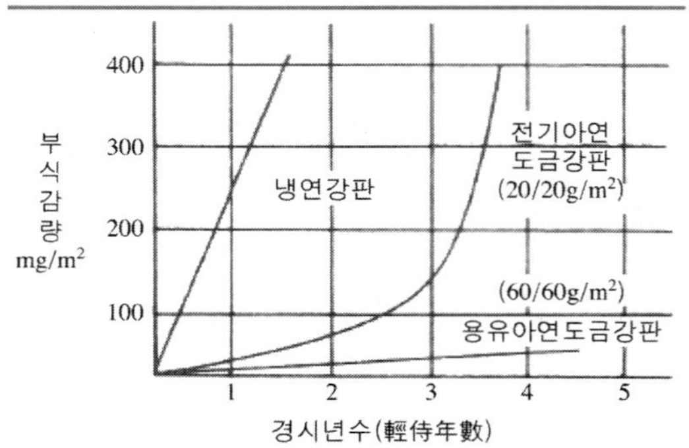

그림 3-5 | 내후성 시험의 예

그림에서 볼 때 알 수 있는 것 같이 아연 부착량에 의한 차가 강판의 내후성에 대단히 영향있는 것을 알 수 있다.

또 최근 문제가 Close-up되어 있어 예를 들면 종래 크롬 도금하여 사용한 강판이 도금액중 Cr^{+6}의 문제로 배수설비 설치 필요성이 있으므로 이것에 따라 라인 Cost up 때문에 아연 도금 강판의 사용화 쪽으로 차츰 옮겨지고 있다. 또 자동차 업계도 내식성 향상의 요구 등으로 아연 도금 강판화로 급속히 진전되었다.

아연 도금 강판 부식의 대표적인 백청 발생에 있어서는 아연 부식의 일단계에서 저지할 수 없는 현상이지만 최근 냉연 강판 대체품으로써 주목받고 있는 현시점에 있어서는 내백청 향상도 해결되어야 할 중요한 문제점의 하나이다.

2 도장성

도장성에서 요구되는 점은 도장 밀착성과 도장 후 내식성이고 이러한 것을 구비한 강판으로써 인삼염 처리 강판, 합금화 아연 도금 강판이 거론된다.

밀착성 양호의 이류로써

① 표면 조도가 거칠게 된 것이 보다 기계적 밀착력이 향상한다.

② 인삼염 처리에 따라 아연 표면이 불활성화되기 대문에 도료와 아연의 반응을 막아 도료 부착을 양호하게 한다.

Chapter 02

용융 아연 도금

제1절 | 용융 아연 도금의 개요

아연의 우수한 내식성은 극히 얇은 산화 피막의 형성에 의하여 외기를 차단해서 내부를 보호하고 있는 성질과 철에 대하여 국부 전지를 구성하여 음극 방식에 의한 방식 작용을 행하고 있다.

예를 들면 <그림 3-6>의 도금층에 도금되지 않은 부분이나 핀홀이 있어 강의 일부가 노출하고 있는 경우에도 국부 전지가 구성되어 아연의 희생하에 음극의 강은 용해 침식되지 않든가, 혹은 부식의 진행이 완만하다.

이와 같이 용융 아연 도금의 목적은 내식성, 내후성의 항샹으로 강이 갖는 결점 즉, 녹발생의 극복이고 다음에는 표면 외관의 미리, 의장성 등 부가가치를 부여하는 그 특징을 발휘시키는 것이다.

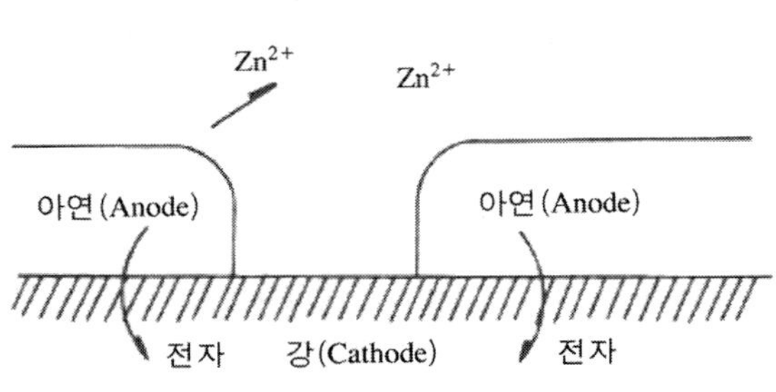

그림 3-6 | 아연에 대한 철의 음극 반응

제2절 | 용융 아연 도금 설비

1 용융 아연 도금 설비의 종류와 특징

용융 아연 도금 설비는 시트재를 도금하는 절판 드금 설비와 코일상의 강판을 도금하는 연속식 도금 설비로 대별된다. 연속식 도금 설비는 풀림로의 유무에 따라 라인내 풀림 방식과 라인의 풀림 방식으로 구분되면 라인내 풀림 방식으로는 센지미어 방식(Sendzimir Type), 무산화 가열로 방식, US Steel 방식이 있고, 라인의 풀림 방식으로는 Wheeling Type, Selas Type이 있다.

다음 <표 3-4>에는 이와 같은 설비의 특징을 비교하였다.

표 3-4 | 각종 도금 라인의 기능과 특징

라인 방식	풀림유무	전 처 리	플럭스 종류	아연조 및 욕	특 징
철판도금	라인 외	탈지→산세→플럭스	습식 플럭스	연-아연방식	파판 정도의 가공에 적당
Economy Type	라인 외	탈지→산세→플럭스	습식 플럭스	연-아연방식	파판 정도의 가공에 적당
Wheeling-Type	라인 외	탈지→산세→플럭스→건조	건식 플럭스	Ceramic Pot.Zn(Al*)	열연재, 냉연재, 미풀림재
Seals Type	라인 외	탈지→산세→Selas가열로	HNX 가스	철 Pot 또는 Ceramic Pot Zn(Al)	Deep Drauing재 등 여러 가지 소재가 선택됨
Sendzimir Type	라인 내	산화로	AX 가스	철 Pot 또는 Ceramic Pot Zn(Al)	풀림공정 생략하고 경제적
무산화 가열로	라인 내	무산화로	HNX 가스	철 Pot 또는 Ceramic Pot Zn(Al)	급속가열이 가능하고 고능률
U.S Steel Type	라인 내	전해청정(NaOH)→(산세)	HNX 가스	철 Pot 또는 Ceramic Pot Zn(Al)	Sendzimir Type과 전처리 상이

2 절단도금법

이 방법은 정척으로 전단된 박강판을 1매씩 도금하는 구식의 도금법이다.

작업은 산세 → 수세 → 염산침지 → 예비 플럭스 → 플럭스 → 도금 → Chramate 처리 순으로 행하여진다.

1) 산세

강판의 종류 부착된 스케일의 상태에 따라 다르지만 일반으로는 유산 5～10% 온도 50～70℃ 시간 5～25분에서 행한다.

2) 수세

산세 후 강판 표면에 남아있는 산 및 철염 등을 제거하기 위해 흐르는 물로써 충분히 세척한다.

3) 염산 침지

산세, 수세 후 표면에 잔류된 철염은 산화된 염기성 철염으로 되게 하고 특히 유산에 산세된 것은 묽은 염산으로 세척한다.

4) 예비 플럭스(Flux)

철염은 플럭스의 노화를 촉진하고 드로스(Dross) 발생량을 증가시키는 등의 문제점이 있는 것으로 예비 플럭스로써 염화 안티몬, 염화 아연 복염(주로 $ZnCl_2 \cdot 3NH_4Cl$) 수용액을 사용하여 이런 것을 제거한다.

5) 플럭스(Flux)

도금욕 상에 염화 안티몬·염화 아연의 용융 플럭스를 생성 강판을 완전히 정화한다. 플럭스는 사용하고 있는 사이에 노화하므로 적절한 시기에 낡은 플럭스를 제거하고 새로운 염화 안티몬을 첨가한다.

6) 도금

화학적으로 정화된 강판은 <그림 3-7>과 같은 연·아연 방식에서는 플럭스를 통하여 연욕에 들어가 가열하면서 연욕 중의 가이드를 통하여 아연욕에 들어간다.

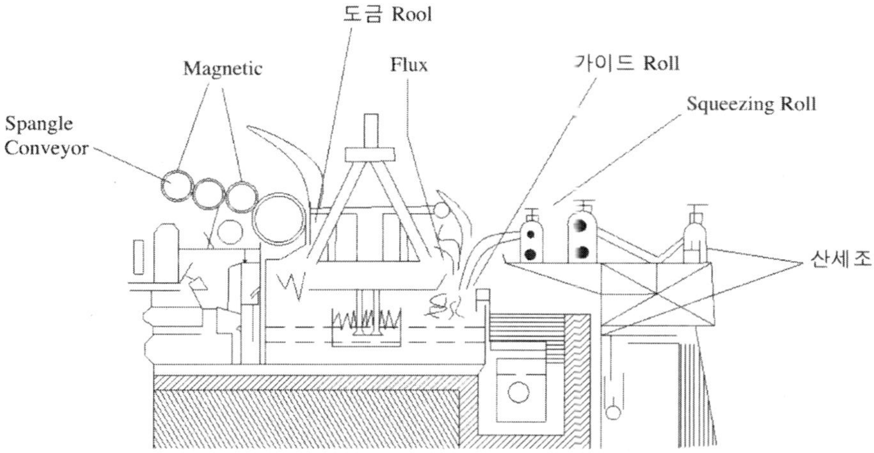

그림 3-7 ▎ **아연 도금욕의 상세도**

아연욕은 비중차에 따라 연욕에 떠올라 있고 욕표면에는 한 쌍의 스퀴즈 롤(Squeeze Roll)이 있어 강판을 끌어 올리면서 여분의 아연을 Squeezing하면서 공기 중으로 끌어낸다. 도금 부착량 조정은 도금용 온도, 도금속도, Squeezing Roll의 높이, 간격, Squeezing Roll면의 홈, 폭, 깊이 등에 따라 결정된다.

7) 후처리

일반적으로 크롬산칼리($K_2Cr_2O_7$) 또는 무수크롬산(CrO_3)의 수용액에서 처리한다. 이것은 아연 철판의 표면에 크롬상 피막을 생성시켜 백청(白淸)발생 방지 및 내식성 향상을 목표로 하는 것이다.

3 연속 도금법

박강판을 연속적으로 아연 도금 하는 것으로 종래의 철판 도금에 비해서 제품이 균일하고 경제적으로도 많은 이점이 있는것 등으로 금일에 와서는 대다수 아연 도금으로 각종의 연속법이 채용되고 있다.

1) 센지미어(Sendzimir)법

이 방식의 특징은 라인중에서 도금 원판의 열처리(풀림 또는 소준)을 행하는 것으로 표면 청정화도 열처리 중에 행하는 것으로써 라인 설비비가 싸고 제품도 우수하기 때문에 연속 아연 도금의 획기적인 제조 방법으로 말하고 있다. 현재 세계의 연속 도금 설비의 60% 이상을 점하고 있다. 공정은 우선 스트립은 산화로 혹은 무산화로에서 표면에 부착하여 있는 압연유, 가연성 물질 등의 오염물이 연소 또는 휘발 제거된다. 산화로 또는 무산화로를 나온 스트립은 환원로에 들어가 수소 분위기 중에서 풀림 온도까지 가열되어 표면 산화막이 환원됨과 함께 열처리 된다. 다음에 스트립은 그대로 분위기 냉각대에서 도금욕온에 거의 같게 될 때까지 냉각되어 전혀 공기에 접촉되지 않게 직접 도금욕에 들어가 도금된다. 도금욕은 적량의 알루미늄을 첨가하여 합금층 성장을 억제하고 있다. 도금욕을 나온 스트립은 냉각탑, 크로메이트 처리 레벨러를 거친 후 전단 또는 코일로 감기어 제품으로 된다.

이 가운데 무산화로는 1966년경 개발된 것으로 산화로에 의한 과산화 결점을 제거하고 그 때문에 환원로 중 수소 농도를 저하 시킬 수 있는 것과 동시에 환원 작용으로 라인 속도를 상승시키는 것도 가능하여 생산성이 높다.

무산화로는 현재 설치되고 있는 센지미어식 라인의 주류를 이루고 있다. 이 방식은 다음과 같은 결점, 단점이 있다.

① 장점

㉮ 별도의 전청, 풀림, 조압의 설비를 필요로 하지 않는다.

㉯ 플럭스를 필요로 하지 않는 것으로서 아연욕 중의 Al 조정이 용이하다. 따라서 도금면의 합금층이 얇아 제품의 가공성은 극히 좋다.

㉰ Al사용 때문에 도금 표면이 우수한 광택을 갖고 있다.

② 단점

㉮ 건설비가 높다.

㉯ 생산량은 로능력에 제한 받는다.

㉰ 극박제는 로가 고온 때문에 통판하기 어렵다.

③ 제조공정

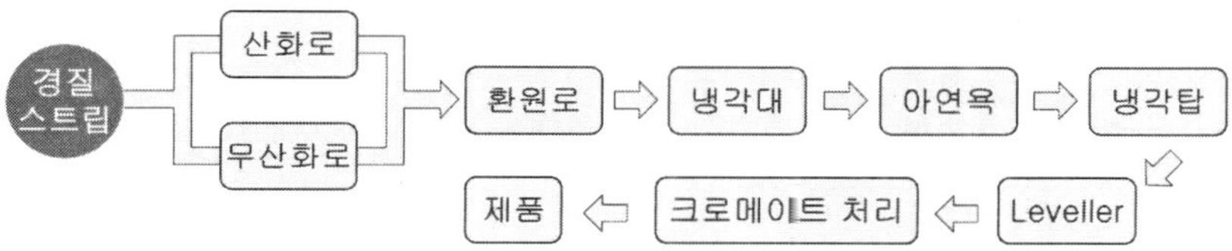

그림 3-7 | 센지미어법 제조 공정

2) Cook Norteman법

이것은 Wheeling법이라고도 부르고 있는 것으로 Wheeling Steel사, Republic Steel사가 채용하고 있다. 이 Type은 라인외에서 미리 풀림된 도금 원판을 공급받아 탈지, 산세, Brushing 및 예비 가열을 경유해서 아연 도금욕에 들어가 도금되는 것이다.

이 방식에는 다음과 같은 장점, 단점이 있다.

① 장점

㉮ 원판을 선택하는 것에 따라 연질의 것으로부터 Full Hard와 같은 경질재까지 희망하는 것을 제조할 수 있다.

㉯ 건설비가 비교적 싸다.

㉰ 극박재 제조가 가능하다.

② 단점

㉮ 전청, 풀림, 조압의 설비가 별도로 필요로 한다.

㉯ 플럭스를 사용하기 때문에(건식에서만) 센지미어에 비하여 Al 사용량이 약간 많다.

㉰ 비교적 도금 박리를 일으키기 쉽다.

③ 제조 공정

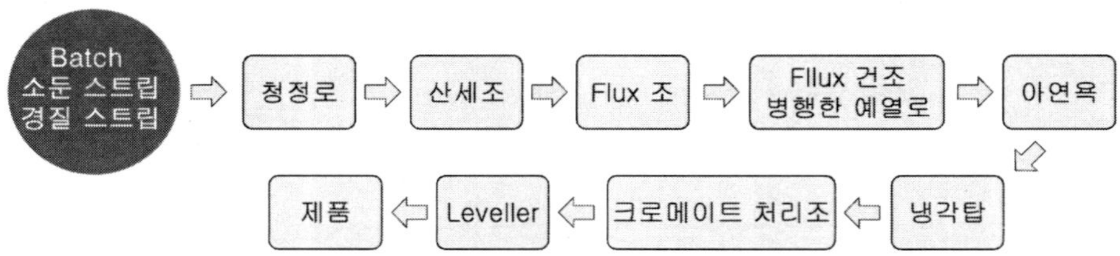

그림 3-9 ❙ Cook Norteman법 제조 공정

3) Weirton Steel법

센지미어법과 Cook Norteman법의 장점을 절충한 것으로 일본 일신제강이 이 방법을 채용하고 있다. 원판으로 Full Finish한 것 혹은 미풀림재를 사용하여 라인내에서 탈지 산세후 환원성 분위기 중에서 예열시켜 공기에 접촉않게 아연욕에 들어가 도금된다.

아연욕 중에는 Al 첨가도 가능하다.

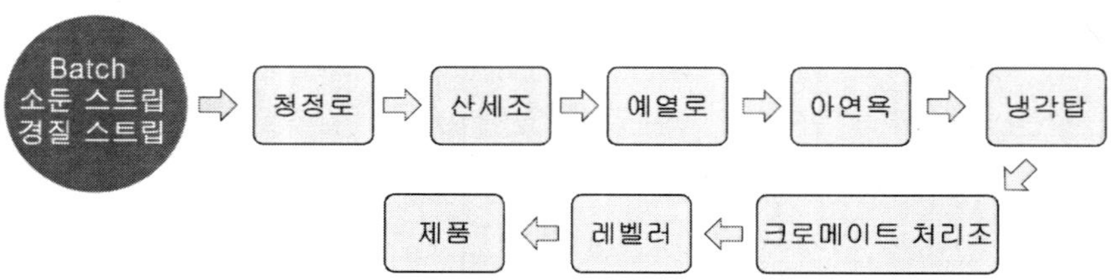

그림 3-10 ❙ Weirton Steel 법 제조 공정

4) U · S Steel법

이 방법은 U·S Steel사, Weirton Steel사에서 채용하고 있는 것으로 도금원판의 청정을 위해 전해 알카리 세정에 의하고 있는 이외는 거의 센지미어법과 같은 라인내 풀림이다.

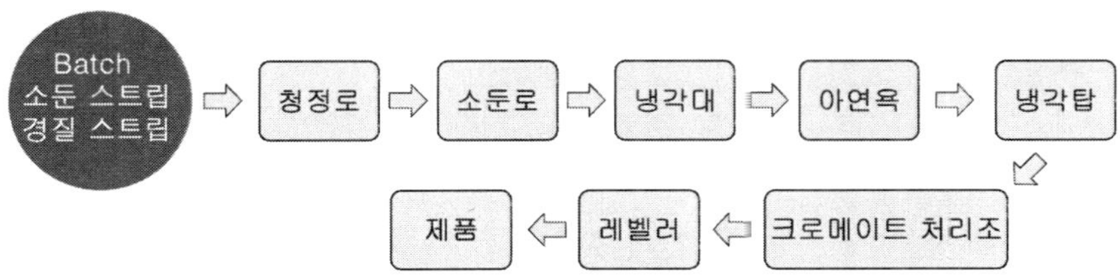

그림 3-11 **US Steel법 제조 공정**

5) Economy법

기본적으로는 절판 도금법을 스트립에 적용한 것으로 원판으로써 Full Finish 혹은 냉간 압연된 그대로 것을 사용하여 전청, 산세, 플럭스처리 건조 후, 상부에 플럭스를 부상시켜 Pb－Zn 욕중에 들어가 도금된다. 욕상에 플럭스가 있기 때문에 Al 조정이 불가능해서 피막 밀착성면에서는 좋지 못하게 된다.

장점으로써는 Pot저부에 연이 있기 때문에 Pot의 수명이 길고 Full Hard 제품을 제조할 수 있는 것 등이다.

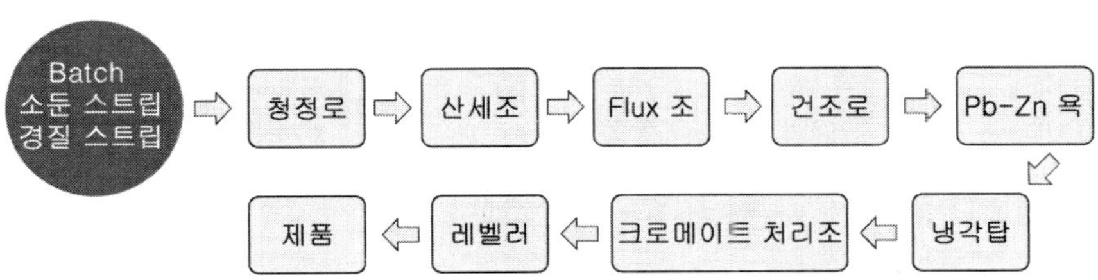

그림 3-12 **Economy법 제조 공정**

6) 일신법(日新法)

일본 일신제강에서 개발한 것이지만 Cook Norteman법에 극히 유사하고 제품의 질도 동등하다고 생각된다.

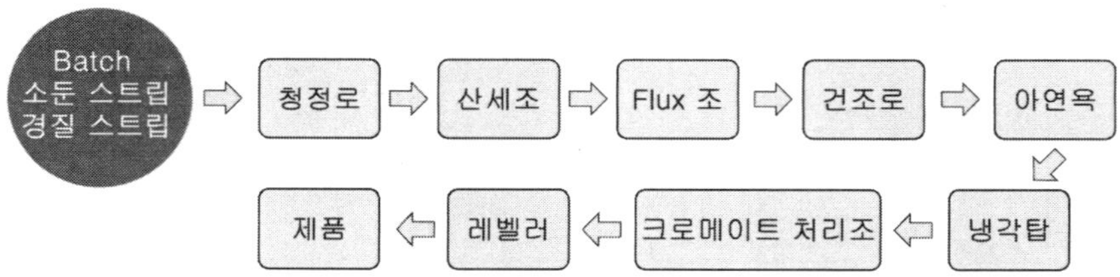

그림 3-13 ▎ 일신법 제조 공정

7) Sharon Steel법(Gas Pickling법)

이것은 무수염화 수소(Anhydrous Hydrogen Chloride) 가스를 이용하여 압연 오일 제거하는 것

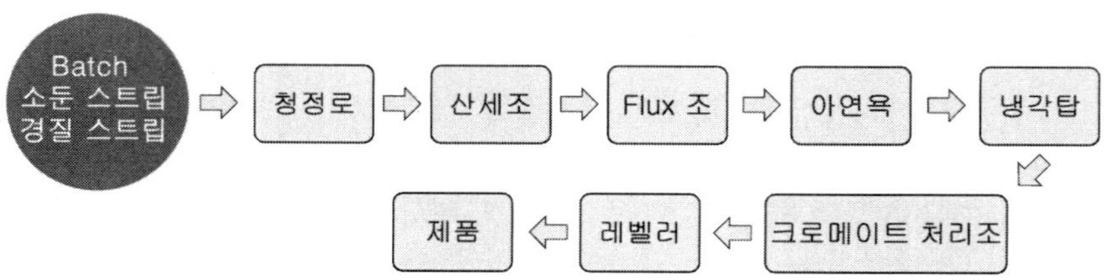

그림 3-14 ▎ Sharon Steel법 제조 공정

8) Selas법

기본적으로는 무산화로 방식과 동일하지만 무산화로 부분이 수직으로 되어 있고 복사형 적화 버너가 설치되어 있다.

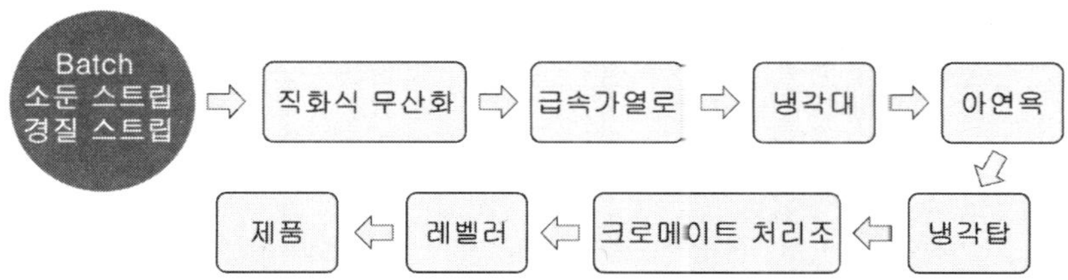

그림 3-14 ❙ **Selas법 제조 공정**

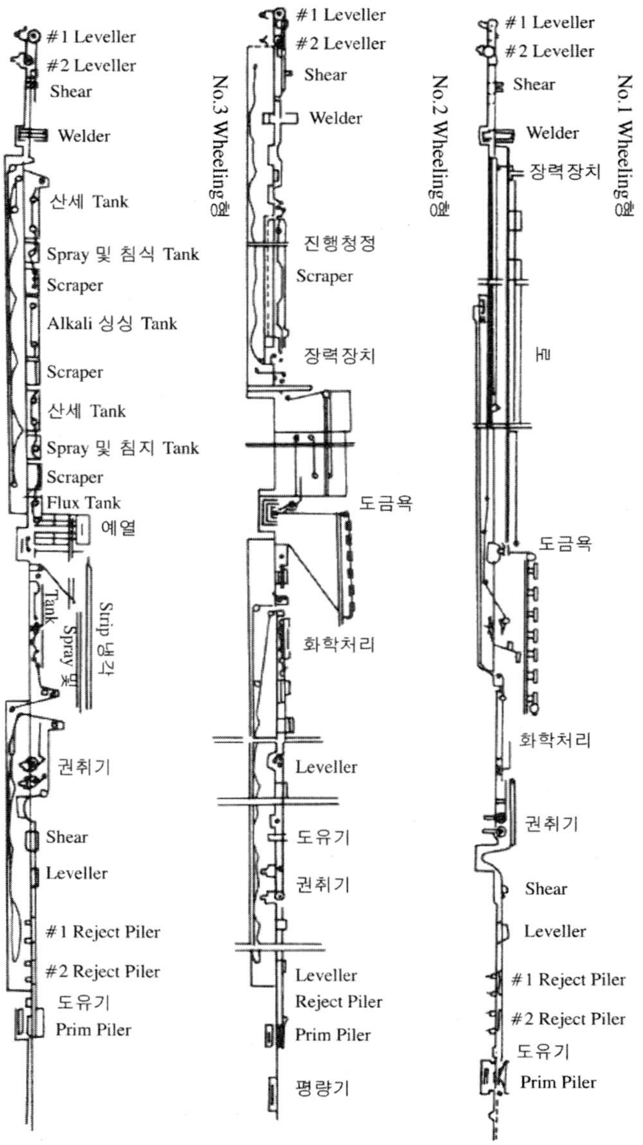

그림 3-16 | **각 방식별 라인 개요**

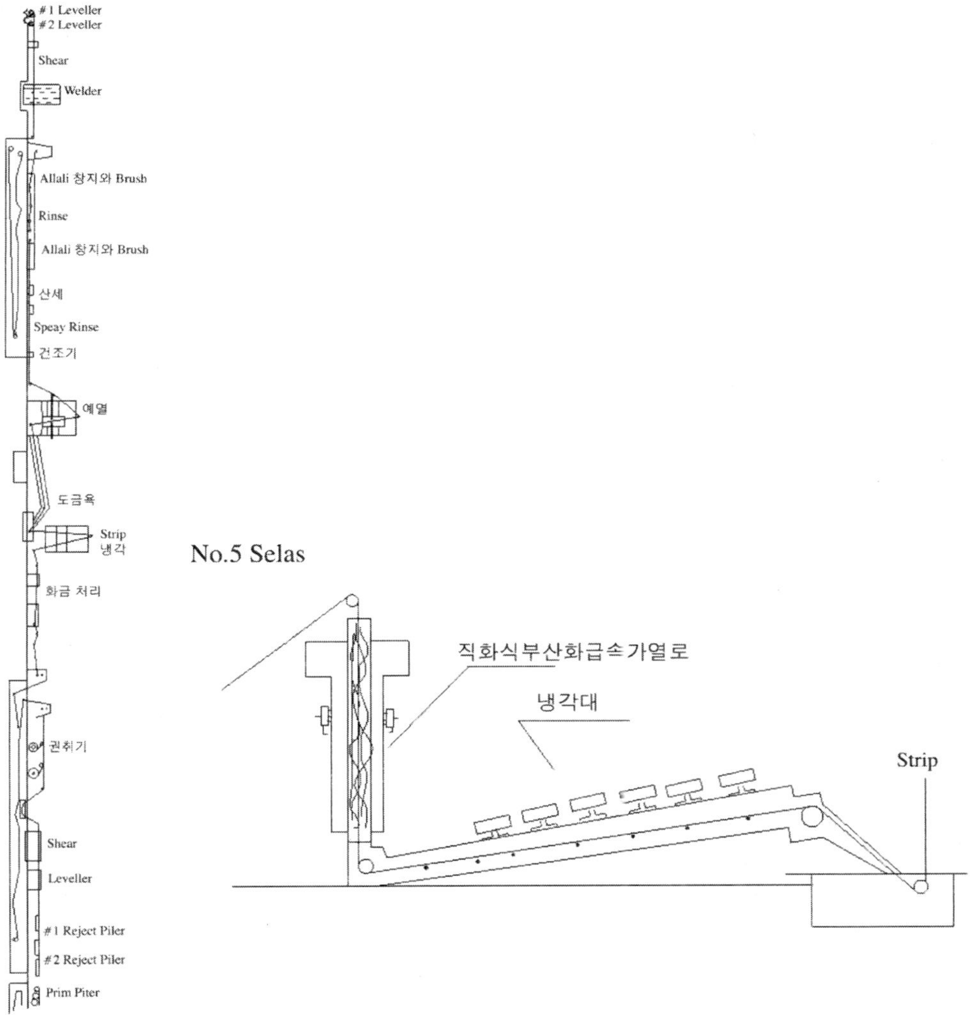

그림 3-17 ‖ 각 방식별 라인 비교

제3절 | 아연 도금 강판 제조법

1 라인 설비 개요

아연 도금 강판 제조는 가장 최신방식인 무산화 예열로 방식으로 도금 원판의 열처리와 표면 청정화를 라인 내에서 동시에 행하기 때문에 제조 원가가 낮고 제조 공정이 간단한 특징이 있다.

설비의 주제로는 페이 오프 릴, 용접기, 루퍼, 댄서롤(Dancer Roll) 등으로 이루어진 입측 설비와 무산화로, 환원로, 냉각로, 도금 Pot, 냉각탑으로된 중앙 설비, 텐션 레벨러(Tension−Leveller), 조질 압연 압연 화학 처리, 루퍼, 텐션 릴, 전단기 등으로 되어 있는 출측 설비로 구분된다.

입측에서 받아들여진 열연 강판 또는 냉연 강판은 연속적으로 무산화로 들어가 표면 압연유, 먼지 등을 약산화성 분위기에서 제거된 후 환원로에서 엷은 산화 피막의 환원과 풀림을 동시에 행하여 외부공기와 접촉하지 않고 그대로 용융아연 도금욕에 들어간다. 도금욕에서 인출된 스트립에 부착하는 아연량을 Air Knife로 조절하고 냉각시킨 후 텐션 레벨러에서 형상 교정 및 재질 개선을 행하고 방청화학 처리한 후 코일 혹은 시트로 제품이 된다.

이상이 일반적인 처리 공정이지만 최근에는 각종 신기술을 갖는 개조가 진행되며 품질이 우수한 제품을 생산함으로써 용도가 다양화되고 있으므로 다음에는 최근 라인 설비의 구성에 대하여 개요를 설명한다.

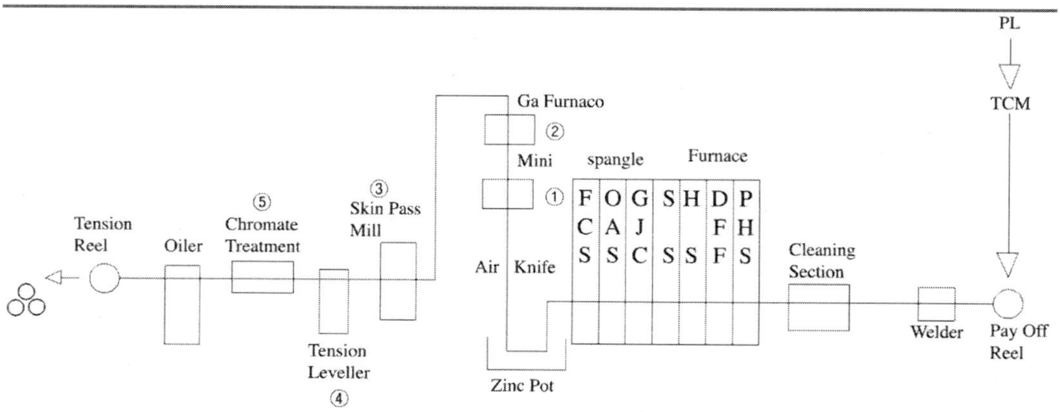

그림 3-18 | 용융 도금 강판 제조 라인 개략도

2 최근 라인의 설비 개요

표 3-5 ▎최근 라인 설비의 개요

설비 \ 항목	종래의 설비	라인의 설비 개요
로 체	산 화 로	예열로를 갖춘 무산화로 산화로에서 생성하는 피막량을 최소한으로 줄이고 환원로의 부담을 경감함에 따라 분위기 가스성분의 완화 그것에 수반하여 로내압의 up, T/H 향상을 목표로 한다. 근래에는 무산화로의 배열을 이용하여 원판의 예열을 행하는 성 Energy로로 개조되고 있다.
	수평환원로	수직형 환원로 수평형과 수직형에서는 제각기 일장일단이 있지만 수평로에 비해서 공간의 절약, 열효율 향상 Roll 결함, 형상 등 품질향상에 목표를 두고 있다. 단, Maintanence, Threading작업성 혹은 박판재의 통판성, 건설비가 높은 문제도 있어 꼭 필요한 로형식이라고는 할 수 없다.
	없 음	과시효 처리로(Over Aging)로 최근 아연도금 강판의 수용증가와 용도 다양화로 재질 개선이 요구되어 도금된 후 과시효 처리로를 설치하여 재질향상으로 고가공용등 여러 품종으로 다양화되고 있다.
Pot	Steel Pot	Ceramic Pot Color Coating재 후물에 대한 두꺼운 부착량재의 통판에 따라 도금 부착성 확보를 위하여 욕중의 Al 농도를 향상시킬 필요가 있어 Pot의 용식방지, Cross 제거에 의한 Loss Time감소, Pot 가열효율 향상을 목표로 Ceramic Pot가 보급되고 있다.
기 타	-	자동제어(Computer제어) 대능력, 최소인원 배치를 목표로 전면 Handling, 로내판 온도제어, Pot 욕온제어, 도금 부착량 자동제어등 Computer에 의한 Control을 한다. 성에너지 대책 환원로 Radiant Tube의 로내구조, Recuperator등 현열 이용설비 개조

3 설비 및 조업

1) 입측 설비

열연 강판 및 냉연 강판은 2대의 페이 오프 릴에 의거 연속으로 소재를 공급하며 공급된 소재는 코일 Top, End부의 오프 게이지(Off-Gauge), 결함 등을 크롭 시어에 의거 전단 제거 되는 더블 컷 시어(Double Cut Shear)를 거쳐 중앙 라인에 연속적인 소재 공급을 위하여 코일과 코일을 연결하는 심 용접기(Seam Welder)에 의거 용접되어 루프 카(Loop Car)을 통하며 장력을 조정하는 덴서 롤(Dancer Roll)을 지나 중앙 설비인 로에 들어간다.

2) 중앙 설비

가) 무산화로(Non-Oxidizing Furnace : NOF)의 개요

종래의 연속 용융 도금 라인은 Armco Sendzimir Type을 채용하였으며, 이 형식은 공기 분위기하에서 직화 가열 형식의 산화로 및 AX 가스를 분위기로 사용하는 강력한 환원로써 가스 크리닝과 풀림을 동시에 행하는 방식이다.

Armco Sendzimir Type은 1931년 Poland의 Tadenz Sendzimir에 의해 고안되어 1936년 미국의 ARMCO사에 의해서 공업화된 이후, 경제성, 도금 피막의 밀착성 관리 측면에서 우수한 특성을 갖고 있기 때문에 1960년대 전반까지 세계의 연속 용융 아연 도금 설비의 대부분을 차지하였다.

그러나 이러한 센지미어법은 강판 표면에 잔류하는 압연유 등의 오염 물질을 제거하기 위해 대기 중에서 가열시키므로 산화막이 두껍게 형성되어 강력한 환원력을 필요로 하기 때문에 재결정 온도 이상 가열해야만 하므로 Full Hard재에서 Deep Drawing재 까지의 광범위한 재질을 생산하기는 어렵다.

또한, 산화로에서의 산화막의 형성을 억제시키기 위하여 노온도를 높이지 못하여 간접 가열 환원로(Radiant Tube Type)에서 대부분의 승온을 행하기 때문에 열효율이 낮은 문제점이 있다.

근래 용융 아연 도금 제품의 용도가 확대되어 품질 및 생산량에 대한 요구가 엄격하여 센지미어식의 개량형이라 할 수 있는 무산화 예열로 방식이 개발되었다.

무산화 예열로의 원리는 밀폐형 노내에서(일정 압력 유지) 적화가 열을 행하고 노내 분위기로써 CO, CO_2, H_2O, H_2의 연소 생성 가스를 사용하여 표면에 부착된 압연유의 탄소를 제거하는 것이다. 여기서 시간, 온도, 분위기의 3가지 조건을 적절히 조절하면 스트립의 산화를 억제하면서 표면의 잔류 압연유만을 제거할 수 있다.

무산화로의 원리가 용융 아연 도금에 적용된 것은 미국의 Selas사의 Selas 직화 가열(Direct Firing Heating) 방식이 최초이다.

1947년에 실험실적으로 개발한 이래 현재까지 30개의 라인이 건설되었지만 이 방식은 무산화로에서 급속 가열을 행하므로 노온이 높아(100～1,300℃) 라인 정지시에 판파단이 발생할 위험 요인을 안고 있다.

1965년 미국의 EFCO에서 개발된 방식은 압연유 제거의 원리는 Selas사와 같지만 라인 스트립시 노내로 N_2 가스를 불어 넣어 노내 분위기를 환원성으로 하면서 노온을 낮추어 노내 스트립 파단을 방지하는 방식이다.

이 방식용 재질 확보 및 생산량 확대 요구에 부합하여 1965년 이후에 신설되는 용융 아연도금 라인에 대부분 이 방식을 채택하였다. 직화 가열로(Direct Firing Furnace : DFF)로 잘알려져 있는 Selas로의 특징은 Vertical Type과 가열용 Burner이다. Selas로의 Burner는 스트립 표면을 직접 가열 시켜줌으로써 수직 1Pass상에서 스트립을 700℃까지 예열이 가능하다.

또한 Selas로는 직화 가열로 전단부에서는 대용량의 노즐 믹스 버너(Nozzle Mix Burner)로 가열하고 후단부에서는 소형의 예비 믹스 버너(Premix Burner)를 200mm 간격으로 스트립 정면에 배치하여 가열한다. Selas로의 장점으로서는 노길이에 비하여 가열속도가 빠르고 짧은 패스 구간 내에서 급속 가열 및 표면 약 산화성 분위기 유도가 가능하여 고속 도금 라인 작업 조건에 적합하다.

나) 무산화로 조업

무산화로(Non－Oxidizing Furnace : NOF) 방식은 산화로 방식에 비해 라인 속도 향상, 환원로내의 수소농도가 저감되며, 제품 품종면에서는 Full Hard재에서 Deep Drawing재까지 생산이 가능하다. 또한 기본적으로 DFF 조업 방식에서는 스트립 예비 세정(Alkali Cleaning)이 필요 없게 되므로 건설비도 절감된다.

NOF의 목적은 통상 1,100～1,300℃의 고온에서 스트립을 과산화시키지 않고 스트립 온도를 600℃이상까지 올림과 동시에 압연유 등의 표면 오염물을 풀림비산시켜 스트립 표면을 청정화하는 것으로 이를 위해 공기비(입＝Pratical/Theore Tical Air Ratio)는 1보다 약한 낮게 설정하여 로내의 가스 분위기는 CO_2, CO, H_2O, H_2, N_2 등으로 이루어지는데 원칙적으로 O_2는 존재하지 않는다.

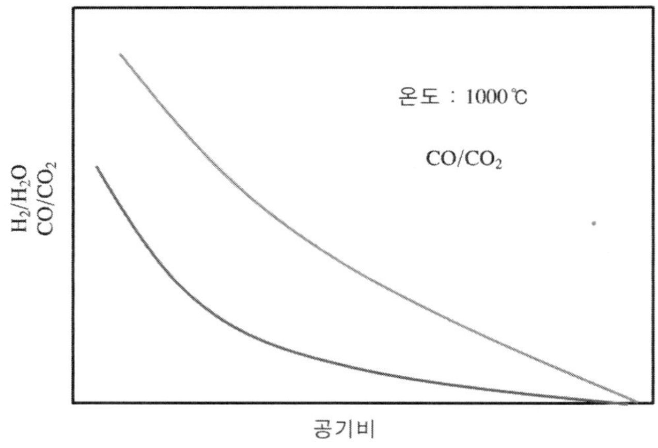

그림 3-19 ‖ **공기비와 노내 H_2/H_2O, CO/CO_2의 상관관계**

분위기 가스 성분 중 스트립 표면에 반응하는 것은 CO, CO_2, H_2, H_2O로써 이들 연소 생성 가스 분위기에서 짧은 시간 내에 철의 산화를 억제하면서 표면의 압연유를 제거해야 하는데 이때 노내의 고체-기체간 주요 반응식을 표시하면 다음과 같다.

$Fe+H_2O \rightleftarrows Fe_2O+H_2$	(i) $\Delta G° = 4190-5.13T$
$Fe+CO_2O \rightleftarrows FeO+CO_2$	(ii) $\Delta G° = 4410-2.52T$
$C+CO_2 \rightleftarrows 2CO$	(iii) $\Delta G° = 40800-41.7T$
$C+H_2O \rightleftarrows CO+H_2$	(iv) $\Delta G° = 32200-34.0513T$

위의 가스 반응은 온도뿐 아니라 각 가스 성분의 분압에 의해 반응이 지배된다.

예를 들어 (1)반응의 자유 에너지 △G는 반응 평형상수(K)와 다음 관계식으로 나타낼 수 있다.

$$\Delta G = \Delta G° + RT\ nK$$

• △G° : 표준자유에너지 • R : 기체상수 • T : 절대온도

평형 상태에서 $\Delta G = 0$이므로 $K = \exp\left(\frac{-\Delta G°}{RT}\right)$로 나타낼 수 있다.

이때 $K = \frac{aFeOpH_2}{AfepH_2O}$로 나타내는데 고체 상태의 Activity는 1로 가정하면

$K = \frac{ph_2}{pH_2O}$로 표시된다.

또는 $\triangle G°$는 온도의 함수이므로 pH_2pH_2O 분압과 스트립 온도의 함수로 Plot 할 수 있다.

이와 같은 방법으로 (1) ~ (4)반응을 스트립 온도과 CO / CO_2, H_2 / H_2O로 도식화한 결과를 <그림 3-20>에 나타냈다.

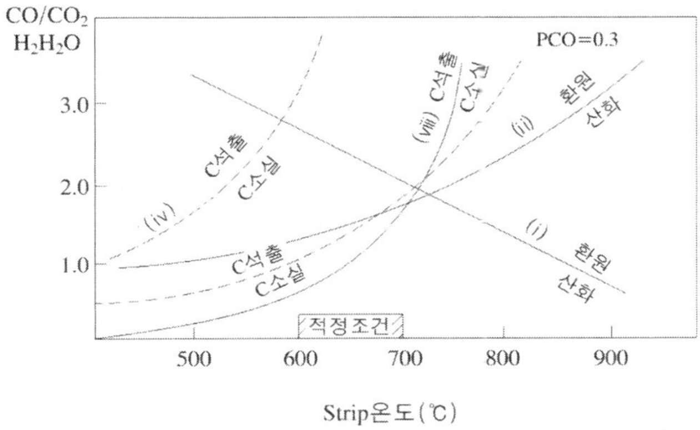

그림 3-20 ▎ **스트립 산화-환원 및 탄소석출-소실 반응에 미치는 노내 H_2/H_2O, CO/CO_2의 영향**

(1), (2)식에 의해 스트립 표면의 산화 또는 환원 영역이 나타나고 (3), (4)식에 의하여 탄소의 석출과 소실의 영역이 나타난다. 또한 (4)식의 가스 반응은 3가지 여기서는 실제 노내 분위기와 유사한 Pco=0.3 및 Pco=0.1인 경우를 나타냈다.

탄소석출 및 가열효율을 고려하여 공기비를 0.7이상으로 하면 그림 3-9에서 CO/CO_2는 0.8이하, H_2/H_2O는 0.4이하가 된다. 이것을 <그림 3-20>에 적용하면 통상 조업온도 범위인 500~100℃에서는 산화 영역에 허당됨을 알 수 있다.

다) 환원로 및 그 이후의 노조업

무산화로에서 600~700℃로 가열된 강판은 환원르로 들어가 소정의 최종 가열 온도까지 가열시킴과 동시에 무산화로에서 생성된 표견 산화막은 분위기 가스중의 H_2 가스에 의하여 환원된다. 그 후 강판은 분위기 가스에 의하여 계속 환원을 받게 되고 450℃정도로 냉각시켜 그 온도에서 30초~1분 정도 보정시킨다. 그 후 450℃정도의 용융 아연욕을 통과함에 따라 표면에 아연 도금된다.

철의 산화 환원 반응은 Fe－O－H계이며 다음과 같이 반응식을 나타낸다.

$$3Fe_2O_3 + H_2 \rightleftarrows 2Fe_2O_4 + H_2O$$
$$Fe_3O_4 + H_2 \rightleftarrows 3Fe_2O_4 + H_2O$$
$$FeO + H_2 \rightleftarrows Fe + H_2O$$
$$Fe_3O_4 \rightleftarrows 3Fe + 4H_2O$$

라) 이상과 같은 노의 예열, 가열, 균열, 냉각, 균열 등의 열처리를 나타낸 것이 〈그림 3－21〉이다.

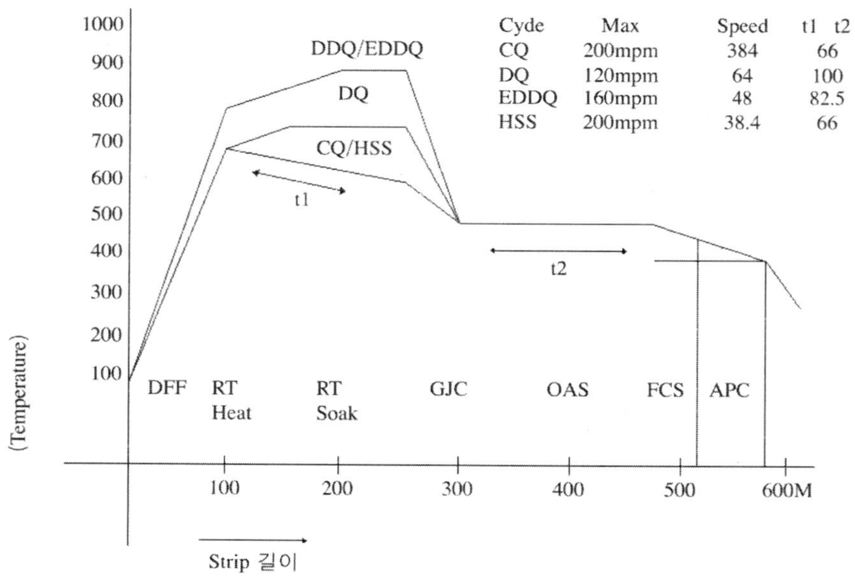

그림 3－21 ❙ 열 싸이클

마) Zinc Pot의 설비 및 조업

열처리된 스트립은 용융 아연 도금 포트에 인입되어 용융 아연과 강판이 반응하여 도금되어 Air Knife에 의거 공기량에 의하여 부착량이 조절되어 도금된다.

이 때 스트립위에 아연 피막 형성은 다음과 같은 부분적 반응으로 구분된다.

① 철의 용해

② 아연과 철에 의해 고체의 아연 철합금이 생성되고 이 합금층에 철아연의 확산에 의하여 층의 발달

③ 합금층상에 손아연 피막이 형성

④ 피막의 냉각에 따라 아연의 결정화(Spangle이 형성됨)

보통의 아연 도금층은 아연층, 합금층의 순으로 조 쳐있고 합금층은 부유층(η+ξ), 주상층(ξ), 책상층(δ1)으로 되며 책상층이 소지 금속에 적합하여 있다.

표 3-6 | 아연 · 철합금의 조성 및 성질

조 직	화학식	결정계	조 성(%)		비중	용접℃
			Fe	Zn		
η	Zn	육방정	0	100	7.14	419
$\eta+\xi$			5.8~	94.2~		
ξ	$FeZn_{13}$	단과정	5.8~6.3	93.7~94.2	7.15	530
$\xi+\delta 1$			6.3~7	93~93.7		
$\delta 1$	$FeZn_7$	육방정	7~11	89~93	7.24	620~670
$\delta+\Gamma$			11~21	79~89		
Γ	Fe_3Zn_{10}	육방정	21~28	72~79	7.36	670~680
Bonding Layer						
Fe-Al-Zn 삼원합금	Fe_2Al_5+Zn		22~25 Al 110~14	60~65		
α	Fe	육방정	110			1,528

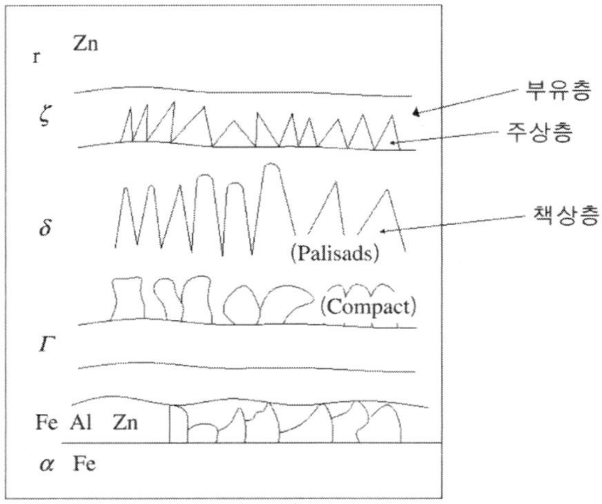

그림 3-13 ▎합금층의 조직

3) 출측 설비 및 조업

도금된 스트립은 냉각탑을 거쳐 조질 압연기, 텐션 레벨러, 크로메이트 처리를 거쳐 텐션 릴 혹은 전단 라인으로 들어가게 된다. 여기서 권취 작업 및 전단 작업은 정정편에서 참고하고 도금에 관계된 작업 내용만 설명한다.

가) 조질 압연기 및 텐션 레벨링의 목적은 다음과 같다.

① 재료의 항복점 성장을 없게 하여 프레스 가공시의 스트레쳐 스트레인을 방지한다.
② 재료의 인장 강도를 증가하고 항복점을 떨어뜨려 소성 가공 변형 범위를 넓게 한다.
③ 스트립의 형상을 좋게 한다.
④ 스트립에 적당한 표면 조도를 부여한다.
⑤ 특히 도금된 스트립에 압하를 주어 표면 번쩍거림(Spangle)을 약하게 억제시킨다.

나) 크로메이트 처리작업

아연 도금 강판 표면의 백청(White Rust) 발생을 방지하는 것으로 크롬산을 주성분으로 한 처리액으로 아연 도금 강판 표면을 화학 처리하는 방법이 일반적으로 사용되고 있다.

아연 도금 라인은 용융 아연도금 후 크롬산처리 공정이 연속적으로 행해지고 있기 때문에 이 크롬산 액 Spray → Roll Squeezing → 건조로 하는 공정으로 우수한 내식성을 얻고 있다.

그 외에도 수요가의 요구 및 고내식성을 위하여 크롬산 외 기타 첨가물을 첨가하는 경우도 있다.

이와 같은 크롬산은 다음과 같은 화학 작용에 의거 보호 피막을 형성, 내식성을 갖게 된다. 즉, 먼저 Zn부식이 시작하여 H+가 소실된 경계층의 pH가 증가하여 CrO_4^{-2}을 발생시켜 피막이 생성된다.

그 반응식은 아래와 같다.

$$2HCrO_7 \rightleftarrows 2CrO_4^- + H_2 \quad ①$$

$$HCrO_7^- 2H_2 \rightleftarrows 2Cr(OH)_3 + OH^- \quad ②$$

①+②**하면** $2Cr(OH)_3 + CrO_4^{-2} + 2H^+ \rightarrow Cr(OH)_3 \cdot Cr(OH)CrO_4 \cdot 2H_2O \rightarrow \underbrace{CrO_3 \cdot Cr_2O_3 \cdot XH_2O}_{\text{보호피막}}$

여기서 H_2O는 건조에 의하여 없어진다.

제4절 | 특수 용융 아연 도금 강판의 소개

일반적으로 연속 용융 도금 강판은 그대로 사용하면 내식성은 우수하지만 용도에 따라 사용에 제한을 받으므로 설비 개조 및 제조 방법의 개선에 따라 용접섭, 도장성을 개선시킨 Gavanneal 제품, Mini Spangle 제품 등이 생산되고 있다.

1 Galvanneal재의 제조 방법과 특성

1) Galvanneal 강판 특성

아연 도금 강판의 표면은 도금 후 잠깐 사이는 미려한 금속 광택을 갖는 Spangle을 형성하고 있지만 건축용 판으로써 이용하여 습기 있는 곳에서 저장하고 있으면 극히 단시간에 백청이 발생하고 금속 광택을 잃어버려 외관이 보기 흉하게 된다. 따라서 아연 철판에는 그 외관과 내식성을 양호하게 하는 목적으로 대부분 도장을 행하고 화성 처리를 행하고 있다.

이 문제 해결을 위하여 도금 직후 혹은 도금 종료 후 아연 도금 강판을 가스 또는 기타의 가열법으로 450~800℃로 급속 가열해서 그 도금 표면층을 재 용해하여, 그 후 급속으로 400℃로 냉각되는 것에 따라 표면 외관이 백색 또는 회색의 내식성이 우수한 강판을 얻을 수가 있다. 이것을 일반적으로 Galvanneal 강판이라 부르고 도금 표면은 균일한 Fe-Zn 합금으로 피복되여 후술하는 바와 같이 내식성(내 백청성) 도장성, 용접성 등이 우수한 성능을 나타낸다.

Galvanneal 강판은 반 광탱성의 회색으로 전면 균일한 외관을 나타내고 촉감도 독특한 것이다.

표면 특성은 Mini-Spangle 아연 도금 강판보다 약간 조도가 크고 안정된 침상조면의 합금층이다. 그러나 이 합금층은 총아연에 비하여 약간 부서지기 쉬운 성질이 있고 피막의 전연성이 아연도금 강판, Mini-Spangle 아연도금 강판에 비하면 떨어지고 특히 엄한 가공에는 사용하기 어렵다.

2) Galvanneal 강판의 용도

Galvanneal 강판은 그 품질 특성에서 나타나 있는바와 같이 도장 하지 처리 강판으로써 우수하고 각종 부품재로 이용하고 있다.

① 건축재료 : Door, Frame재, SASH. Shutter
② 가구 : Cabinet, Locket, Desktable
③ 전기 기기 : 세탁기, 냉장고, Cooler, Showcase
④ 자동차 : Bus의 내외장재, Muffler, Frame재
⑤ 기타 : 구조용 Pipe, Container, 도로 표시판, Guard Rail

3) GA 합금화 이론

Zn 포트 중에서 용융 도금된 스트립 표면에 약 10초간 530℃ 정도의 온도로 가열하게 되면 베이스 금속 중의 Fe가 Zn 도금층으로 확산하게 되어 합금화 반응을 일으키게 되나, 이때 도금층 계면에서 합금화가 이루어지는 경우 Fe−Al−Zn의 3원합금계가 이때 Al은 Fe−Zn의 합금 형성을 억제하는 요소로 작용되며, 이에 따른 Al의 농도관리가 합금층 생성의 주요 인자가 된다. 통상 GA 조업시 Al%는 0.12∼0.14%로 관리하고 있다.

GA 제조시 각 인자들의 영향을 살펴보면 도금 곡내의 Al 함량, 합금화 처리, 온도, 및 시간, 강성분, 도금량 등이 있으며 이중에서 도금욕 중의 Al 농도와 합금화 처리 온도는 합금화 반응에 가장 중요한 인자가 된다. 합금층 구성은 <그림 3−23>처럼 되어 있다.

가) 합금층 제어 조건

GA합금 도금재의 경우 도금층 중의 성분조성이 어느 비율로 존재하는가에 따라 Powdering성 및 Press 가공성 등에 영향을 미치게 된다.

<그림 3−23>에서 보는 바와 같이 Zeta/Delta상의 존재비율 및 Capital Gamma(Γ)층의 성장 여하 정도에 따라 상대적으로 내Powdering성 및 가공성이 상반된 추세로 나타나게 된다.

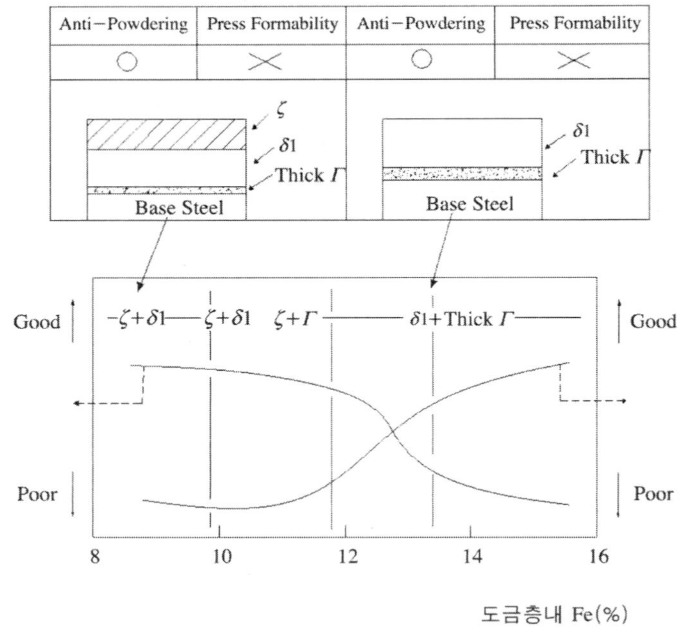

그림 3−23 ‖ Zn−Fe 합금층과 Fe 함량과의 상관 관계

합금층 중 Zeta/Delta상의 혼 재조직비가 클수록 합금화 온도 조건의 경우 저온에서의 합금화 처리는 내 Powdering성을 좋게하는데 이것은 고온에 비해 Zeta상이 잔존하기 쉽기 때문이다.

그러나 합금화 온도를 낮추게 되면 합금화 시간이 길어지게 되는데 이에 따라 최근의 GA 제조 라인에서는 Ga F’ce 길이가 길어지는 경향에 있다.

Fe 함량 8∼10% 영역인 합금화 최종 단계를 저온에서 관리하는 것이 중요하고 초기 합금화는 급속히 이루어지는 것이 양호하기 때문에 급속 가열이 가능한 유도 가열 방식 Powdering 측면에서 유리한 것으로 알려져 있다.

<그림 3−24>, <그림 3−25>에서 보는 바와 같이 냉각 속도가 빠를수록 Fe함량은 적어지고 대체적으로 도금층 내의 Zeta/Delta비 값이 높은 값으로 나타나고 있다.

결과적으로 합금화 열처리 후의 냉각과정은 도금층 내의 Fe 함유량에 영향을 미치기 보다는 오히려 도금층 내의 표면조직 형태에 더욱 많은 영향을 주게되고 도금층 표면에 형성되는 미세한 Delta상의 구조는 표면의 거칠기를 효과적으로 낮춰 Press 가공시 내 Powdering성을 향상시키는데 기여하게 된다. 그러나 무조건 냉각 속도가 빠

르다고 하여 항상 합금층 성질에 잇점을 부여하는 것은 아닌데 이것은 합금화 온도가 낮은 상태에서 진행된 합금층 표면을 급속 냉각시킬 경우 조대한 Zeta상이 Delta상으로 변화되지 않고 표면에 잔존 할 수가 있기 때문이다.

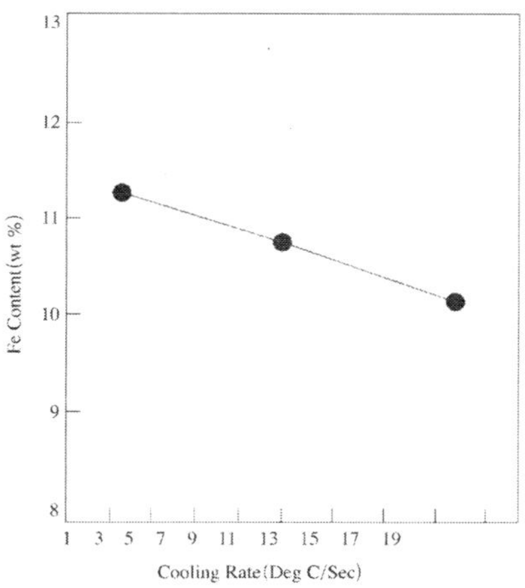

그림 3-24 ❙ 냉각 속도에 따른 Fe 함량

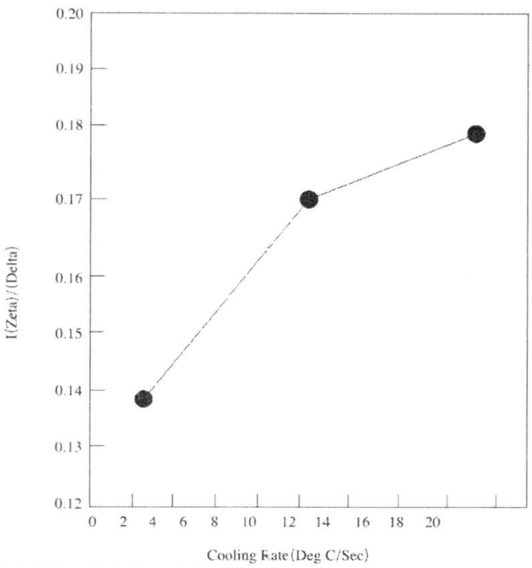

그림 3-25 ❙ 냉각 속도에 따른 Zeta/Delta 조성비

2 Mini-Spangle의 제조방법 및 특성

일반 아연 도금강판은 도금된 후에 냉각에 따라 일반적으로 Spangle 모양으로 불리우는 아연의 결정립이 스트립 표면에 나타난다.

이 아연 결정립은 성장에 따라 표면에 요철이 발생하고 엷은 도장을 하였을 경우 Spangle 모양이 그대로 나타나는 경우가 있어 도장재 및 외판용으로 사용하는데 문제가 있다.

이러한 문제를 해결하기 위하여 스트립이 도금된 후 냉각되기 직전 즉, Spangel이 형성되기 직전 강제적인 방법으로 급속 냉각시켜 Spangel 모양을 제거시킨 제품이 Mini-Spangle재이다. 이 Mini-Spangle을 조질 압연기에서 압하를 주어 표면 사상하게 되면 Zero-Spangel 제품이 되기도 한다.

1) Solution Spray법

강제 급속 냉각 방식으로서 물 혹은 특수 약품을 첨가한 액체를 고압의 공기와 함께 미스트(Mist)화하여 스트립에 분사하는 방법이다.

Solution Spray Mini Spangle 제조법은 현재 일본내 신일철 외 10여사 20개 라인에서 활용하고 있으며, 우리나라도 포항제철에서 PGL에 '93년 설치하였다. 기본적으로 본 기술은 단위 면적당 많은 수의 핵을 생성시켜 Spangle의 크기를 제한하는 원리를 이용한 것이다. Spangle의 형태와 크기는 도금욕 성분 조성과 도금 후 냉각 속도에 절대적인 영향을 받으며 순수한 Zinc는 Non-Faceted Fine Structure를 나타내나 현재 사용중인 욕중에는 불순물 및 첨가 원소(Solute)가 존재하기 때문에 Dendrite 형태의 Spangle을 형성하며, Spangle의 크기는 Dendrite상의 성장 정도에 의해 결정되기 때문에 Melten Zinc층의 과냉을 크게함으로서 핵생성 Site의 증가와 확산에 의한 성장 기간을 제한함으로서 요구하는 Spangle Size를 얻는 것이다.

2) Heartey Porcess법

Heartey Process는 스트립 표면에 아연 도금 후 Procooler에 설치된 Thermocouple로 Zn의 용융점인 419℃의 온도를 측정 Procooler, Blowing Box를 위치시킨 후 도금된 강판의 온도 편차를 감소시켜 Blowing Box(상, 하 이동범위 : 4.8m)에서 아연 분말을 분사시켜 응고 중에 다수의 결정핵을 발생시킴으로서 미세한 Spangle을 만든다.

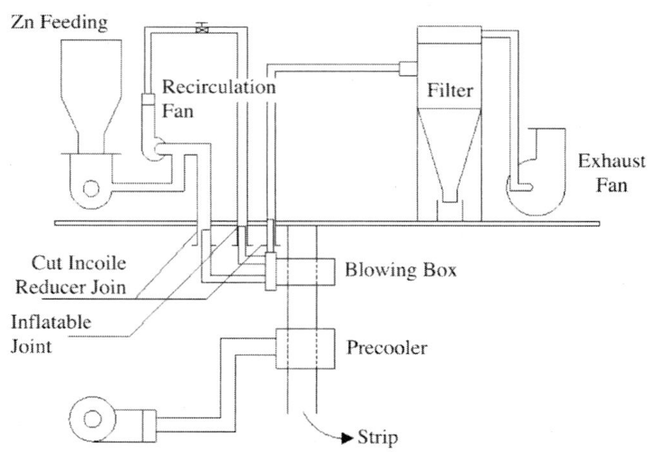

그림 3-26 ▌Zinc Powder Mini Spangle Precess

3) Pb Less법

도금욕 성분 중 Al 0.1 ~ 0.2Wt% 범위에서 Pb함량 감소시 Spangle 크기는 10mm에서 점차 작아져 0.04wt% 이하시 1mm정도로 작아지고 0.025wt%에서 0.5mm보다 작아지며 현재 3도금 공장에서는 0.006 ~ 0.008wt%범위에서 조업하고 있다.

Pb Less법에 의한 조업은 Product Mix에 제한을 받으나(SM.ST만 생산가능) 용액 Spray($NH_4H_2PO_4$ Base) 방법에서 일어날 수 있는 과냉에 의한 도금층 경화 Zn 파우더법의 단점인 스트립 에지 홈의 Spangle 불균일 잔존과 같은 결함을 방지하여 스트립 전면에 걸쳐 균일한 표면을 얻을 수 있다.

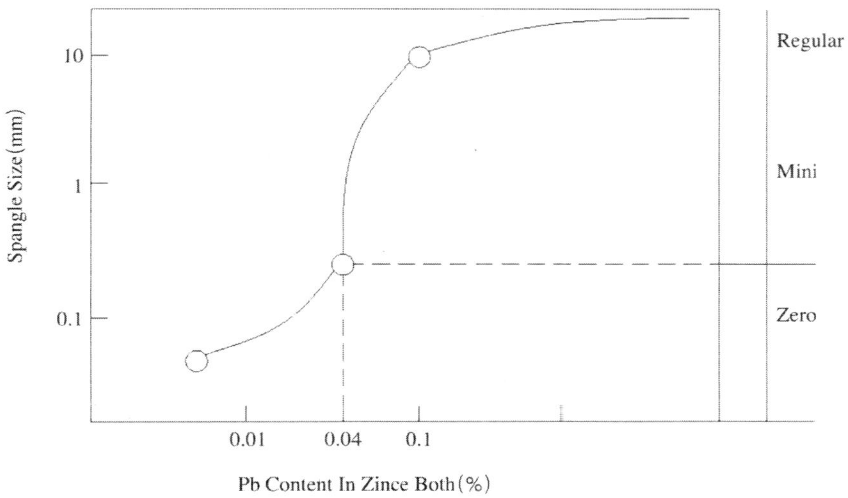

그림 3-27 | Pb 함량에 따른 Spangle Size 변화

전기 아연 도금

제1절 | 전기 아연 도금의 개요

전기 아연 도금 강판은 냉연 강판의 가공성을 그대로 갖고 있으므로 수요 용도로서는 자동차, 전기 기구, 건재, 주방 기구 등의 도장 제품 또는 용융 아연 도금 강판 대비 내식성을 비교적 요구하지 않는 무도장 부품엔 널리 사용되고 있다.

또한 용융 아연 도금에 비해 표면 평활도는 대단히 양호하므로 특히 외관을 중시하는 부품에는 전기 도금 강판이 최적이다. <그림 3－28>은 전기 아연 도금 강판의 제품 체계와 용도를 나타낸 것이다.

전기 아연 도금 설비는 도금조의 형식에 따라 수평형과 수직형으로 구분되며 전극의 양극으로 아연의 가용성 양극을 사용하는 경우와 불용해 양극을 사용하는 경우로 대별되며 불용해 양극 재질로는 Pb－Sn, Ti－Pt등이 사용된다.

Caroser방식은 미국 U.S Steel사에서 개발한 전기도금 방법으로 Caroser은 Consumable Anode Raidal One－Side Electro Galvanizing의 약자이다.

이 방법은 자동차 산업을 위해서 개발된 편면 도금의 방법이며 건축에 사용되는 내장재를 위해서 양면 도금도 할 수 있고 전자 제품의 경우와 기타 다른 곳에도 사용된다.

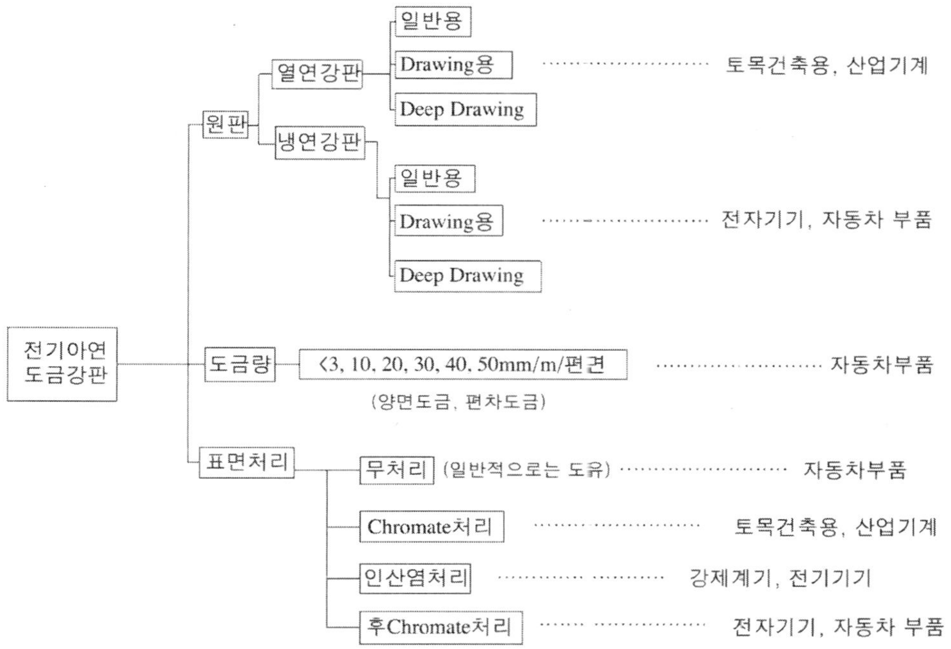

그림 3-28 **전기 아연 도금 강판의 제품 체계와 용도**

제2절 | 전기 도금 이론

1 전기 도금의 전극 반응

전기 도금은 전기 화학 반응 일종이고 금속염 용액을 전해하여 음극 소지위에 금속을 피막상으로 석출시키는 전극 반응이다. 이 반응은 금속 이온을 M^+로 한 경우 일반으로 다음과 같이 나타낼 수 있다.

$$M^+ + ne \rightarrow M$$

이 반응에서 금속 이온 M^+는 전자 e와 반응하여 원자가 <산화수>가 감소하고 있으므로 전자에 의해서 환원된다. 즉, 전기 도금은 일종의 산화 환원 반응이다.

유산아연 수용액에 통전된 경우 음극면에서의 반응에 관해서 생각해 본다.

용액중에 존재하는 양이온(Cation)은 H_2O 및 Zn이고 상기의 식과 같은 반응이 일으키는 것으로 생각하면 음극에서는

$$H_{3e} \rightarrow \frac{1}{2}H_2 + H_2O \quad ①$$

$$Zn + 2e \rightarrow Zn \quad ②$$

두 가지 환원 반응이 가능하다.

①, ② 반응을 일으키기 위해 필요한 전위는 표준 전극 전위에서 보면

① 0.000V(at 25℃)

② −0.763V(at 25℃)

이다. 따라서 ①의 반응이 우선적으로 일어나고 음극에서 수소 가스만이 발생하는 것으로 생각된다. 그렇지만 현실에서 음극 표면에 금속 아연이 석출하는 것을 알 수 있다.

2 음극면의 모형적 고찰

전극면 그 자체의 불균일을 무시하고 전극한계를 모형적으로 관찰하면 <그림 3-29>와 같이 생각되고 있다.

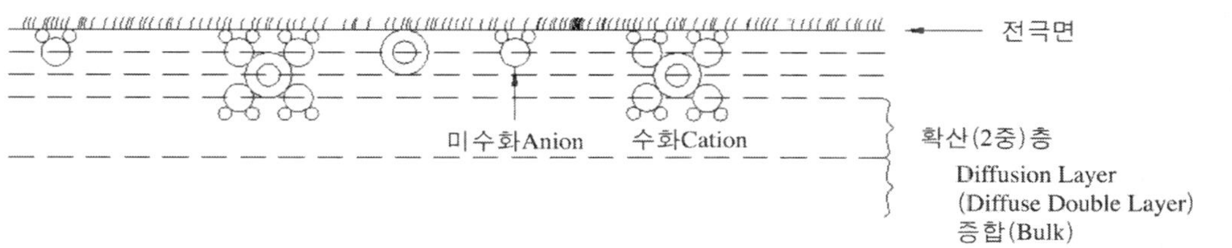

그림 3-29 | **전극 한계의 모형도**

음이온(Cation) 예를 들면 금속 이온이 음극에 연속적으로 방전하는 현상을 다음 단계로 나누어 질 수 있다.

① 전해액 중에서 전극에 접하는 용액층을 향하여 확산 이외의 방법에서 이온이 이동
② 전극상에 전자를 생성할 수 있도록 이온 방전
③ 석출 원자가 안전한 형태와 위치를 점할때까지 원자 이전

이러한 단계의 어느쪽 중 속도가 늦을 경우가 전체 속도를 좌우하는 (율속)것이 되고 반응 속도가 거의 0에 가까운 경우에 비해서 반응 전해에 필요한 저항 즉, 과잉 전압을 가할 필요성을 생기게 된다.

3 페러데이(Farady) 법칙

전극반응 정량적으로 검토한 경우 빠지지 않는 것이 Faraday 법칙이다.
영국의 'M.Farady'가 발견한 이 법칙은「전기용액의 전기분해 있어서
① 석출되는 원소 또는 원자단의 량은 이것에 통하는 전기량에 비례한다.
② 1g 당량의 원소 또는 원자단이 석출시키는데 요하는 전기량은 원소 또는 원자단의 종류에 관계없이 항상 일정(Faraday정수)하다.」라고 하는 것이다.

제3절 | 전기 도금 설비

1 입측 설비

소재 코일은 크레인으로 운반되어 입측 코일 켄베이어에 의해 페이 오프 릴에 준비시킨다. 스트립은 플래터(Flatter)에 의해서 평평하게 인출되어 스트립의 Top부와 오프 게이지(Off Gauge) 부분은 두께 측정기(Thickness Gauge)에서 감지되어 엔트리 시어(Entry Shear)에서 전단하여 스크랩화 시킨 다음 스트립의 Leading End을 용접기에 밀어 넣는다.

페이 오프 릴로부터 감겨있는 마지막 몇바퀴에 가서는 오프 게이지나 불량부의 길이는 잘라내고 용접기 부분까지 스트립을 인도한 후 다음 코일을 용접한다.

이렇게 한 코일은 후 코일과도 연결되며 계속적으로 루퍼로 보내준다. 만약 스트립을 광폭과 연결할 때는 용접 부분의 양 사이드는 노쳐(Notcher)에서 잘라낸다.

2 중앙 설비

1) Tension Leveller Unit

일반적으로 말하는 강의 스트립 제조 공정에서 텐션 레벨러 설비는 효율적으로 사용되고 있다. 웨이브가 있는 코일은 레벨러를 통과함으로써 교정이 된다.

전기 도금에 있어서는 도금이나 화학 처리를 한 후의 레벨러는 스트립 표면을 손상시킨다. 따라서 레벨러는 도금전 소재의 형상을 교정시켜 줌으로써 스트립과 Conductor Roll 사이를 잘 접촉되도록 한다.

이러한 이유로 Carosel 방법으로서는 텐션 레벨러를 셀 앞에 설치한다.

2) 청정(Cleaning)

전기 도금에 있어서 도금 부착은 표면의 청결여하에 따라 뚜렷한 영향을 받게 되므로 스트립 표면의 충분한 청정(Cleaning)은 필수적이다.

Carosel 방법에서도 청정을 위해서 전해 탱크(Electrolytic Cleaning Tank), 스크러버 탱크(Scrubber Tank), 린싱 탱크(Rinsing Tank)가 있다.

3) 피클링(Pickling)

전기 아연 도금 과정에 있어서 피클링(Pickling)의 목적은 도금을 하기 전에 스트립의 표면을 활성화시킨다. 이러한 활성화는 짧은 시간에 행해진다.

4) 플래팅(Plating)

Radial Type의 8개의 Plating Cell은 크고 둥근 Conductor Roll과 함께 도금을 위해서 사용된다. 이 Radial Type의 Cell은 필연적으로 편면 도금에만 사용되고 <그림 3-30>은 편면 도금과 양면 도금의 진행 과정을 나타내 준다.

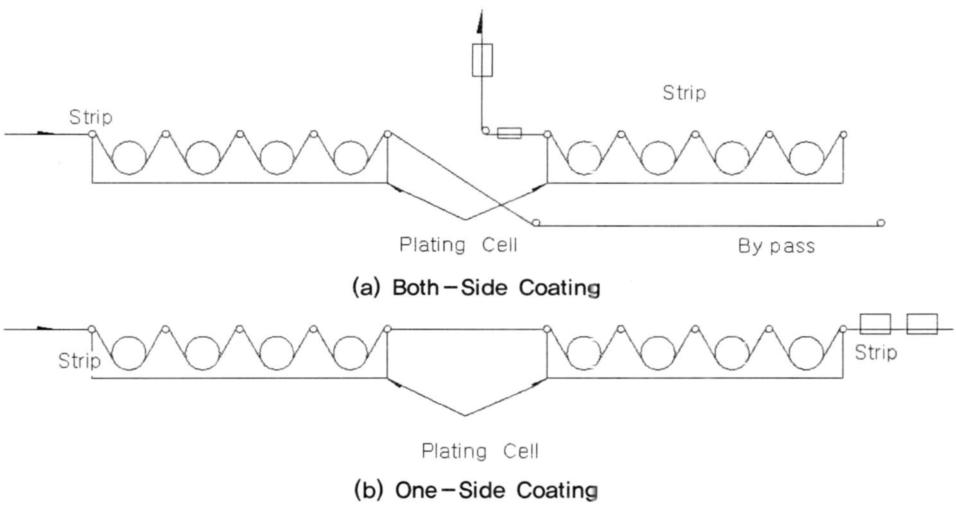

그림 3-30 | 도금 Cell을 통과하는 스트립의 두가지 형태

<그림 3-31>은 Carosel 시스템에 있는 Plating Cell과 Conductor Roll의 모형도이다.

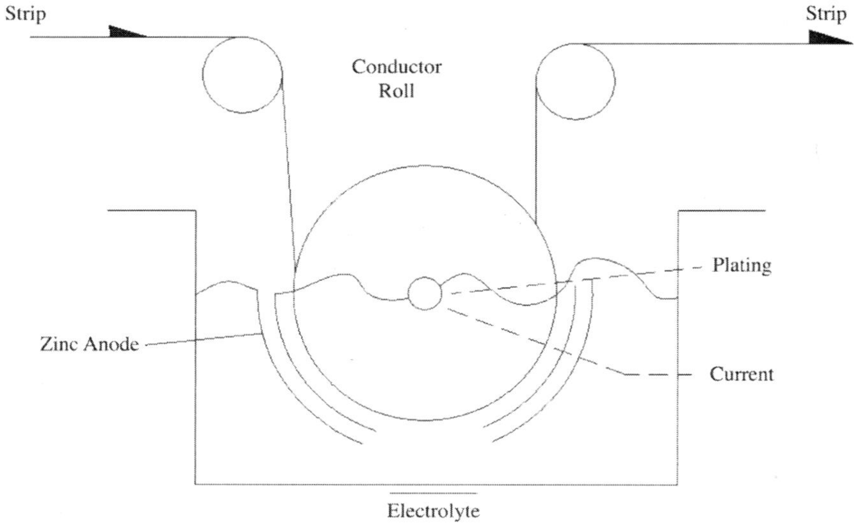

그림 3-31 | Carosel 시스템에 있어서 도금 셀과 Conductor Roll의 단면 표시

스트립은 전해조에 이송되어 큰 직경의 Conductor Roll과 밀착되고 도금은 <그림 3-31>에서 보는 바와 같이 음극인 스트립과 스트립의 반대편에 위치한 아치 모양의 Zn(음극)사이에 가해지는 도금 전류에 의해서 행해진다.

Conductor Roll은 특이한 구조로서 그 중앙부의 Metal Conductor Ring과 외각부의 두 겉은 Rubber로 쌓인 것으로 설계되어 있다.

보통의 도금 설비와 비교할 때 Carosel은 Radial Type Cell이 큰 도금 전류(56KA/Cell)을 사용할 수 있기 때문에 셀수가 적다.

각 Zn 양극은 대체로 폭이 150mm 주편으로, 이것들은 (Zn양극)활처럼 휜 상태이고 스트립의 이송 방향과 어떤 임의의 각으로 가로질러 놓여 있는 양극 지지대에 놓여진다. 두 양극 지지대는 Conductor Roll의 왼쪽과 오른쪽에 하나씩 위치하고 Conductor Roll과 평행한다.

Zn 양극의 그러한 배열 때문에 Zn 양극은 합계된 도금 전류에 따라 결정되는 어떤 시기에 라인의 한쪽에서 반대쪽으로 양극 투입 설비에 의해 수평으로 밀게 된다.

그러므로 스트립(음극)과 Zn 양극 표면 사이의 거리는 항상 일정하게 유지 시킨다.

이와 같은 방법이 Cell의 작업을 유지시키는 것이 된다. 그러는 동안에 전해질은 <그림 3-31>에서 나타낸 것과 같이 셀의 밑 부분으로부터 스트립과 양극사이의 틈으로 공급된다. 도금 후 불완전한 린싱은 불규칙 세척과 탈수의 원인으로 되는 경향이 있고, 오히려 제품 표면 외관과 화학 처리 효과를 나쁘게 하는 경우도 있다.

세척과 탈수 시스템은 보다 좋은 린싱 효과를 유지하기 위하여 도입되었고 다단계 Cascade System은 분사 냉각수를 절약하기 위하여 채택되었다.

린싱과 건조 후, 도금두께는 제품의 품질 조절을 위하여 설치된 형광 X-Ray 두께 측정기에 의해서 측정된다.

5) 후처리(Post-Treatment)

인산염 처리 혹은 크로메이트 처리는 화학 처리로서 도금된 스트립에 적용된다. 인산염 처리는 Surface Conditioning, 인산염 처리 린싱, 후처리 그리고 건조로 이루어진다.

크로메이트 처리는 크로메이트 처리, 린싱과 건조로 이루어진다.

그리고 이 처리 중에서 둘 다 사용하지 않는다든지 또는 모두 사용하는 것은 처리 탱크의 선택적인 사용으로 이 단계에서의 작업에 적용된다. 그리고 처리된 스트립은 출측 루퍼로 공급된다. 화학 처리의 다양성이 단일 패스에서 이루어지므로 이들 처리의 변경은 라인이 화학 처리의 자동 변환 시스템이 없을 경우에는 극히 다루기 힘든 작업이 된다.

펌프의 개폐 밸브의 개폐와 롤의 설치와 교체들이 미리 설정되어 화학 처리의 어느 것이든 작업 양식 선정 스위치에 의해 자동적으로 선택될 수 있다.

그리고 변환 시 서로 다른 용액이 혼합되는 것을 방지하기 위하여 롤과 탱크는 변환 전후에 자동적으로 린싱이 된다.

그리고 용액이 제품에 낙수되는 것을 방지하기 위해 설계시에 고려되어 있다.

더욱이, 라인 속도의 변화에 따른 처리 영역 변환 역시 자동으로 수행되고, 처리 영역 설비의 작업 상태는 작업자의 편의에 따른다.

6) 부가 도금조(Additional Plating Bath)

Carosel 도금 설비 후 하나의 도금 설비가 준비되어 있다.

Terne도금(Pb/Sn)에 있어서, 스트립은 Carosel 도금 설비를 통과하여 이 도금조에 공급된다.

3 출측 설비

출측 루퍼를 통과한 스트립은 검사대와 출측 게이지 스탠드를 통하여 나가게 된다. 그리고 오일러에 의하여 오일링되고 전단하기 위하여 출측 시어에 의해 전단되어 텐션 릴에서 코일화된다. 코일은 코일 벤딩 머신에 의해 받아져서 묶여진다.
그리고 코일카와 이송카에 의하여 받아진 코일은 코일 포장 설비로 옮겨진다.

제4절 | 전기 도금 전업

1 도금욕에서의 도금에 미치는 제인자의 영향

1) 교반, 아연 농도, 전류 밀도

전기 도금에 있어서 도금층 형성은 핵생성과 결정 성장의 2단계로 나누어진다. 전착 속도와 이은 공급 속도의 비율을 지배한다는 의디에서 교반, 아연 농도, 전류 밀도의 3가지는 복잡하게 작용하고 있다.

교반의 강화, 아연 농도의 상승, 전류 밀도의 저하는 언제나 이온 공급 속도가 상대적 상승에 효과가 있는 것으로 이러한 조건은 결정의 성장을 도와주는 것이 된다.

2) PH

PH는 도금의 외관, 전류 효율, 욕저항 등에 영향을 준다. PH와 도금의 외관과의 관계는 <표 3－7>과 같다.

표 3－7 | PH와 외관의 관계

PH	~1.5	1.5~2.5	2.5~
외 관	균일성 약화	양호	희고 거칠게 된다.

2 전기 아연 도금의 양극 반응

양극 반응은 전극 재질에 따라 전혀 모양이 다르게 된다. 음극 반응은 아연액 중에서의 아연 이온을 소모하므로 어떠한 형태로든 액 중에 아연 이온을 공급하지 않으면 얼마 되지 않아 액 중의 아연 이온이 없어져 도금 용액 관리를 할 수 없게 된다.

금속 양극 용해 반응을 이용해서 양극에 금속 아연을 사용하여 양극에 통전과 금속 이온 공급의 두가지 기능을 갖도록 하는 것이 소모 전극이다.

이 경우의 양극 반응은

$$Zn \rightarrow Zn^{2+} + 2e^-$$

이다.

3 후처리 작업

1) 크롬산 처리

크로메이트 처리는 크롬산 또는 중크롬산염을 주성분으로 하는 용액 중에 물건을 침지해서 방청 피막을 생성시키는 방법으로, 주로 아연 또는 Cd 도금의 후처리에 사용된다.

<그림 3-32>는 크로메이트 처리한 강판의 단면으로 크로메이트 피막은 대단히 얇지만 그 하지의 아연을 보호하는 효과가 크다. 크로메이트 피막을 구성하고 있는 것은 6가 크롬과 3가 크롬과 물이다. 크로메이트 처리에는 크롬산, 크롬산카리, 크롬산소다. 중크롬산 소다등이 사용되고 이러한 것은 6가 크롬의 화합물이다.

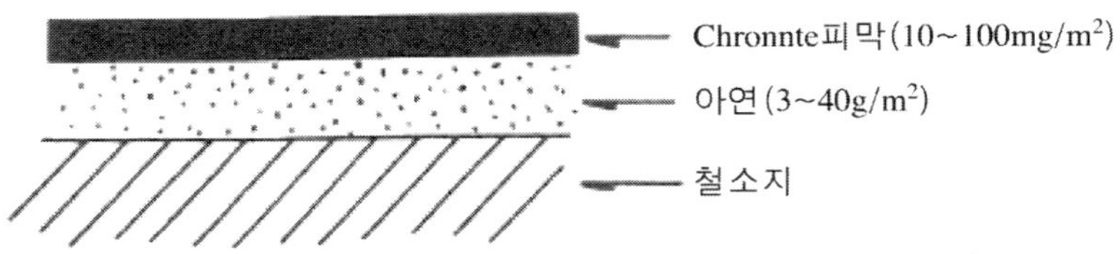

그림 3-32 | **Chromate 처리강파의 단면**

또 <그림 3-33>과 <그림 3-34>는 아연 용해량과 크로메이트 피막량의 관계를 나타낸 것이다.

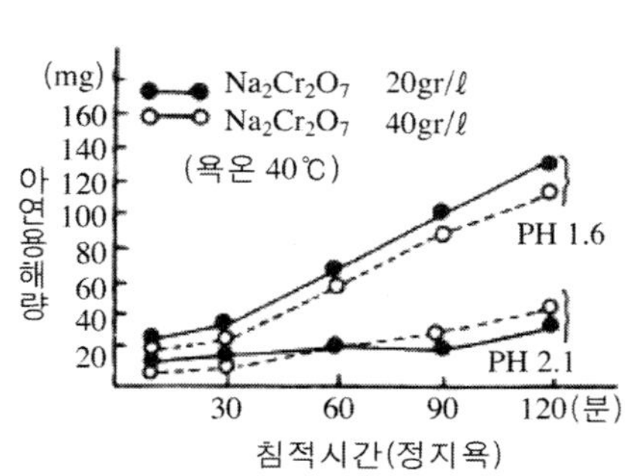

그림 3-33 | **침적 시간과 아연 용해량**

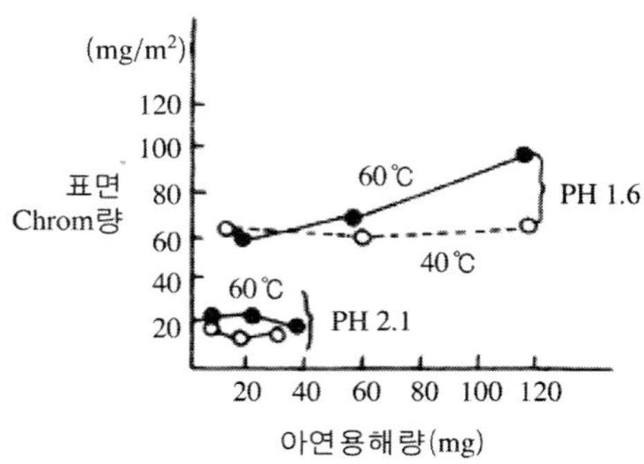

그림 3-34 | **아연 용해량과 표면 크롬량**

아연 용해 속도는 $Na_2Cr_2O_7$의 농도에는 거의 관계없고 PH에 의하여 좌우된다. 또한 피막 생성량에 있어서도 PH에 따라 크게 변화하지만 용해 아연량이 많게 되었다고 반드시 크로메이트 피막량이 많이 붙는다고 할 수 없다.

2) 인산 염처리

일반적으로 인산 염처리에 의해서 얻어진 피막 결정의 화학 조성상 편의적으로 인산 아연계, 인산 망간계, 인산 철계 등으로 분류된다.

인산 철계 피막은 다른 것과 달리 피막 구성에 관계하는 금속 이온은 함유하지 않고 NH_4, Na, Li등의 산성 인산염으로 된 화성액에서 얻어진다. 피막도 0.4~0.9g/m^2 정도로 대단히 얇다.

기타 표면 처리 강판

제1절 | 주석 도금 강판(석도 강판)

1 주석 도금 강판의 개요

주석 도금 강판(tin plate)은 강판(통상 두께 0.155~0.6mm)에 인체에 무해한 주석을 도금한 것으로, 석도 강판 또는 석판으로 불린다. 석도 강판은 내식성 용기로서 오래 전부터 사용되어 왔으며 미려한 광택과 편리한 가공성, 우수한 내식성, 저장성, 무해성, 고강도, 경제성 등이 있다. 석도 강판은 제조 방법에 따라 용융 주석 도금 강판과 전기 주석 도금 강판으로 구분되며, 용융 주석 도금 강판은 생산성 저하와 주석량의 과부착에 따른 원가 부담 등으로 세계적으로 생산량이 감소하고 있으며 우리나라도 1973년에 생산을 중단하였다.

석도 강판의 특징은 다음과 같다.

① 아름다운 표면 광택을 가지고 있다.
② 주석의 유연성으로 인하여 가공할 때 도금층의 파괴나 박리 현상이 없다.
③ 내식성이 뛰어나 용기 재료에 적합하다.
④ 용기의 수송, 보관, 적재할 때 파괴되는 경우 없이 안전하다.
⑤ 도장성과 인쇄성이 우수하다.
⑥ 주석이 용해되어 식품에 혼입되어도 인체에 무해하다.
⑦ 납땜이나 용접이 가능하여 각종 용기 생산이 용이하다.

2 주석 도금 강판의 종류와 용도

원판 및 석도 강판의 종류에는 원판(SPB), 전기 주석 도금 강판(ET), 용융 주석 도금 강판(HT) 등이 있다. 주석 도금 강판은 음료 용기뿐만 아니라 식품 통조림, 페인트관 등에 널리 사용하게 되었다.

3 주석 도금 강판의 제조 공정

원판(BP, TMBP, tin mill black plate)은 두께 2~3mm의 열연 코일을 연속 압연하여 두께 0.15~0.5mm, 폭 508~1,016mm의 냉간 압연 박판 스트립을 사용한다. 원판은 표면이 미려하고 강도 및 가공성이 양호해야 하기 때문에 생산하기 어렵고 회수율이 적어 표면 처리하지 않은 철강 제품 중 가장 비싼 제품으로 상당한 기술을 요하는 고품질의 제품이다. 원판의 종류에는 내식성 또는 가공 조건 등의 용도에 따라 L강종, MR강종, D강종 등 세 가지로 구분된다. <그림 3-35>는 석도 강판용 원판의 제조 공정을 나타낸 것이다.

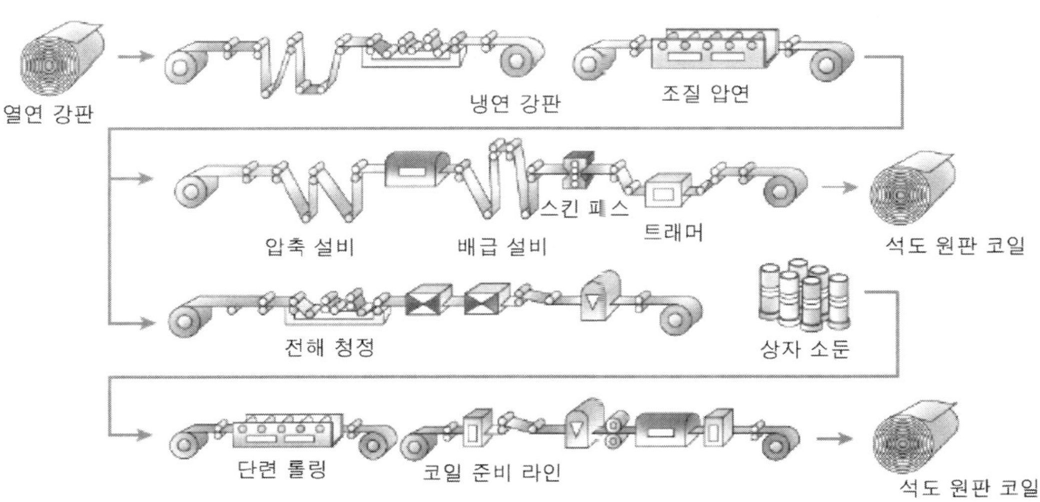

그림 3-35 | 석도 강판 원판 제조 공정

주석 도금 강판은 열적식 도금보다는 <그림 3-36>과 같이 강판 표면에 주석을 전기 도금하는 연속 처리 방식으로 생산한다. 전기 화학 도금 방법은 스트립을 도금액 탱크에 연속적으로 통과시켜 도금 용액 중 주석 이온(Sn^{2+})을 전기 화학적으로 환원시켜 스트립에 주석을 부착시킨다.

이 방식은 라인 속도가 빠르며 도금량을 임의로 조절할 수 있는 등 정밀 제어할 수 있기 때문에 도금층의 두께가 균일하여 품질이 안정하다는 장점을 가지고 있어 대부분 이 방식으로 생산한다.

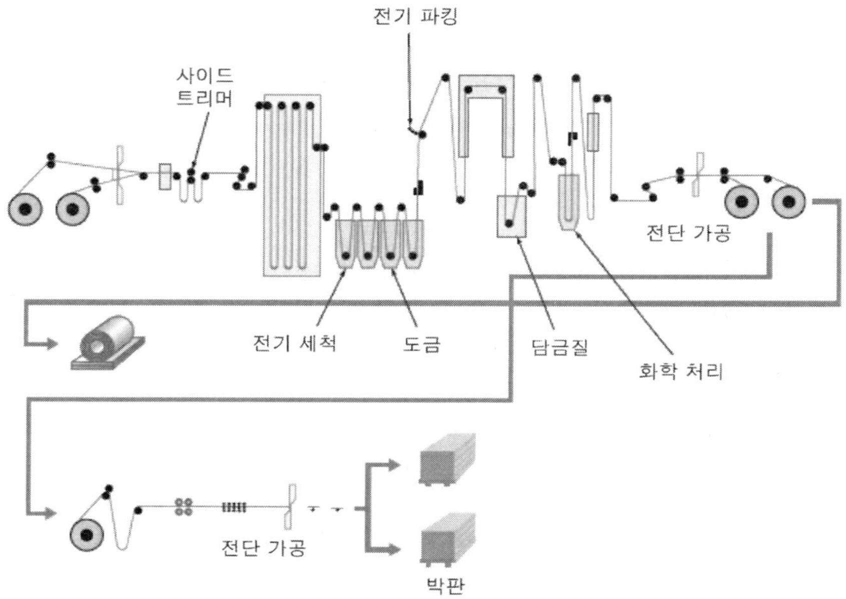

그림 4-36 I **석도 강판 제조 공정**

전기 주석 도금은 도금 라인과 전단 라인으로 구성되며, 도금 라인은 입측부(entry section), 전처리부(pretreatment), 도금부(plating section), 후처리부(finishing section), 출측부(delivery or exit section)로 구분되며 전단 라인은 HSL 전단 라인과 SSL 전단 라인으로 구분된다.

제2절 | 착색 도장 강판

1 착색 도장 강판의 개요

착색 도장 강판(컬러 강판, prepainted steel sheets, color coated steel sheets)은 냉연 강판, 용융 아연 도금 강판, 전기 아연 도금 강판, 알루미늄 아연 합금 도금 강판 등 각종 강판의 양면 또는 단면에 폴리에스터, 실리콘 폴리에스터, 불소수지 등 각종 수지를 도장 후 소부한 강판을 통칭하는 것으로, 일명 PCM(pre-coated metal)이라고도 한다. 과거에는 선가공 후 착색 도장 하는 방법이 일반적이었으나 근래에는 선착색 도장 후 가공하는 방법으로 발전하였다.

2 착색 도장 강판의 종류

사용 도료에 따른 분류로 폴리에스터(polyester) 도료 도장 강판(레귤러 폴리에스터, 하이 폴리머폴리에스터), 실리콘 폴리에스터(silicon polyester) 도료 도장 강판, 불소수지(PVDF) 도료 도장 강판, 염화비닐(PVC Sol) 강판, 라미네이티드(laminated) 강판, 테플론(teflon) 수지 도장 강판, 프린트(print) 강판 등이 있다.

착색 도장 강판의 원판을 기준할 경우에 냉연 강판은 내식성이 값이 필요하지 않은 기물이나 철재 가구 등에 사용되며, 아연 도금 강판이나 알루미늄판은 가격이 비싸지만 가볍고 우수한 외관과 내식성을 지니고 있어 주로 건축용 지붕재, 외벽재, 내부 건축용, 전기 전자 기기용, 사무기기용 등으로 사용된다.

3 착색 도장 강판의 제조 공정

착색 도장 강판의 생산 속도는 고속화되고 있고 초기에는 1coat 1bake 방식이었으나 그후 발전하여 3coat 3bake가 일반화되었고 3coat 4bake 또는 4coat 3bake 방식도 채용하고 있다. 착색 도장 강판 중 일반적인 용융 아연 도금 강판을 사용한 도장 강판 제조 공정은 <그림 3-37>과 같이 탈지, 수세, 건조, 표면 조정 전처리, 도장 공정, 가공 공정 등으로 이루어져 있다.

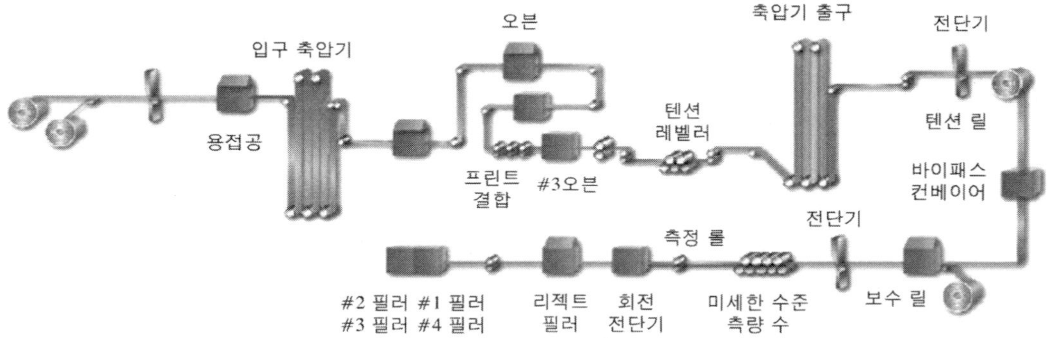

그림 3-37 | **착색 도장 강판 제조 공정도**

제3절 | 알루미늄 아연 합금 도금 강판

1 알루미늄 아연 합금 도금 강판의 개요

내식성을 목적으로 한 표면 처리 강판은 아연계 표면 처리 강판과 알루미늄계 표면 처리 강판으로 대별된다. 그 중 희생 방식 작용을 하는 아연을 철강에 도금하면 우수한 내식성을 약 15배 정도 개선할 수 있기 때문에 아연은 철강의 표면 처리용으로 전 세계의 약 60%를 차지하고 있다. 아연계 표면 처리 강판의 개발은 대부분 알루미늄을 첨가한 일반적인 아연 도금욕에 제3원소를 첨가한 것이 특징이며, Galvalume, Galfan, Zincal, Galtecs, Supergalva 등은 조합 아연괴를 제조 개발하여 규격화 및 상품화가 이루어졌다.

알루미늄 아연 합금 도금 강판은 1965년에 미국 베들레헴 스틸사에서 개발한 55%Al-43.4%Zn-1.6%Si의 3원계 합금을 냉연 강판에 용융 도금시킨 제품으로, 내식성이 우수하여 무도장의 전재 용도에 적합하다. 이는 아연 도금판에 비해 3~6배 우수한 것으로 나타났다. 알루미늄 강판의 내구성, 내열성 및 열반사성과 아연 도금이 지니는 희생 방식 효과를 동시에 갖추고 있기 때문이다.

2 알루미늄 아연 합금 도금 강판 특징 및 용도

알루미늄 아연 합금 도금 강판의 특징은 다음과 같다.

① 장기 내구성이 우수하며, 아연 도금 강판에 비해 수명이 길다.
② 내열성이 우수하고 열반사성이 양호하다.
③ 은백색의 미려한 표면 외관을 지니고 있다.
④ 아연 도금 강판과 거의 동등한 가공성과 도장성을 지니고 있다.
⑤ 적절한 용접 조건에서는 용접이 쉽다.

알루미늄 아연 합금 도금 강판은 사용처는 건축(지붕, 벽체, 칸막이, 조립식 주택 등), 농업 시설(농업용 파이프, 축사, SILD 등), 산업 기구(단열 및 보온 커버, 온수기, 건조기, 세탁기, 전자 제품 프레임 등), 전기 기기(전자레인지, 스토브, 오븐, 냉장고, 에어컨 등), 자동차(머플러, 연료 탱크, 배기 파이프, 에어크리너 커버 등) 등에 광범위하게 사용되어 표면 처리 강판 중 가장 경제성이 높은 제품으로 꼽을 수 있다.

3 알루미늄 아연 합금 도금 강판 제조 공정

알루미늄 아연 합금 도금 강판은 용융 아연 합금 도금 강판을 생산하는 연속 라인과 유사한 형태의 연속 라인에서 생산이 가능하다. 용융 아연 합금 도금 강판 생산 라인을 개조한 것들이 있고, 최근에 생산 라인은 알루미늄 아연 합금 도금 강판과 아연 도금 강판 또는 알루미늄 아연 합금 도금 강판과 알루미늄 도금 강판 등과 같이 한 라인에서 두 가지 제품의 생산이 가능한 이중 용도(dual purpose)의 라인들이다.

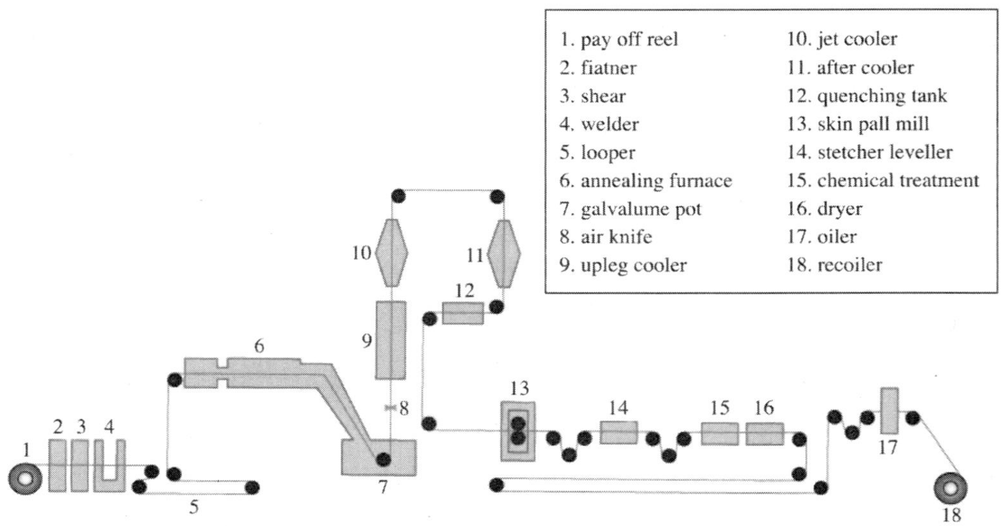

그림 3-38 ❙ 알루미늄 아연 합금 도금 강판 제조 공정

Part 04

스테인리스 강판 제조

스테인리스 강판 제조

제1절 | 개요

1 개요

스테인리스 냉연 강판의 양산 강 종류는 오스테나이트계인 SUS 304(18－8 스테인리스강)와 페라이트계 SUS 430(18Cr 스테인리스강)이 주로 사용되고 있다.

냉연 강판의 양산에서는 특히 스트립 방식의 설비 기술이 크게 기여하고 있으나 보통강의 냉연 설비를 그대로 활용하는 경우는 별로 없으며 스테인리스 강 잔용 또는 유사한 냉연 설비가 여러 가지 사용되고 있다.

2 제조 공정

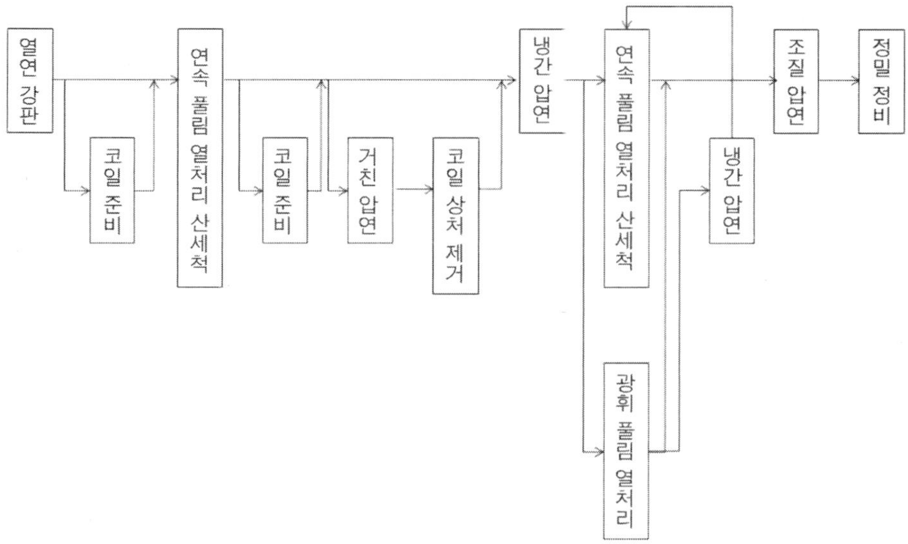

그림 4-1 ❙ 오스테이트계 스테인리스강의 제조 공정

3 스테인리스 강판 냉연 공장의 설비

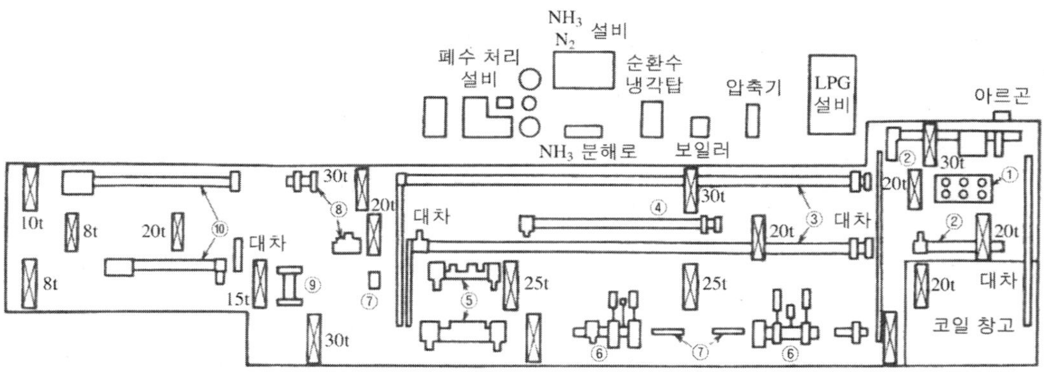

① 벤엘 풀림 열처리로
② 코일 준비 작업 장치
③ 연속풀림 열처리 장치
④ 연속 광휘 풀림 열처리 장치
⑤ 코일 그라인더
⑥ 젠지미어 냉간 압연기
⑦ 롤 연마기
⑧ 조질 압연기
⑨ 슬리터
⑩ 시어 라인

그림 4-2 ▎스테인리스강 냉연 공장 설비

제2절 | 열연 코일의 풀림 열처리 및 산세척

1 풀림 열처리 및 산세척

1) 열연 코일의 연속 풀림 열처리 산세척

열연 코일의 풀림 열처리 산세척은 일반적으로 풀림 열처리와 산세척 공정을 연속적으로 처리하는 연속 풀림 열처리 산세척 설비(일반적으로 AP(Annealing Pickling라인 이라함)로써 실시한다.

SUS 304는 냉간 압연에 의한 가공 경화가 크므로 오스테나이트와 풀림 열처리를 실시하여 그 후의 냉간 압연을 이용하고 있다. SUS 430에서는 탄화물, 질화물의 균일한 분산화로 재질 향상을 도모하여 일반적으로 열연 코일을 Batch식으로 장시간 풀림 열처리를 하기 때문에 AP라인에서는 산세척을 실시한다.

<그림 4-3>은 냉연 코일의 풀림 열처리 산세척도 겸용할 수 있는 콤비네이션 AP 라인의 공정도를 나타낸 것이다.

2) 배치 풀림 열처리

SUS 430의 열연 코일의 풀림 열처리는 보통 벨형 노에서 배치 풀림 열처리를 실시한다. 스테인리스 강에서 일반적으로 사용하고 있는 벨형 노는 싱글 스택 타입(Single Stack Type)으로 3~4코일을 동시에 처리한다.

처리 능력은 20~80 × 1,000kg_f 정도로, 풀림 열처리 온도는 SUS 430의 경우 780~850℃에서 실시한다. 분위기 가스로서 인너 커버 안에 Ar 가스 등 불활성 가스를 불어 넣어 코일의 표면 산화를 방지하는 방법을 사용한다. <그림 4-4>는 실제 조업에서의 풀림 열처리 사이클을 나타낸 것이다.

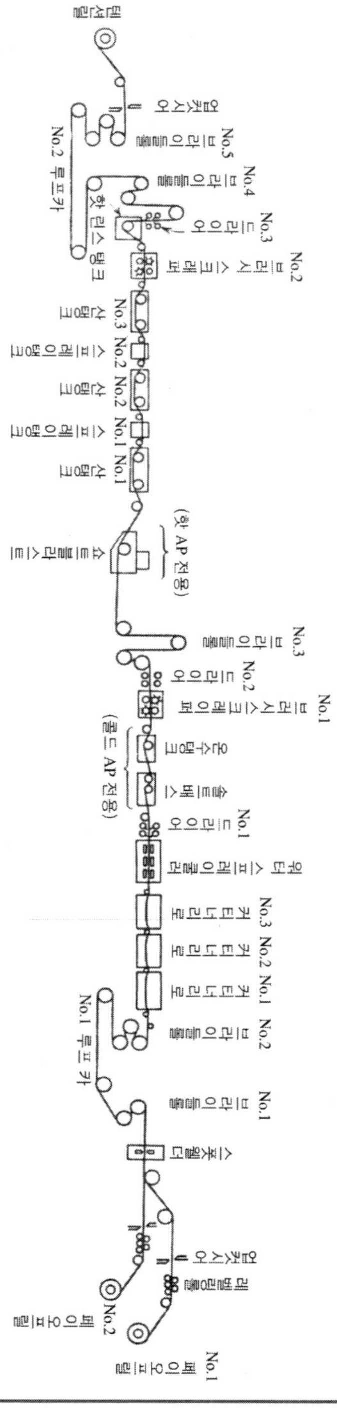

그림 4-3 | 연속 풀림 열처리 산세척 라인의 구성도

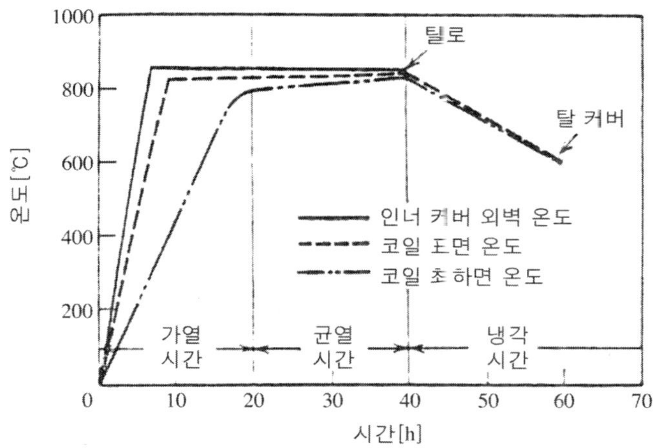

그림 4-4 | **풀림 열처리 사이클의 예**

3) 풀림 열처리

AP라인의 풀림 열처리로는 커티너리 타입(Catenary Type)의 가로형 노가 일반적으로 사용되며 열원으로는 LPG, LNG, 경유 등을 사용한다. 풀림 열처리 온도는 SUS 304에서는 1,010～1,150℃에서 실시하며 냉각은 급냉이 필요하다. 이것은 500～800℃ 사이에 결정 임계에 크롬 탄화물이 석출되어 내부식 열화가 생기기 때문이며 분무(Fog) 또는 스프레이(Spray)에 의한 수냉이 필요하다.

4) 산세척

스테인리스강의 경우 디스케일링은 매우 곤란하기 때문에 특히 열연 코일은 기계적인 스케일 제거가 필요하다. 기계적인 제거 방법으르는 쇼트 블라스트가 대표적으로 사용되고 있는데 이것은 입자 지름이 0.3～0.5mm의 강철 쇼트(Steel Short)를 사용하여 스케일을 파괴 제거한 후 연속적으로 산세척을 실시하기에 용이하도록 한다. 기타 기계적인 스케일 제거 방법으로는 롤 밴드에 의한 스케일 브레이커, 연삭 브러시 및 벨트 연삭 등이 있다.

쇼트 브라스트 후 산세척에 사용하는 산에는 질산(HNO3), 불산(HF), 황산(H2SO4) 및 염산(HCl)이 있으며, 이러한 것들은 하나의 종류로 사용하기도 하지만 혼합하여 사용하는 것이 일반적이다. 질산과 불산의 혼합산이 SUS 304에 매우 효과적이고, SUS 430에는 질산 전해를 보통 사용한다. 열연 코일의 풀림 열처리에서 산세척한 그대로 제품화 된 것을 No.1 다듬질한 것이라고 한다.

2 흠집 제거

스테인리스강에서는 냉간 압연 이전에 열연 코일 또는 냉연 중간 제품에서 표면 결함을 제거하거나 또는 표면 품질의 향상을 위하여 표면 연삭을 실시할 때가 있다. 연삭기의 대표적인 것을 <그림 4-5>에 나타내었는데, 이 방법은 앤드리스의 연삭 벨트를 코일 표면에 압점 회전시켜서 오일을 분산시켜 표면을 연삭하는 것이다.

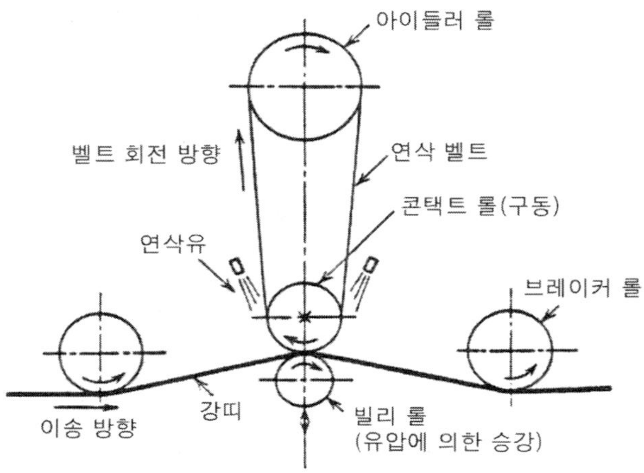

그림 1-1 ▌코일 연삭기의 개략도

연삭 벨트는 연마 숫돌의 입자를 직조물이나 종이에 고착된 것으로 표면의 상처 정도 또는 최종 제품의 표면 등급에 따라서 숫돌 입자의 거칠기가 다른 것을 구분하여 사용한다. 이것의 회전 방향은 중연삭용으로는 일반적으로 업컷(Up-Cut) 방식을 사용한다.

실제 조업에서는 그림과 같은 연삭 스탠드를 3~4대 꼬치형으로 배열하여 1, 2 스탠드에서 60~100번의 거친 밸트를 사용하고, 3, 4 스탠드에서는 120~180번의 벨트를 사용하는 것이 일반적이다. 매끄럽게 다듬질을 하기 위해서는 세립의 180~320번의 벨트로 연삭하여 다듬질을 실시해야 한다.

연삭유는 연삭 벨트의 눈막힘을 방지하여 연삭성을 향상시키고 또한 냉각 효과를 높이는 목적으로 사용하며 일반적으로는 광유(Mineral Oil)을 사용한다. 연삭유의 성상은 점도 3~15cSt, 인화점 140~180℃의 것으로, 고무 롤을 팽윤되기 어려운 것을 선택하여야 한다.

그 이외에 연삭 슬러지(Sluge)의 오일 단절성이나 벨트 및 피연삭 재료의 습기성에도 선정의 요인이 있다. 연삭량은 20～40μm이며, 이 양은 벨트의 조합, 연삭 압력 및 라인 속도 등의 연삭 조건에 크게 좌우된다.

연삭성을 향상시키기 위하여 전처리로로써 경미한 냉간 압연(5～10%)을 실시하는 방법도 많이 실시되고 있다. 또한 연삭 작업 중의 국부 가열로 인한 발화의 위험성이 있으므로 탄산 가스 소화 설비가 필요하다.

코일 연삭은 경제적으로는 바람직하지 못한 것이므로 가급적 이러한 공정을 생략하는 것이 좋다.

제3절 | 스테인리스강의 냉간 압연

1 압연 설비

변형 저항이 큰 스테인리스강을 능률적으로 정밀도가 높은 압연을 하기 위해서는 작은 지름의 롤을 여러개 사용하는 다중식 압연기가 유리하며 센지미어 밀이 가장 많이 사용하고 있다. <그림 4−6> 및 <그림 4−7>에 센지미어 밀의 구성도를 나타내었다.

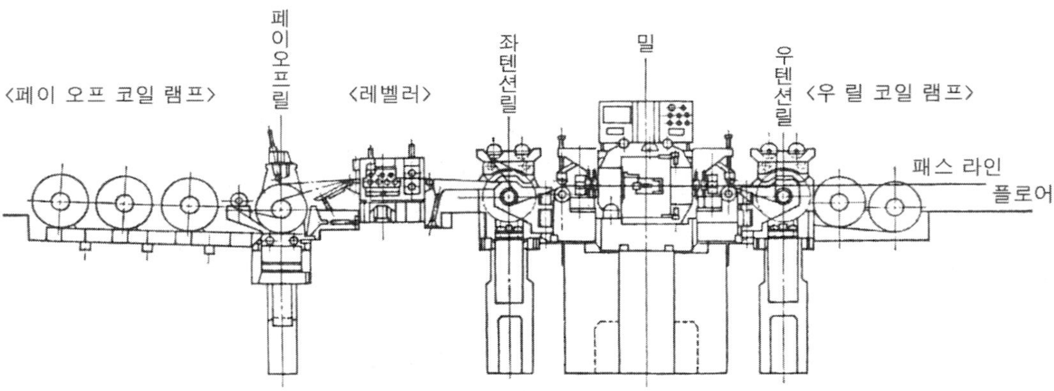

그림 4−6 | 20단 센지미어 밀의 전체 배치도

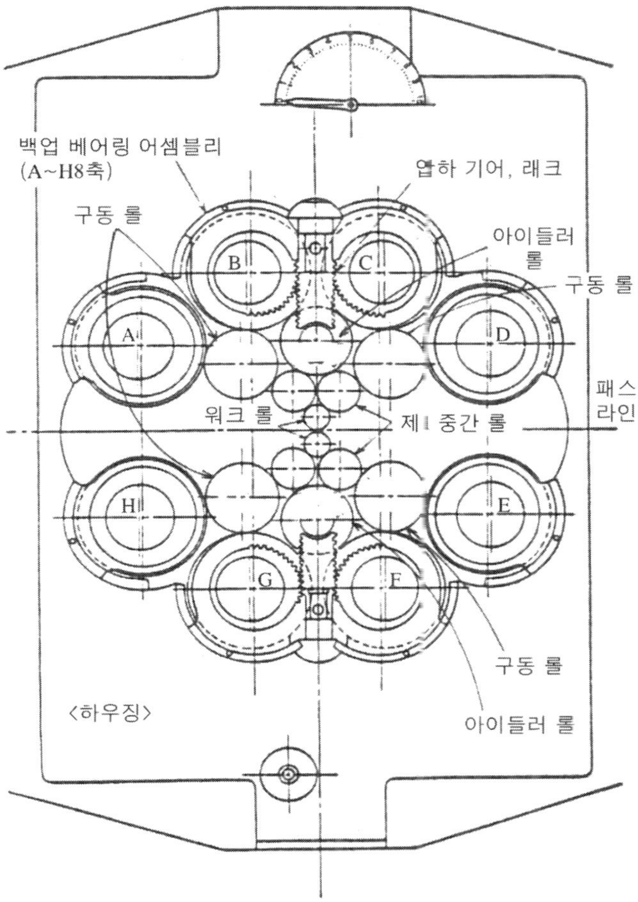

그림 4-7 ❙ 20단 센지미어 밀의 롤 배치도

그림에서 하우징은 1개의 블록으로 구성되며 강성이 높고(ZR 22~50형으로 닐 정수는 600×103kg$_f$/mm, 4중식 콜드 밀에서는 400~500×103kg$_f$/mm, 워크 롤 지름은 50~100mm 정도이다. 롤 지름과 압하력의 관계틑 <그림 4-8>에 나타내었다. 보통은 싱글 스탠드로서 가역식으로 사용되나 4 스탠드의 탠덤 딜을 사용하기도 한다.

센지미어 밀에는 <그림 4-9> 및 <그림 4-10>에서와 같이 As-U 롤 크라운의 조정 기구와 제1중간 롤의 측면(Lateral) 조정 기구의 2가지 우수한 형상 수정 기구를 준비하여 사용한다.

As－U 롤 조정기구는 백업 베어링 조합(Back－up Bearing Assembly) B, C 축의 각 받침(Saddle)의 편심 링을 회전시킴으로서 압연 중에 폭 방향의 크라운을 임의로 조정할 수 있다.

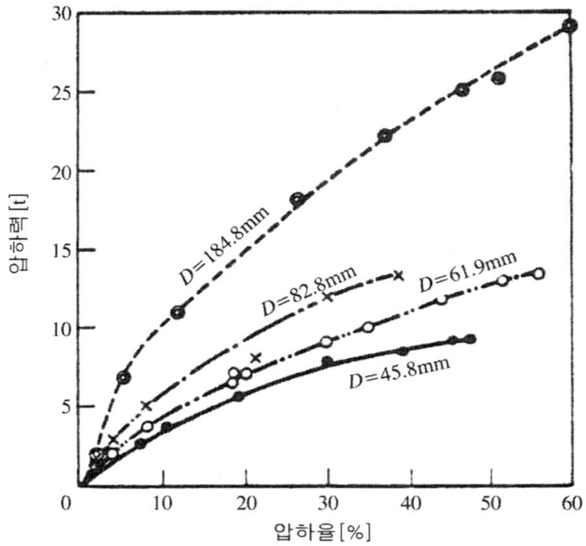

그림 4-8 ▍롤 지름이 압연 효과에 미치는 영향

제1중간 롤 측면 조정 기구는 제1중간 롤의 끝부분 테이퍼 또는 크라운을 부착하여 축 방향으로 위치를 이동시켜서 판폭 에지부의 부하를 감소시킬 수 있다. 이것은 특히 코일 에지부의 형상 교정에 유효하지만 조작은 정지 중에 실시하여야 한다.

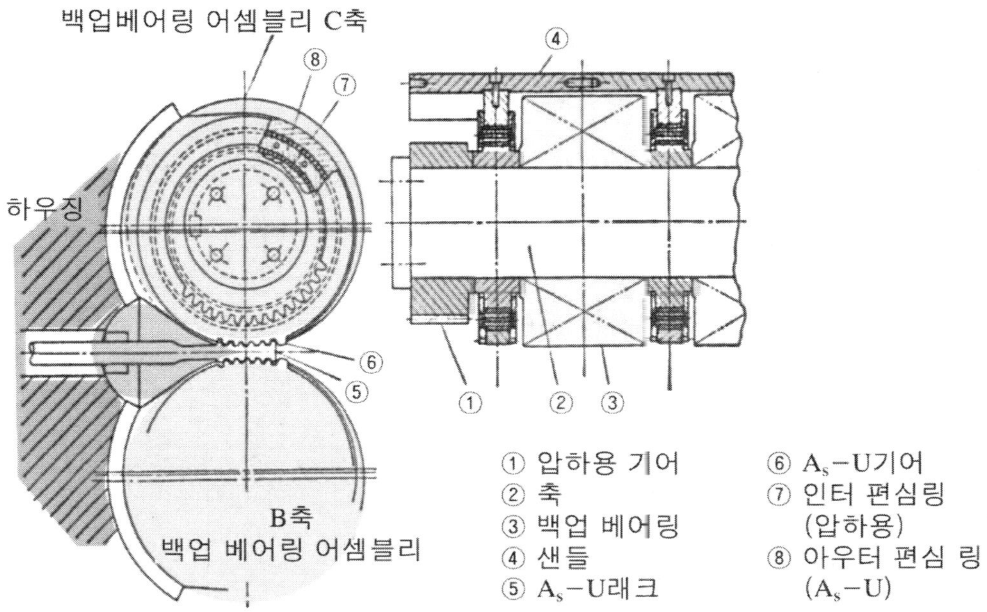

그림 4−9 ‖ As−U 롤 크라운의 조정 기구

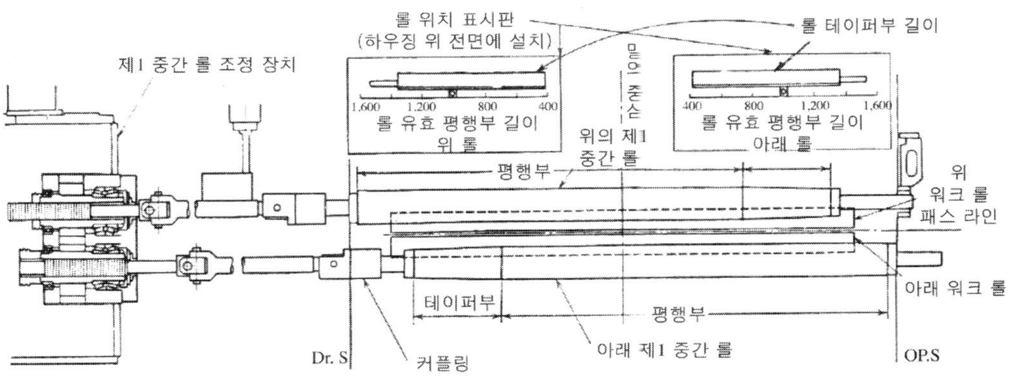

그림 4−10 ‖ 제1중간 롤 래터럴 조정 기구

2 압연유

1) 압연유의 일반적인 성상

<표 4-1>에 스테인리스강용 압연유 성상의 예를 나타내었다. 센지미어 밀에 의한 압연은 작은 지름의 롤을 사용하므로 물려 들어가는 각도가 크며, 압연 속도도 비교적 느리기(200～400m/min) 때문에 경계 윤활에 가까운 상태가 되기 쉽다. 실제로는 경계 윤활과 유체 휸할의 혼합 상태라고 추정하지만 점도도 가벼우며 또한 발열이 크기 때문에 히트 마크(Heat Mark)가 발생하기 쉽다.

표 4-1 | 스테인리스강용 압연유의 성상

항목	성상
기 유	파라핀계 정제 광유
첨가제	지방산
비 중	0.859
인화점(℃ COC)	170
점도(cSt 37.8℃당)	15.50
점도(cSt 98.9℃당)	3.36
점도지수	96
색상(유니언)	L0.5
유동점(℃)	−10
전산가(mg. KOH/g)	2.22
비누화가(mg. KOH/g)	2.83

2) 필터

일반적으로 규조토(Diatom Earth)를 사용하는 프리코프 필터(Precoat Filter), 유리섬유(Glass Wool)의 스파믹 필터를 사용한다. 스파믹 필터는 극히 미압(약 $0.1kg_f/cm^2$)으로 여과하여 항상 투명하고 청정(슬러지량 < 10mg/1…0.8μm Milli−Bore test)한 압연유를 유지할 수 있다.

3 롤

센지미어 밀의 작업 롤(Work Roll)은 일반적으로 고탄소 고크롬강(다이스강), 고탄소 고바나듐강(고속도강, 하이스강)을 또는 일부 BA 마무리용으로서 텅스텐 카바이드 롤을 사용한다. <표 4-2>에 롤 성분의 예를 나타내었다.

표 4-2 | 롤 성분의 예시

강 종류	C	Si	Mn	P	S	Cu	Cr	Mo	W	V	Co	비고
냉간 다이스강	1.30 ~ 1.70	0.15 ~ 0.50	0.15 ~ 0.50	< 0.03	< 0.02	< 0.20	10.5 ~ 13.5	0.60 ~ 1.20	–	0.20 ~ 0.90	–	SKD 11
하이스강	1.52	0.35	0.30	0.02	0.02	–	3.95	3.95	5.55	4.40	–	SKH 54

워크 롤의 연삭 다듬질에는 120~600번의 숫돌을 사용한다. 또한 가속도 강이나 텅스텐 카바이드 롤은 다이아몬드 입자에 의한 래핑(Rapping) 다듬질을 실시할 때도 있다. 경도는 일반적으로 다이스강에서는 80~88Hs, 그속도강에서는 88~95Hs 정도이다. 마무리 정밀도는 진원도, 평행도는 모두 0.005mm 이내의 고정밀도로 하고 있다.

4 스테인리스강의 가공 경화 특성

오스테나이트계는 상온에서 높은 강도(인장 강도 60~80kg_f/mm^2)로서 우수한 연성(연신율 50~70%)이다. 여기에서 냉간 가공으로 오스테나이트의 일부분이 마르텐사이트로 변태하기 때문에 현저한 가공 경화를 나타난다. <그림 4-11>은 스테인리스강의 가공 경화 특성을 나타낸 것이다.

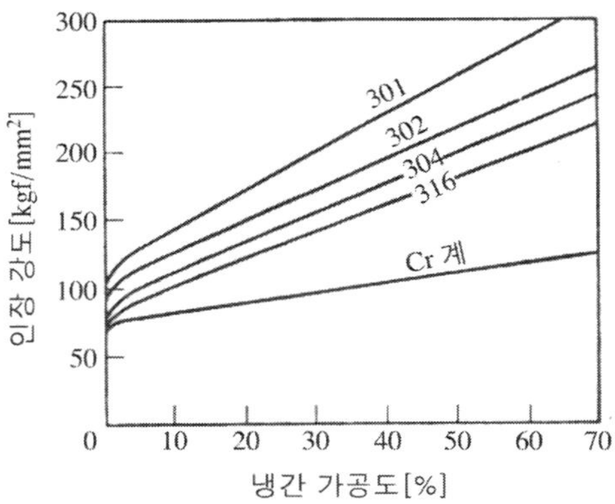

그림 4-11 ❙ 스테인리스강의 냉간 가공도의 영향

5 압연 작업

<표 4-3>에 압연 스케줄의 예를 나타내었다. 페라이트계에서는 히트 마크(Heat Mark)의 발생을 고려하여 압연 속도는 통상 200m/min 정도로 해야 한다.

표 4-3 ❙ 스테인리스강 냉간 압연 스케줄의 예

패스 No.	SUS 304, 1025mm폭 3.50mm → 0.80mm		SUS 430, 1025mm폭(중간 풀림 열처리) 3.50mm → 1.50mm → 0.50mm			
	판두께 (mm)	패스압하율 (%)	판두께 (mm)	패스압하율 (%)	판두께 (mm)	패스압하율 (%)
1	2.62	25.1	2.90	17.1	1.20	20.0
2	2.20	16.0	2.50	13.8	0.99	17.5
3	1.88	14.5	2.13	14.7	0.85	14.1
4	1.62	13.8	1.79	15.9	0.74	13.0
5	1.40	13.5	1.50	16.3	0.64	13.5
6	1.21	13.1			0.56	12.5
7	1.05	13.2			0.50	10.8
8	0.91	13.3				
9	0.80	12.0				

센지미어 밀의 특징의 하나는 전후의 강력한 장력 장치가 있으며 통상 SUS 430에서는 20kg$_f$/mm^2 정도의 장력을 가한다는 것이다. 이 때문에 코일 에지부에 균열 결함이 있으며 압연 중에 파단될 때가 있으므로 특히 얇은 제품이나 페라이트계의 경우 코일 에지를 사전에 트리밍(Trimming)해 두는 것이 좋다. 또한 긁힘 상처의 방지를 위하여 필요시에는 종이를 코일 내측에 감아 둘 때도 있다.

<그림 4－12>에 As－U 롤의 효과를 나타내었으며, <그림 4－13>에는 제1중간 롤 레터럴 조정의 효과에 대한 시뮬레이션 결과를 나타내었다.

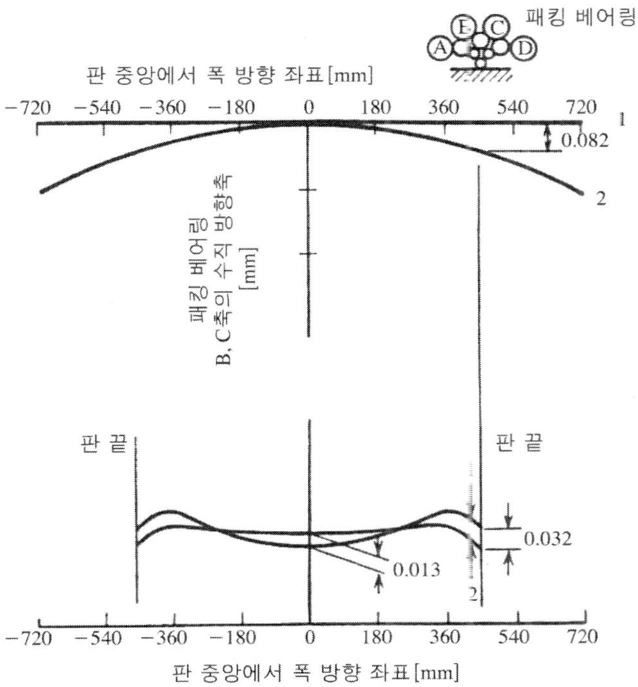

그림 4－12 ▌ As－U 롤의 효과

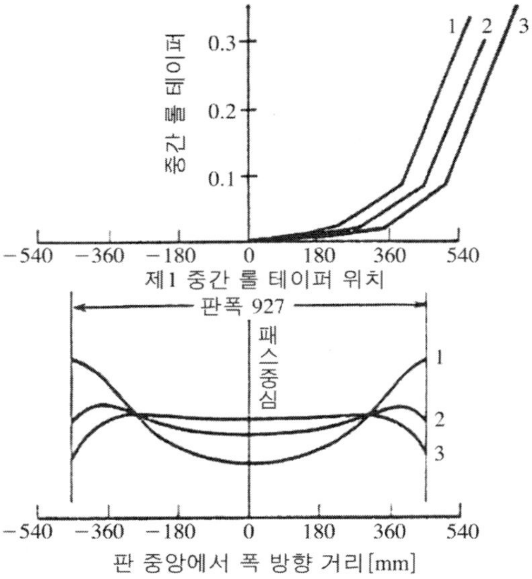

그림 4-13 ▌ **제1중간 롤 레터럴 조정 효과**

제4절 | 냉연 코일의 풀림 열처리 및 산세척

냉간 압연으로 가공 경화한 코일은 소정의 기계적 성질을 만족시키기 위하여 냉연 코일 연속 풀림 열처리 산세척 설비에서 재결정 풀림 열처리 산세척을 실시한다. SUS 304는 용체화처리, SUS 430은 α구역의 연화 풀림 열처리라고도 한다. 냉연 코일 연속 풀림 열처리 산세척 라인(콜드 AP 라인)은 <그림 4-3>에서 쇼트 블라스트 장치를 제외한 구성으로 되어 있다.

풀림 열처리를 한 후의 강판의 급냉은 주로 제트 쿨러로써 냉각한다. 산세척 이전의 처리로서 용융 알칼리염법(솔트베스법) 등의 장치를 사용한다. 이 공정에서 마무리되는 제품을 2D 마무리, 다시 조질 압연을 실시하는 것을 2B 마무리라고 한다.

1 풀림 열처리

콜드 AP 라인에서의 풀림 열처리는 SUS 304에서는 1,010~1,150℃, SUS 430에서는 780~850℃에서 실시한다. 풀림 열처리 후의 강판의 결정 입도는 주로 냉연율, 풀림 처리 및 풀림 처리 시간에 따라 결정된다. 이와 같은 관계를 <그림 4-14>에 나타내었다.

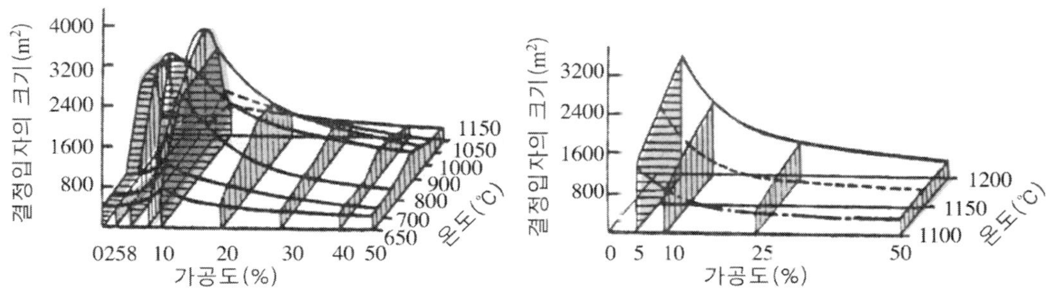

(b) SUS 430　　(b) SUS 304

그림 4-14 | 스테인리스강의 재결정 상태도

결정 입도는 No. 7~8이 적당하다. 노내에서 생성되는 산화 피막은 치밀하고도 견고하여 그 조성은 $(Cr \cdot Fe)_2O_3$와 같은 육방정계의 것과 Fe_3O_4나 $MnO \cdot Fe_2O_3$와 같은 스피넬(Spinel) 형의 것이 있으며, 육방정계의 것이 산세척이 용이하다고 알려져 있다. 따라서 후작업에서 디스케일링을 용이하게 하기 위하여 노내의 산소 분위기를 조정해야 한다.

2 산세척

스테인리스강의 산세척은 스케일의 제거 이외에 부작용 상태화 처리의 목적도 있으며 또한 내부식성을 부여하는 점에서도 중요하다. 스케일의 잔류나 오버 피클링(Over Pickling)을 방지하여야 하며 일반적으로는 무기산(질산, 불소산, 황산, 염산 등)의 단미 또는 이러한 것의 혼합산 및 전해법을 병용한 산세척 방식이 있다.

과거부터 질산과 불소산의 혼합산 및 황산 전해 또는 질산 전해의 3가지 조합의 것을 많이 사용해 왔다. 그러나 침지 시간의 연장으로 기지 금속의 침식 및 입계 부식 진행의 결점을 보완함으로써 솔트 배스(Salt Bath)법이나 중성염 전해법을 많이 사용하게 되었다. SUS 304와 SUS 430에서의 연속 산세척의 조합한 예를 <그림 4−15>에 나타내었다.

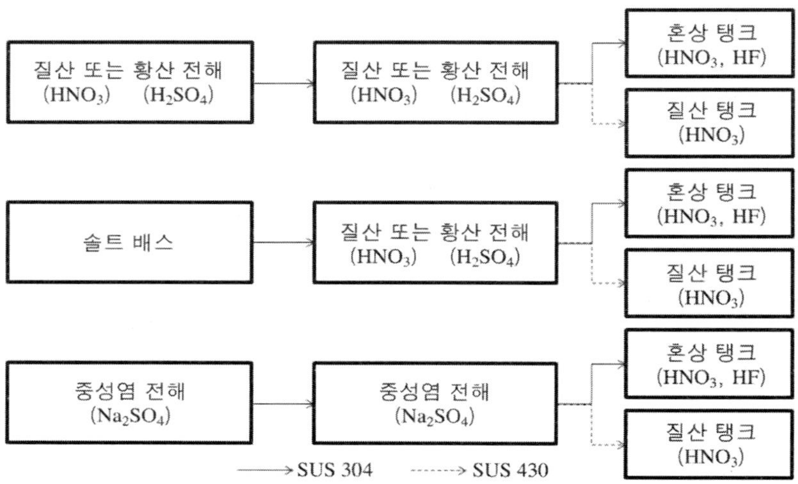

그림 4−15 ｜ 연속 산세척의 조합의 예

솔트 배스법은 탱크 온도 400~500℃에서 사용하며 그 탱크 안에서의 반응은 산화도가 낮은 스케일을 산화도가 높은 것으로 변화시켜서 산에 용해되기 쉬운 것으로 한다.

최근에는 솔트 배스와 황산 전해 또는 질산 전해의 조합을 중성염 전해로 대치한 산세척법이 보급되어 있다. 중성염 전해법은 그 취급이 용이하며 바탕 재질을 침범하지 않고 산세척 효율도 좋은 등의 장점이 있다. 중성염 전해법에서의 반응 매커니즘은 용액 중에서

$$Na_2SO_4 \rightarrow 2Na^+ + SO_4^{2-}$$

으로 분리되며 스케일은

$$Cr(oxide) + Na_2SO_4 + H_2O \rightarrow CrSO_4 + 2Na(OH)$$

이 되고 다시 자기 재생 반응으로서

$$CrSO_4 + 2Na(OH) \rightarrow Cr(OH)_2 + Na_2SO_4$$

으로 설명되어 있다.

<그림 4-15>에서와 같이 2, 3의 산세척 조건의 대표적인 예를 <표 4-4>에 나타내었다.

표 4-4 ▌ 산세척 조건의 예

산세척법	산세척 조건	
질산 전해	• HNO_3 : 5~15% • 온도 : 상온~50℃	• 전해전류 : 5~30mA / dm^2
황산 전해	• H_2SO_4 : 5~15% • 온도 : 상온~50℃	• 전해전류 : 5~30mA / dm^2
중성염 전해	• Na_2SO_4 : 15~25% • 온도 : 40~80℃	• 전해전류 : 6~10mA / dm^2 • pH : 3~7
혼합산	• HNO_3 : 10~15% • 온도 : 50~60℃	• HF : 1~5%
질산	• HNO_3 : 5~10%	• 온도 : 상온

3 광휘 풀림 열처리

1) 광휘 풀림 열처리로

스테인리스강의 특유한 금속 광택면을 얻기 위하여 2차 가공 후에 필요에 따라서 버프(Buff) 연마 또는 전해 연마를 실시하지만, 이러한 공정을 생략 또는 감소시킬 목적으로 불활성 분위기 중에서 풀림 열처리를 실시하여 냉간 압연 후의 광택을 그대로 제품화할 수 있는 광휘 풀림 열처리로(BA로)를 사용한다.

스테인리스강용 BA로는 형식에 따라서 가로형과 수형로로 구분되며 또한 가열 방식에 따라서 직접 가열 방식과 간접 가열 방식으로 구분된다. 광폭용 대형로에서는 수형 직접 가열 방식이 일반적으로 사용된다. <그림 4－16>에 BA로를 나타내었다.

2) 설비와 작업

BA 라인에서는 스테인리스강판이 BA로에 들어가기 전에 유기 용제 탈지 및 알칼리 탈지 세정을 실시한다. BA로는 분위기 가스로서 암모니아 분해 가스(AX가스 : 수소 75%＋질소 25%)를 많이 사용하고 있으며 가열원으로는 전열선(순 몰리브덴 막대)이나 라이안트 튜브를 사용한다.

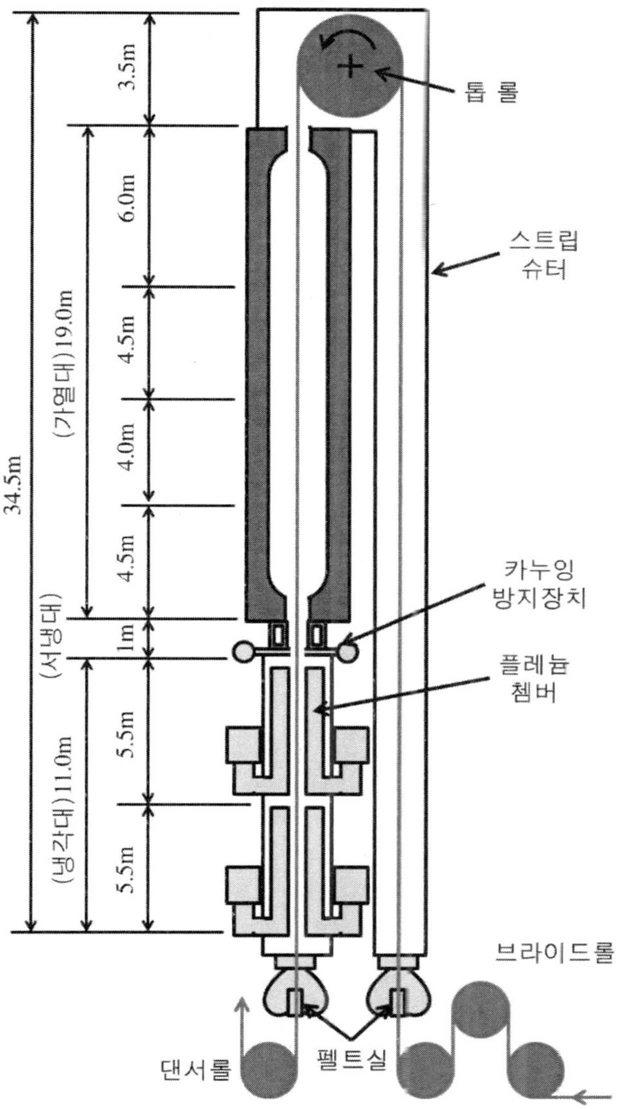

그림 4-16 ❙ 광휘 풀림 열처리로의 구조

<그림 4－16>에서와 같이 광휘 열처리로는 스트립 슈터(Strip Shooter), 톱 롤, 가열대, 카누잉(Kanoeing) 방지 장치 및 급냉대로 구성되며 출입구는 펠트로서 실링을 하여 노내 압력을 유지하는 동시에 외부로부터 공기의 침입을 방지한다.

AX 가스는 매우 폭발성이 강한 기체이며 실제 조업에서는 노내 압력을 상시 30～100 mmH_2O로 유지하도록 제어되고 있으며 노내 압력이 저하한 때에는 자동적으로 질소가스로 교체되어 공기의 침입을 방지하는 구조로 되어 있다.

작업 중의 강판은 노 안에서의 가열 냉각으로 변형이 생기기 쉽다. 노벽이나 냉각대 측벽과의 접촉에 의한 긁힘 상처를 방지하기 위하여 카누잉을 방지하는 장치가 설치되어 있다. 급냉 지역에서는 쿨러로서 냉각된 분위기 가스를 순환시켜 분무하면서 출구 온도 60℃이하까지 급냉한다. 또한 냉각 변형을 적게 하기 위하여 폭 방향으로 풍량－풍압의 조정도 가능한 설비로 되어 있다.

3) 분위기 가스

스테인리스강에서 산화 피막은 산화 크롬이 풍부하여 막의 두께가 250Å이상이 되면 표면이 황금색으로 변색된다. 이러한 피막을 일반적으로 템퍼 칼라(Temper Color)라고 한다.

<그림 4－17>에 각종 금속의 산화－환원 평형의 차이점을 나타내었다. 산화를 방지하려면 저온측일수록 저노점이 필요하나 실제의 조업에서는 노점을 하강하는 데에도 한계가 있으며, 또한 반응 속도는 저온측일수록 느려지므로 템퍼 칼라를 방지하려면 가급적 급속 가열 및 급속 냉각을 해야 한다. 실제의 조업에서는 －40℃이하의 노점에서의 작업이 바람직하다. 또한 노에 공급되는 암모니아 분해 가스는 드라이어를 통과한 상태에서 미분해 암모니아 10ppm 이하, 노점 －60℃ 이하이다. 원료 암모니아 중의 수분과 노점과의 관계를 <표 4－5>에 나타내었다.

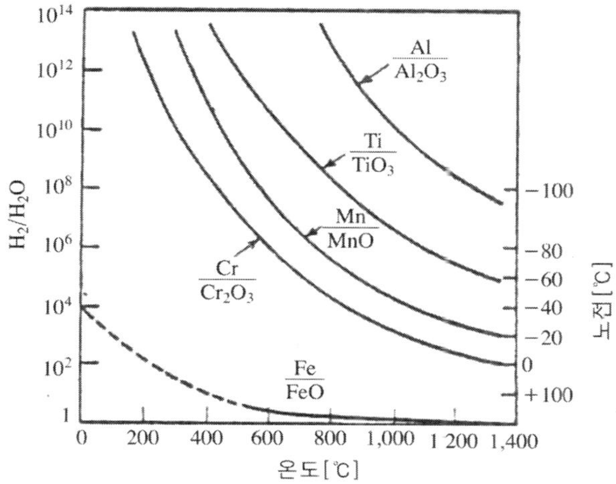

그림 4-17 ▌ 금속의 산화-환원의 평형과 노점

표 4-5 ▌ 암모니아 중의 수분과 결로점과의 관계

암모니아 중의 수분량(g · H_2O/kg_f · NH_3)	건조되어 있지 않은 분해 가스의 결로점(℃)
1	−28
0.5	−34
0.1	−50

제5절 | 스테인리스 강판의 표면 마무리

스테인리스강 냉연 강판의 표면 마무리의 종류와 특징을 <표 4-6> ~ <표 4-11>까지 나타내었다.

표 4-6 | 표면을 기조로 한 마무리법

명칭	제조법의 개요	특징	용도
No. 1	열간 압연 후, 열처리·산세척 또는 이것에 준하는 마무리법을 실시한다.(SUS 430에는 이러한 마무리법은 사용하지 않는다.)	광택이 없는 은백색, 표면은 나뭇결보다 약간 거칠다.	설비 재료 강도 부품용 재료
No. 2D	냉간 압연 후, 열처리·산세척 또는 이것에 준하는 마무리법을 실시한다.	SUS 304는 둔한 광택의 표면 SUS 430은 어느 정도의 광택이 있는 표면	일반용 재료
No. 2B	No.2D 제품에 준하는 적당한 광택을 주는 정도의 가벼운 냉간 압연을 실시한다.	No.2D보다 광택이 양호한 표면	일반용 재료(범용) 교축용 재료
BA	냉간 압연 후 광휘 열처리를 한다.	냉간 압연에서 얻을 수 있는 표면에 가까운 거울면 모양의 광택 표면	자동차 부품 장식용

표 4-7 | 기계 가공적인 다듬질법

명칭	제조법의 개요	특징	용도
엠보스 (Emboss)	에칭 또는 기계적으로 모양을 조각한 엠보스 롤로써 압연한다.	요철 모양의 프린트 강도가 판 두께와 비교하여 높다.	장식용품, 건축 재료, 주방용 재료
쇼트 브라스트	강의 세립, 컷 와이어 쇼트, 그릿, 규석 분말 등을 판 표면에 분무한다.	무광택 요철 표면 마무리	장식용품, 건축 재료, 주방용 재료
액체 호닝	쇼트를 물에 혼합하여 고압으로 판 표면에 분무한다.	광택 소거 표면	장식용품, 건축 재료, 주방용 재료

※ 쇼트 브라스트 또는 액체 호닝 이전에 미리 적당한 마스킹(Masking) 재료(두꺼운 종이, 플라스틱 필름 등)로 모양 마크를 걸어두면 소재의 마무리 표면과의 콘트라스트가 되어 유니크한 제품이 된다.

표 4-8 ❙ 기계 연마 다듬질법

명칭	제조법의 개요	특징	용도
No.3	No.2D 또는 No.2B 재료를 100~120번의 연마재료로 연마하여 마무리를 한다.	광택이 있는 거친 정도의 마무리	주방용품, 식품 관계, 건축 자재, 낙농용 등
No.4	No.2D 또는 No.2 재료를 150~180번의 연마재료로 연마하여 마무리한다.	광택이 있는 세밀한 정도의 마무리	주방용품, 식품 관계, 건축 자재, 낙농용 등
HL	적당한 거칠기의 연마재료로 연속되는 연마 눈금이 보이는 모양으로 연마하여 마무리한다.	연속되는 눈금이 있는 연마 마무리	빌딩용 건축 자재(패널, 새시, 모직물 등)
No.6	No.4 다듬질의 판을 연마 재료와 오일의 매질 안에서 탐피코 블랙(Tampico Black)으로 마무리한다.	반사가 적은 세틴(Satin) 마무리	미술용, 건축 자재, 작식용
No.7	회전 버프로써 연마한다.	반사율이 큰 마무리(연마 자국이 있음)	작식용, 반사경, 프레스판, 소형 거울
No.8	거울면용 버프에 의해 연마한다.	반사율이 큰 거울면 마무리(연마 자국이 있음)	작식용, 반사경, 프레스판, 소형 거울

표 4-9 | 화학 처리에 의한 표면 마무리법

명칭	제조법의 개요	특징	용도
전해 연마	과염소-에틸 알콜(빙초산)계 또는 인산-황산계 액 중에서 연마 물체를 양극으로 하여 전해한다.	특유한 광택 표면 (연마 응력이 남지 않고 복잡한 형태의 것을 연마할 수 있다.)	화장 파이프, 장식용품, 각종 부품 종류 등
화학 연마	축합 인산-알콜계, 축합 인산-황산계, 축합 인산-황산-질산 망간계 액 안에 침지한다.	중간 정도의 광택 표면	일용품, 식기 종류 등
확산 도금	알루미 분말-알루미나-염화 암몬계를 수소 기체 중에서 800~1,000℃로 가열(칼로라이징)한 안으로, 또는 크롬 분말-산화 크롬-염화 암몬계를 수소 기체 중에서 1,000℃로 가열(크로마이징)한 안에 매립한다.	확산 금속에 가까운 색조가 된다.(내연마성, 내부식성의 향상)	내산화성, 내마모성이 요구되는 부품 종류
화학 도금	도금 탱크 안에 침지하는 것만으로 좋으나 활성화 처리가 필요하다.(사전에 Ni 도금을 실시한 것은 그렇게 할 필요가 없다.)	도금한 금속의 색을 나타낸다.	장식용, 납땜 성질 라이닝성의 개량
전기 도금	도금 탱크 안에서 제1단계로 양극 다음에 음극 전해를 한다.	도금한 금속의 색을 나타낸다.	장식용, 납땜 성질 라이닝성의 개량

표 4-10 ▎스테인리스강 착색법

명칭	제조법의 개요	특징	용도
용융염법	중 크롬산 나트륨 용융염 탱크에 침지한다.	밀착성이 양호한 흑색을 얻는다.	광학 부품, 미술품
인코 컬러법	황산-무수크롬산-수계 85~90℃의 용액에 침지 착색후에 황화막 처리를 실시한다.	색조의 선택성이 크다. 밀착성, 내마모성이 양호함	주방용품, 건축자재, 미술품
도장법	롤 코터(Roll Cotter) 또는 플루 코터(Flow Cotter)로서 합성 수지막 도료를 소결하여 도장한다.(앞 처리에 주의한다.)	색조의 선택성이 크다. 제조 단가가 저렴하다.	주방용품, 건축자재

※ 이외에 황화법, 산성 용액, 알칼리 용액 중에 침지하는 흑색 산화법, 전해(피착색재를 양극으로 함) 하는 방법, 청색 착색법, 특수 분위기 중에서 가열 산화하는 방법이 있다.

표 4-11 ▎스테인리스강의 특수 표면 가공법

명칭	제조법의 개요	특징	용도
에칭	내산 도료로 무늬를 마스킹하며 비마스킹부를 염화제2철 용액으로 에칭한다. 그후에 마스킹 부분을 알칼리 용융한다.	무늬를 자유롭게 선택할 수 있다. 견고성이 높다.	미술품, 건축 재료, 주방 용품
법랑	스테인리스강의 표면을 활성화하고 유약을 도포하여 800℃에서 소결한다.	경질 고광택, 나 열성이 크다.	주방 용품, 미술품

MEMO

노력하는 당신은 언제나 아름답습니다.

구민사는 노력하는 당신의 성공을 위해 더욱 노력하겠습니다.

Part 05

품질 관리

품질 관리

제1절 | 열연 공정

1 열연 공정별 품질 관련 특성

열연 공정에서의 품질 보증을 위한 야금학적인 기초 이론 및 기술의 적용 이외에도 열간 압연 공정에서는 용도별로 적정한 조직의 변태를 유도하여 요구하는 강도를 보증 및 가공성 등을 확보하는 것이 중요하다. 먼저 열연 공정별로 특성을 살펴보면 다음과 같다.

1) 가열로

연속 주조 및 분괴 압연으로 만들어진 슬래브를 열간 압연하기 위해 우선 가열로에서 적정 온도로 가열이 필요하다. 가열 온도 설정은 최종 사용 용도에 따라 적정 조직 및 석출물 제어에 필요한 온도를 설정해야 한다. 가열 온도가 너무 높게 되면 결정이 성장하여 재결정, 미세결정 압연 및 $\gamma \rightarrow \alpha$ 변태 과정에서도 결정 미세화가 어렵게 되어 조대한 입자가 베이나이트로 변태하기 쉽다.

조압연역 즉 재결정 압연역에서는 초기 입자 직경이 클 경우 재결정 임계 변형량도 비례해서 커지며 사상 압연역에서의 불균일 변형 밴드(Deformation Band)가 형성되어 조대하고 미세한 혼합 페라이트로 변태하기 때문에 고강도 유지가 필요한 강종은 Nb, V 등의 합금 원소를 첨가하여 고용 가능한 용도로 가열하여 초기 입경을 작게 해야 한다.

2) 조압연

조압연역은 오스테나이트의 재결정이 일어나는 온도 구역으로 수초후에 신속하게 결정 성장을 하게 된다.

따라서 결정 성장을 억제하기 위해서 강압하를 하여 결정 입계의 이동을 방해하여야 한다.

3) 사상압연

이 영역은 열간 압연 중 마지막 단계의 압연 과정으로 재결정이 거의 일어나지 않기 때문에 오스테나이트의 연신 및 오스테나이트 입내에는 변형대가 형성되어 페라이트 핵생성 소스를 증가시켜 $\gamma \rightarrow \alpha$ 변태시 페라이트를 세립화시키기 때문에 항복 강도와 충격 인성을 향상시킨다. 따라서 Nb, V 등의 합금 원소를 첨가할 경우 Nb, V 탄화물·질화물이 입계 및 입내에 미세하게 석출되어 페라이트 세립화 효과는 더욱 크다.

4) 냉각

사상 압연이 완료된 스트립이 냉각되기 전까지 물로 냉각되게 된다. 이 과정은 강도에 미치는 영향이 대단히 크며 최종 제품에 따라 적정한 조직 변태를 유도하기 위한 냉각 패턴을 적용하여야 하는데 이는 설비적인 여건, 스트립의 성분 조건 등을 면밀히 검토 적용되어야 한다.

5) 권취(Coiling)

사상 압연이 완료된 스트립을 운반하기에 용이하드록 코일링하는 단계로 코일링 된 스트립은 부위별 냉각 속도 차이로 인한 조직 변태가 상이하여 재질 편차 발생을 초래하고 있다. 따라서 균일한 냉각 속도를 유지하기 위해 냉각 속도가 빠른 압연 Top, Tail 부의 코일링 온도를 적정하게 보상하여야 한다. 이것은 스트립의 강도 조건 및 사이즈 등에 따라 구분하여 적용하여야 한다.

2 열연에서의 두께, 폭 제어와 크라운

1) 두께 제어

표 5-1 | 두께 제어 요인

두께 변동 요인	두께 정도의 향상 방법
• 압연기의 초기 설비 • 재질의 변동 • 압연 온도의 변동 • 압연 속도의 변동 • 스탠드간 장력의 변동	• 열적 런다운에 대해 가속 압연의 채용 • 장력 변동에 대해서 루퍼의 일정 장력 시스템의 채용 • 전체 판두께 변동 요인에 대해서는 자동 판두께 제어장치(AGC)의 채용

2) 판폭 제어

표 5-2 | 판폭 제어

폭 변동 요인	폭 정도의 향상 방법
• 슬래브 폭의 변동 • 조압연에서의 에지 세트 등에 의한 조사상 Bar 폭의 변동 • 사상 압연에서 장력의 변동 • 스키드 마크 등의 편열	• VAR이나 에저의 압하량을 크게하고 판폭 목표치에 대한 오차를 작게 한다. • 사상 압연기의 스탠드간 장력을 일정하게 유지한다. 루퍼의 높이와 토크 및 밀 모터의 속도 제어에 의한 스탠드간 장력을 일정하게 유지하게 하는 장치인 루퍼 제어 시스템의 채용 • 코일의 전후 끝에서는 장력이 걸리지 않기 때문에 에저 세트를 조사상 Bar의 전후단만 변동시킨다. • 코일 Top부에 대해서는 압하 및 속도의 초기 설정을 정확하게 한다.

3) 크라운(Crown)

압연 제품은 통상 폭방향으로 적은 양이지만 두께의 변동이 있다. 이런 상태를 크라운(Crown)이 있다고 한다. 폭방향 중앙부와 양끝과의 두께 차이를 크라운량이라고 한다. <그림 5-1>에 코일의 단면 형상을 나타내었다.

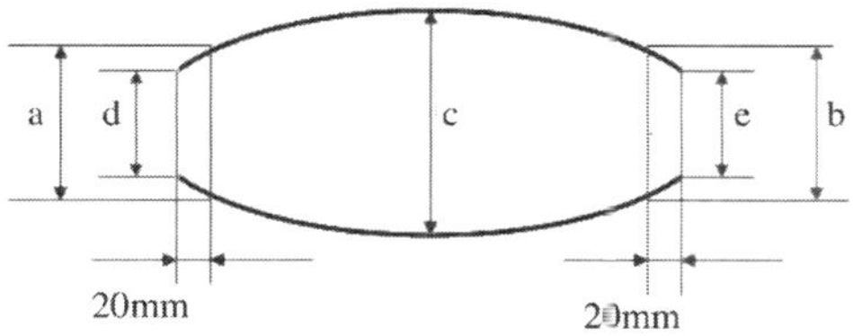

그림 5-1 | 폭 방향의 두께 변동

$$Crown = C - \left[\frac{(a+b)}{2}\right]$$

열연 제품으로서는 전부 크라운이 없는 상태가 가장 이상적이다. 하지만 냉연 제품에서는 크라운이 심하므로 통상 0.04~0.09mm 정도로 조정을 해야 한다.

<표 5-3>에 크라운의 여러 가지 종류를 나타내었으며, <그림 5-2>에 패스 스케줄 내에서의 크라운의 변화를 나타내었다.

표 5-3 | 크라운의 종류와 특징

명 칭	단면 형상(Profile)	발생원인
1. Body Crown (양 Edge를 제외한 부분)	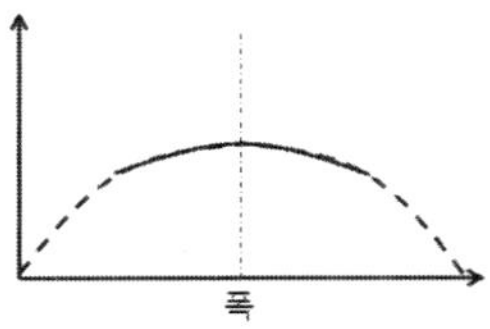	• Roll 휨 • 재료 폭, 압연반력에 의해 변동)
2. Edge Drop (양 Edgeqn 두께가 급격히 변동하는 부분)	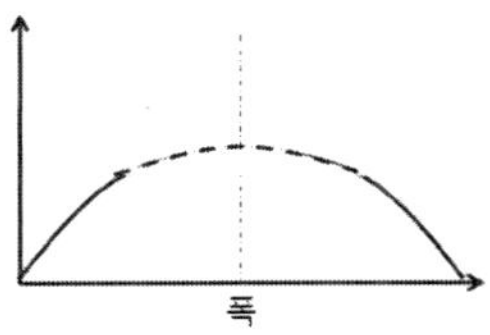	• Roll의 편평 • Roll 경, 압연반력 등에 의해 변동)
3. Wedge	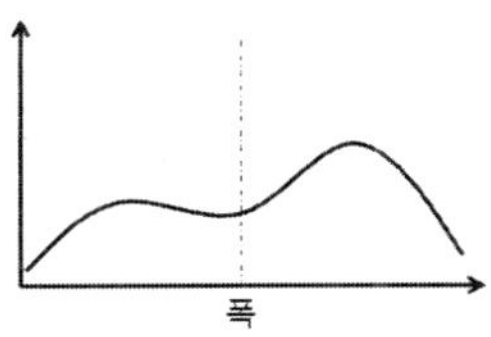	• Roll 평행도 불량 • Slab의 편열 • 통판중 판이 한쪽으로 치우침
4. High Spot	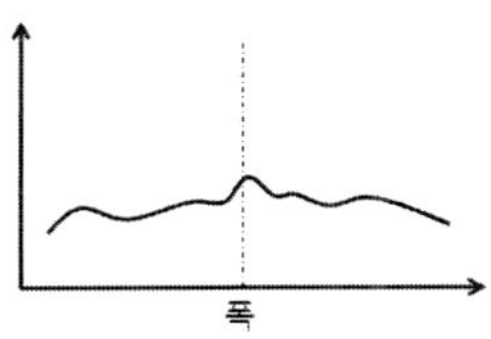	• Roll의 이상 마모 • 국부적인 Roll의 열팽창

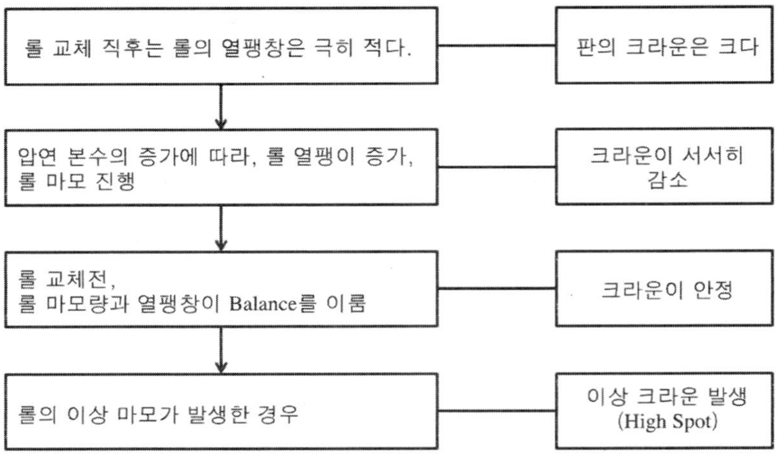

그림 5-2 ▌ **스케줄 내에서의 크라운의 변화**

3 열연에서의 표면 결함

표 5-4 | 열연에서의 결함 발생

결함명	상태	발생원인 및 기타
Loose	• 코일의 감긴 형상이 Loose한 것	• 코일과 사상 압연의 동기 불량 • 스트립 Top부의 권취 불량
Telescope	• 권취한 코일의 에지가 가지런하지 못하고 튀어나온 것	• 코일과 사상 압연의 동기 불량 • 멘드렐 등의 코일 설비의 보수 불량
Build Up	• 코일 종방향으로 연속하여 발생 • 코일이 감긴 상태에서 일부 부풀어 올라 보인다.	• 스트립 프로파일에 피크(Peak)가 있는 경우에 발생 • 압연 중 스트립 또는 롤의 냉각이 고르지 못한 경우 발생
양파	• 스트립의 에지가 센터보다 늘어나 파를 치는 것	• 롤 크라운의 부적정 • 압하 설정의 부적정 • 레벨링 불량
중파	• 양파와 반대 현상으로 스트립의 센터가 에지보다 늘어나 울퉁불퉁한 것	• 롤 크라운 부적정 • 압하 설정 부적정
캠버 (Camber)	• 판이 길이 방향으로 굽어져 있는 것	• 슬래브의 편열 • 압연에서 레벨링 불량
귀접힘	• 트리머에서 에지가 벗어나서 귀퉁이를 정돈할 수 없는 것	• 압연 폭의 부족 • Camber
릴 마크 (Reel Mark)	• 코일 Top부에 1권~수권에 발생하는 멘드렐 시그먼트 형의 큰 흠	• 권취시 선단부가 2권째 이하에서 프린트되는 것 • 멘드렐 시그먼트 형이 프린트 된 것
스케일	• 산형으로 박리성 모양이 있다. • 선단만 박리하고 비늘 모양으로 되어 있다. • 판의 표면, 이면 모두 있다.	• 가열로 로상과의 접촉 • 주형 크랙, 주형 주입시 스플래시 • 슬래브 스카핑 불량
곱쇠	• 판의 폭방향에 불규칙적으로 발생하는 주름 및 접힘 • 저탄소강 및 코일 내권에 발생하기 쉽다. • 정도가 가벼운 것은 주름상을 나타낸다.	• 리코일링 시 장력 및 압하 롤의 누르는 힘이 적정하지 않았을 때 • 소재의 항복점이 늘어남 • 코일 형상 불량 • 고온에서 리코일링 시
롤 마크 (Roll Mark)	• 판의 표면, 이면에 일정한 피치를 갖는 부정형의 흠으로 요철이 있고 수는 일정하지 않다.	• 압연 및 처리 라인의 각종 롤에 이물이 부착하고 있는 것 • 압연 및 처리 라인에 각종 흠이 붙어 있어서 이것이 판에 프린트된 것

제2절 | 냉연 공정

1 냉연 공정별 품질 관련 특성

1) 산세 라인(PL)

열간 압연시 생성된 핫 코일(Hot Coil)의 표면 철산화물(Scale)을 염산 또는 황산 용액으로 제거하여 양호한 재품 및 냉간 압연용 소재를 제조하는 공정으로써 산세 라인은 다음과 같은 역할을 한다.

① 균일하고 미려한 은백색의 표면 사상
② 표면의 고청정성
③ 수소 가스의 표면 침투에 의한 표면 경화 현상의 발생 억제

산세는 황산보다는 염산이 우수한 표면 특성을 지니고 있어 대부분 사용하고 있다.

2) 냉간 압연(PCM)

일반적인 냉간 압연 설비는 4중 5단식의 텐덤식 연속 압연기를 사용하며, 이 방식은 역전식 냉간 압연기에 비해 비교적 얇고, 양호한 품질의 강판을 대량으로 생산할 수 있어 최근에 많이 사용되고 있다.

이 설비는 냉간 압하율이 70~80%정도 이므로 풀림 후 가공성이 우수한 재질을 확보할 수 있다. 두께 조절을 위해 X선 두께 측정기인 AGC를 설치하여 연속적으로 두께를 측정하여 자동 제어를 함으로써 두께 정도가 극히 우수한 강판을 제조할 수 있다.

3) 전해 청정(ECL)

냉간 압연후의 강판은 표면에 압연유나 오물이 부착되어 있어 그대로 풀림하면 제품의 외관을 해치므로 알칼리 용액으로 전해 탈지하여 표면을 청정하게 하는 공정이다.

4) 풀림(BAF, CAL)

풀림 공정은 냉간 압연 강판의 재질은 대단히 경하여 가공성이 결핍되어 있기 때문에 적정한 열처리를 실시하여 기계적 성질을 개선, 가공성을 부여하는 공정이다. 풀림 방식은 상형 풀림식(Batch Annealing Furnace)과 연속 풀림식(Continuous Annealing Line)의 2종류로 분류할 수 있는데 전자는 열처리 조건의 조절에 의한 재질의 다양성을 얻을 수 있는 반면에, 후자는 열처리시 판의 균등한 온도 분포에 의한 재질의 균일성을 얻을 수 있는 특징을 지니고 있다.

표 5-5 ❙ 냉연 풀림에서의 결함

결함명	상태	발생원인 및 기타
꼬임흠	• 박물의 스트립 표면에 띠를 두른듯한 흰색 모양을 나타내고 사상 압연기 및 스킨 패스 밀(Skin Pass Mill)의 작업롤의 원주방향으로 피치를 갖는다.	• 재료가 사상 압연기 후단 및 스킨 패스 밀에서 꼬임 • 롤 표면에 겹친 부분의 모양을 프린트한 것
이물흠	• 판의 표면에 불규칙 부정형으로 발생하는 오목흠 • 귀터진 코일	• 귀터진 코일의 부스러기 등의 이물이 압연 중에 판의 위에 올려져서 눌러진(압연된) 것
이중흠	• 판이 2배로 되어 있는 것으로 압연 방향으로 길게 뻗쳐있는 것	• 강괴에 내재하는 파이프, 블루홀, 편석에 부착되어 잔류하고 있는 것 또는 분괴 압연의 겹친 흠이 원인
선상흠	• 판의 표면이 압연 방향에 선상으로 긁힌 흠 및 찰과상으로, 발생위치는 불규칙하고 길이는 50~1000mm로 아주 얇고 흑색 또는 회색이다.	• 강괴의 스킨 홀의 노출된 것 • 강괴 표면에 대형 개재물 부착 • 알루미나에 의한 슬리버(Sliver)
귀불량	• 에지부가 압연 방향으로 겹쳐 있음 • 코일의 에지부가 톱날처럼 찢어져 있는 것 • 에지부가 깎여 떨어진 흠	• FM 및 기타 가이드 가이드에 강하게 접촉하여 에지가 접혀 구부러진 상태로 압연될 때 • 핸들링시 텔레스코프가 겹쳐 들어간 것 • 슬래브 측면 손질 불량 및 과열에 의한 것
연와흠	• 선상, 대상, 방추상 등 형상은 일정하지 않고, 색은 연회색, 회색, 흑색 등을 나타내고 있고, 발생할 때는 집중 발생하고 위치는 일정하지 않다.	• 제강 노벽, 내화 연와가 녹아듬 • 가열로 연와 부착

모래형 스케일	• 비교적 둥근 모양의 가느다란 스케일이 모래를 뿌린 모양으로 발생하고 흑갈색을 띤다. 1) 흠의 길이는 비교적 얕다. 2) 흠의 정도는 바의 압연 온도가 높은 것일수록 심하다. 3) 판의 전폭에 겹쳐 발생하는 것이 많지만 띠모양으로 발생하는 것이 있다. 4) 탄소 함유량이 많은 것일수록 발생하기 쉽고 정도도 심한 것이 많다.	• 고온재가 재껍질과 같이 표면 거침이 심한 롤에서 압연된 것과 사상 스탠드 간에서 생성한 밀스케일이 치입되어 모래형 스케일로 된다. • F1－F2 작업롤이 표면 거침이 심한 경우 발생하고, 주철계 롤에서 심하게 발생한다. • 후단 스탠드의 그레인계 롤의 표면 거침에 의한다.
유성 스케일	• 유성형으로 심하게 치입된 스케일	• 사상 작업롤(Adamite계 롤)의 스케일, 흑피 피막의 박리 혹은 흘 등 잦은 유성상의 표면 거침을 일으킨 경우 발생한다.
방추 스케일	• 방추상으로 길게 치입된 스케일 1) 유성상 스케일보다 폭이 넓고 길이도 비교적 길고 더욱 깊다. 2) 위치는 일정하지 않고 산재하는 경우가 많다.	
선상 스케일	• 선상으로 길게 늘어난 스케일 1) 압연 위치, 폭에 관계없이 전면에 발생한다. 2) 가열로 재로시간이 긴 경우가 많다.	• 강괴의 스킨 홀, 판사기포의 노출 및 산화에 의한다. • 가열로 내에서 슬래브의 조직 경계에서의 S, Cu 등의 석출에 의한 열간 산화

5) 조질 압연(SPM, TPM)

풀림한대로의 강판은 항복점 연신을 가지고 있어 가공시 스트레쳐 스트레인(Stretcher Strain)이라고 하는 주름이 표면에 발생하여 가공품의 외관을 해치므로 이의 방지책으로 가벼운 냉간 압연(0~3%)을 행하는 공정으로써 스트레쳐 스트레인의 방지는 물론 형상 교정, 조도 부여, 표면 광택 부여 등 다양한 기능을 가지고 있다.

2 냉연 소재의 품질 특성

냉연 강판은 그 용도를 구분하여 보면 일반용, DQ용, DDQ용, 도금용 특수강으로 나눠지며 비교적 소품종, 다 Lot의 생산 방식이다. 그러나 냉연용 소재는 대개의 경우 제품의 규격, 치수, 납기 등과 관계가 있어 제강시에 소재의 설계가 완료되어 있는 것이 보통이다.

냉연 강판의 특징은 다음과 같다.

① 표면이 미려하다.
② 가공성이 우수하다.
③ 두께의 정도가 높다.
④ 평탄도가 양호하다.

이러한 품질 수준을 맞추기 위해서 냉연용 소재는 냉연 각 제조 공정별로 화학 성분의 관리, 표면 품질 관리, 내부 품질 관리, 치수 정드의 관리, 열연 조건의 관리 등을 앞 공정의 생산성을 고려하여 설정되고 있다.

1) 표면 품질

냉연 소재의 표면 성상에 영향을 미치는 요인은 조괴시, 가열로의 핸들링, 열간 압연시가 주종이다. 조괴시에는 주형 내면의 관리, 레이들 성분의 관리, 주입 온도, 주입 속도, 탈산 들이 관리되어야 한다.

열간 압연시는 가열 온도, 압연 작업, 가이드 및 노즐 등의 설비가 충분히 관리되어야 한다. 냉연 강판용 소재의 표면 검사는 일반적으로 산세 출측에서 실시되고 있다.

이러한 검사는 통산 산세 라인 중에서 산세나 트리밍 등의 작업과 동시에 실시되기 때문에 강판 표면의 편면 검사로 되지만 특히 강판 표면의 성상을 엄격하게 요구되는 것에 관해서는 양면 검사를 실시하기도 한다.

특히 최근에는 생산성 향상, 성력 및 자동화를 위해 표면흠 자동검사 장치가 개발되고 있다. 표면 결함은 다음과 같은 특징이 있다.

표 5-6 | 냉연 제품의 표면 결함

명칭	형태 및 특징
코일 브레이커 (Coil Break)	• 저탄소강 코일 권취시 권치 작업 불량으로 코일의 폭방향으로 불규칙하게 발생하는 꺽임 또는 줄흠 • 스트레쳐 스트레인의 일종으로 실제 해로움은 없으나 조압으로 방지 효과 있다.
릴 마크 (Reel Mark)	• 권취 릴에 의해 발생하는 요철상의 흠
롤 마크 (Roll Mark)	• 각종 롤의 표면흠 혹은 이물이 부착하여 그것이 판 표면이나 이면에 프린트된 흠
스크래치 (Scratch)	• 판과 여러 설비의 접촉 불량에 의해 발생하는 긁힌 모양의 패인 흠 • 표면 품질 및 가공시 문제가 될 가능성이 있으므로 제거가 필요한다.
덴트(Dent)	• 롤과 스트립 사이에 이물이 개재되어 스트립 전면 또는 후면에 광택을 가진 요철흠이 발생되는 것으로 완제품에 치명적인 손상을 가져온다. • 주로 스케일 성의 금속 개재물이 원인이 된다.

2) 내부 품질

소재의 내부 품질은 기본적으로 제강이나 조괴법, 연속 주조법에 따라서 크게 영향을 받는다. 냉연 강판에서 발생하는 내부 결함의 대부분은 비금속 개재물 또는 편석에 기인한다. 일반적으로 내부 품질이 불안정한 부분은 강괴에서는 Top 부와 Bottom 부, 연속 주조 슬래브에서는 주조의 초편과 말편, 연연주시의 연결부에 집중되고 있다. 실제의 제품에서는 이런 개재물이 가공시에 크랙의 원인이 되는 경우가 있어 이 경우에 한해 내부 결함으로 된다.

이외에 이중판이나 파이프라 불리는 미압착부, 제강시의 내화물의 혼입에 의한 내부 결함이 있다.

내부 결함의 검사로서 비금속 개재물에 관해서는 초음파 탐상법이 사용되고, 일반적으로 산세 출측에 설치되어 연속 측정하고 있는 것도 있다. 또 미압착부에 관해서는 분괴시 혹은 주조 후의 절단면 및 산세에서의 코일 용접시의 Top 부, End 부의 검사가 있다.

3) 두께 치수

냉연 제품의 치수는 주로 두께와 폭에 대해서 관리하며 두께는 주로 열연 코일의 두께 영향을 많이 받으며 폭은 사이드 트리밍(Side Trimming)으로 조정되지만 사이드 트리밍 양이 많으면 그 만큼 실수율이 하락되므로 적정 폭관리 또한 중요하다.

가) 길이 방향의 두께 변동

열연 코일의 길이 방향, 판두께 변동 가운데 가장 큰 요인은 재료의 온도 변동에 의해 생기는 변형 저항의 변동으로 이것에는 스키드 마크(Skid Mark)와 열적 런 다운(Thermal Run Down)이 있다.

그 외 판두께 변동 요인으로서 롤의 편심, 롤의 열팽창 및 마모, 스탠드간의 장력 변동, 베어링 유막 두께의 변동 등이 있다. 스키드 마크는 가열로 중에서 냉각 스키드에 접한 부분이 다른 부분에 비해 온도가 낮아지기 때문에 발생한다.

다음에 압연재는 미단부로 갈수록 사상 압연기에 치입될 때까지의 시간이 길고 그만큼 온도가 저하한다. 이것을 열적 런 다운이라고 한다.

<그림 5－3>에 재료 온도의 변동과 판두께 변동의 관계를 모형적으로 나타내었다.

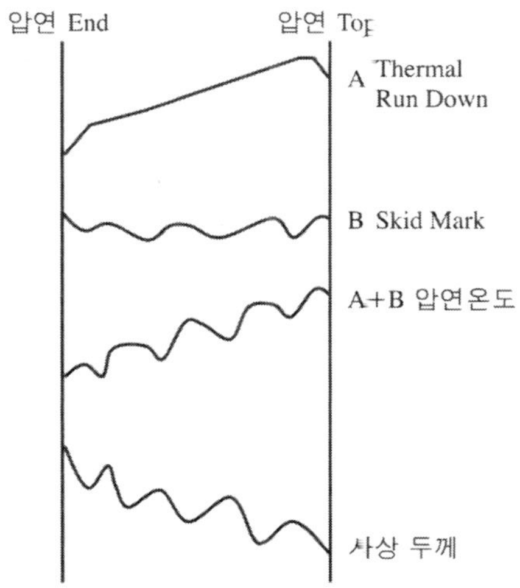

그림 5－3 **코일 길이 방향의 온도 변동 요인과 두께 변동**

그러나 현재 사상 압연기에는 자동 판두께 제어 장치(AGC)가 설치되어 있으며, 스키드 마크나 열적 런 다운에 의한 판두께 변동은 사실상 문제가 되지 않는다.
길이 방향의 판두께 관리는 통상 X-선 두께 측정 장치를 이용하여 사상 압연기 출측에서 폭 방향 중앙부를 연속적으로 측정하는 것에 의해 실시하고 있다.

나) 폭 방향의 두께 변동

코일 폭 방향의 판두께 변동은 압연 하중에 의한 롤의 변형, 롤 편평, 재료의 폭 확장 등에 의한다. <그림 5-4>는 스트립의 단면 형상을 나타낸 것이다. 일반적으로 거의 좌우대칭으로 중앙부가 두껍고 에지 50mm에서 급격히 판두께는 얇아지고 있어 이것을 에지 드롭(Edge Drop)이라고 한다. 또 중앙부와 에지에서 20~25mm점의 판두께차를 크라운이라고 한다.

압연 조건이 달라짐에 따라 스트립의 형상은 각종 플랫(Flat), 하이 스폿(High Spot), 웨지(Wedge), 에지 드롭(Edge Drop) 등 다양한 프로파일로 나타난다. 또 일부분만이 다른 부분에 비하여 두꺼운 형상도 있으며 이것을 빌드업(Build-Up)이라고 한다.

이런 프로파일 가운데 하이 스폿, 웨지, 빌드업 같은 것들은 냉연 소재로서 부적당하다. 폭방향의 두께 변동은 변동치는 물론이고 크라운 형상이 중요한 관리 항목이라 할 수 있다. 초기 크라운 선정, 롤 냉각의 조정, 롤 밴딩의 이용, 압연 길이의 규제 등이 관리되어야 한다.

다) 두께 정도 관리

판두께 관리에 관해서는 코일의 길이 방향 및 폭 방향 전역에 대하여 실측 보증은 불가능하지만 실제로는 폭 방향의 두께 변동(크라운량)이 경험적으로 추정 가능하므로 폭 중앙부만 전장 연속 측정하는 것으로 문제를 해결할 수 있다. 냉연용 소재로서의 두께 정도에 관해서는 냉연에서의 판두께 제어 기구에서 본다면 길이 방향에 대해서 상대적으로 판두께편차가 작은 것이 요구된다.

또 거의 모든 냉연 제품 생산 고장에서는 산세에서 열연 코일의 접속으로 코일의 대형화가 이루어지고 있고, 냉간 압연시 용접부 전, 후에서의 판두께 변동을 줄이기 위해 소재의 Top, End부 판두께를 중요하게 관리하고 있다.

<표 5-7> 및 <그림 5-4>에 소재 두께 변동의 형상을 나타내었다.

표 5-7 ▌ 소재 두께 변동 허용량

코일 중간부의 편차	선단, 미단부의 편차	크라운	이상 돌기 허용량
60μ	75μ	65u	10μ

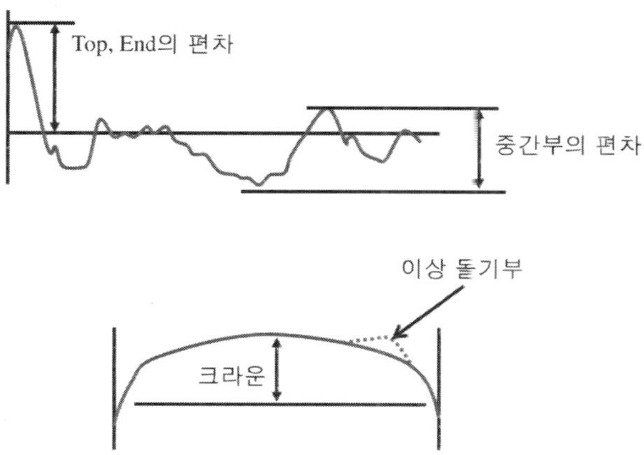

그림 5-4 ▌ 소재 두께 변동 형상

이상 돌기 허용량은 일반적으로는 10μ이지만 특히 형상 억격재인 경우는 5μ로 한정하고 있다.

4) 형상

가) 평탄도

냉연용 소재의 코일은 평탄한 것이 이상적이지만 열간 압연에서의 형상 및 냉각 과정, 핸들링(Handling), 산세 코일 권취 등의 과정에서 평탄도를 해칠 가능성을 가지고 있다. 열간 압연에서의 압연 재료의 형상은 재질 및 열간 압연 온도에 의한 재료의 변형 저항, 재료의 프로파일, 롤의 레벨링, 압연 하중에 의한 롤의 변형, 롤의 초기 크라운 및 열 크라운, 롤 마모 등에서 복합적으로 형성된 롤과 재료의 상대적인 관계에 의한다.

일반적으로 재료의 변형 저항 및 하중이 커질수록 이파의 경향이 나타난다. 현재 열간 압연에서의 스트립의 형상 검출기를 완전히 온라인화하여 사용하기도 한다.

대부분의 형상 조정은 다음과 같은 방법으로 실시하고 있다.

- 압하 배분의 조정
- 1싸이클에 압연하는 크기의 구성 순위의 표준화 및 롤 곡선의 결정
- 압연 길이의 조정 및 롤 냉각의 조정에 의한 열 크라운의 적정화
- 롤 밴딩의 조정

나) 직각도 불량(캠버)

캠버는 코일의 길이 방향에 이어서 중심선이 직선이 아니고 휘어져 있는 상태를 말한다. 열간 압연 동안 코일에서 다소의 캠버가 발생하지만 거의 실용상으로는 문제가 없다.

그러나 선단, 미단부에 나쁜 곳이 있으면 산세 라인을 기점으로 하는 냉연의 각 라인이 센터 이탈을 일으키고, 에지 불량이나 트리밍시의 톱귀 발생의 원인이 되기 쉽다.

캠버의 원인은 슬래브의 가로 방향 두께차, 가열로 내에서의 국부가열 및 냉각, 롤의 레벨링 불량을 없애고 적절한 압하량의 배분과 장력 조정에 의해 발생을 방지할 수 있다.

제3절 | 도금 공정

1 도금 공정별 품질관련 특성

1) 용융 아연 도금(CGL)

냉간 압연 강판의 녹 발생을 지연시켜 장기 내식성을 부여하기 위하여 아연 도금을 실시하는 공정으로써 아연 도금 설비는 무산화 예열식 연속 용융 아연 도금의 설비를 사용하면 가혹한 가공 조건에서도 아연이 박리하지 않는 매우 우수한 아연의 부착성을 나타낼 수 있다.

또한 도금중 합금화 설비를 추가로 설치하여 아연도 강판의 취약점인 도장성과 용접성을 개선시킨 합금화 아연도 강판을 제조하여 가전제품 및 자동차 강판용을 비롯하여 다양한 곳에 사용할 수 있으며, 아연 고유의 꽃무늬 모양의 번쩍거림(Spangle)을 억제시켜 도장 후 미려한 외관 특성을 지니도록 Mini-Spangle 제품도 생산할 수 있다.

2) 전기 아연 도금(EGL)

직류 전원을 이용하여 용액 중의 금속 이온을 석출시켜 도금하는 방식으로써, 최근 수요가 증가하고 있는 자동차용 표면처리 강판으로 주로 공급되고 있다.

도금 종류는 수요자의 요구 품질 특성에 따라 Pure Zinc, Fe－Zn 합금, Ni－Zn 합금, Pb－Sn 합금 등 다양하게 제조할 수 있으며, 용융 도금법으로는 제조가 어려운 박도금을 비롯하여 편면 도금, 편차 도금 등을 쉽게 제조할 수 있다.

냉연 강판을 소재로 사용함으로써 냉연 강판과 동등한 수준의 가공성을 지니고 있으므로 다양한 용도로 사용되고 있다.

2 용융 아연 도금 강판의 표면 외관 및 사상

번쩌거림의 유무에 따라 즉 꽃무늬 모양이 있는 아연도 강판을 Regular Spangle이라 하고, Spangle이 없는 아연도 강판은 Minimize Spangle, Zero Spangle 아연도 강판으로 구별되지만 KS 규격에서는 Zero Spangle에 대한 규정이 없다.

한편 도금 직후 라인 중에서 가열해서 철－아연 합금층을 발달시킨 Galvannealed

강판은 Spangle이 완전히 소멸되어 있지만 Zero Spangle 아연도 강판과는 완전히 체계가 다른 제품으로 각 회사별로 다르게 생산되고 있다.

3 아연 부착량 기준

KS에서 규정하고 있는 아연 부착량은 주로 건재에 사용되고 있는 제품을 대상으로 하고 있지만 옥내용, 기기 부품, 가전 부품에서는 KS보다 적은 아연 부착량으로 각 제조회사별 독자적인 규격으로 하고 있다. 한편 ASTM 등에서는 KS보다 많은 부착량으로 규정하고 있는 경우도 있다.

<표 5-8>은 용융 아연 도금 강판의 제품 체계를 나타낸 것이다.

표 5-8 | 용융 아연 도금 강판의 제품 체계

표면 외관 사상에 의한 분류	아연 부착량에 의한 분류	기계적 성질에 의한 분류	화학 처리에 의한 분류
Regular Spangle	$150g/m^2$	일반용	일반 크로메이트 처리
	183		
Minimize Spangle	244	굴곡가공용	내식 크로메이트 처리
	305		
Differential Coating	381	드로잉용	
철-아연 합금	100	구조용	인산염 처리
	183		
	244		

4 도금 부착성

모든 도금 강판에서는 원판에 대해 목적하는 도금 소재의 도금 부착성이 어떠한가가 상당히 중요하다. 이것은 바로 도금 강판의 품질 특성에 좌우할 수 있기 때문인 것이다. 이러한 도금 부착성에 영향을 주는 인자는 몇 가지가 있지만, 대체로 원판의 재질, 원판의 오염이 도금 부착성에 미치는 영향에서 중요하다 할 수 있다.

1) 원판 재질과 도금 부착성

강중 원소에 따라 강판 표면에 용융 아연이 융합하지 않는 피복 즉 소아연 피복(드문드문하게 아연 피복이 형성되는 것)이 형성되면 합금층 두께의 영향과는 별도로 도금 부착성이 떨어진다.

가) Al의 영향

강중의 Al이 증가하면 도금 부착성이 떨어진다. 이 경우의 아연 피복은 Al 혹은 Al_2O_3을 주체로 한 것이라 생각한다.

나) Si의 영향

강중의 Si이 증가하면 도금 부착성은 떨어진다. 이 경우의 소아연 피복은 Si 혹은 SiO_2를 주체로 한 것으로 생각된다.

다) 원판 결정 입도

결정 입경이 작은 만큼 즉 단위 표면적당 결정입계의 총길이가 긴만큼 도금 부착성이 나쁘다. 이것은 불순물 원소의 편석이 많고 그 즉에 소아연 피복이 형성되기 때문이다.

라) C의 영향

강중의 C량이 증가하면 도금 부착성이 떨어진다. 이 C량은 물론 시멘타이트(Fe_3C)를 형성하고 있는 C이고, C량의 증대는 시멘타이트의 증대를 의미하여 시멘타이트 자신이 소아연 피복에 상당한다.

2) 원판 오염과 도금 부착성

가) 로내의 평형 반응

무산화로의 목적은 1,000~1,300℃의 고온하에서 스트립 산화를 극력 억제하면서 청정하는 것이다.

로내 분위기 가스 중 주로 스트립 표면과의 반응에 관여하는 것은 CO_2, CO, H_2O, H_2로 그 반응은 다음과 같은 평형 반응식으로 표현할 수 있다.

$$Fe + H_2O = FeO + H_2 \quad ①$$
$$Fe + CO_2 = FeO + CO \quad ②$$
$$C + CO_2 = 2CO \quad ③$$
$$C + H_2O = CO + H_2 \quad ④$$

나) 노내 진행중 스트립의 표면 반응

스트립이 무산화로에 들어가고 노구부에서 600~700℃로 도달하여 환원로에 들어간다. 이 사이의 스트립 표면의 반응 현상을 모델적으로 표현하면 <그림 5-5>와 같이 된다.

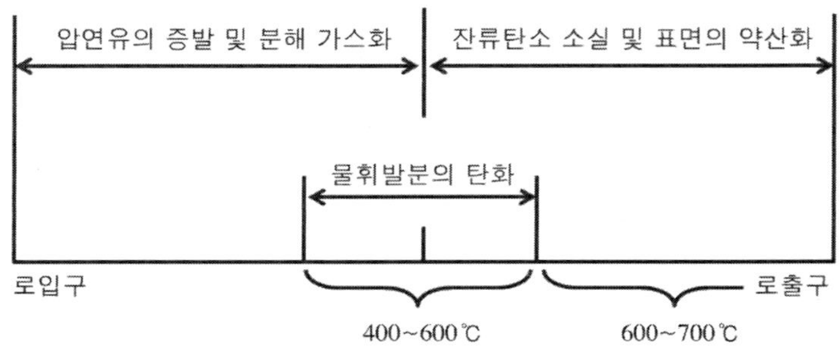

그림 5-5 ▎스트립 표면의 반응 현상

표면에 부착된 압연유는 판온도의 상승에 따라 저비점분은 증발하고 불휘발분은 분해함과 동시에 가스화한다.(판온도 400~500℃) 이러한 가연성 가스는스트립 표면에 얇은 층으로 되어 존재하고 그 외측에서 연소한다. 따라서 이 사이에는 약산화성 분위기하에 있어도 판온도도 비교적 낮은 것과 더불어 스트립 표면은 그렇게 산화되지 않는 것으로 여겨진다.

다시 한번 온도가 상승하면 압연유 중의 불휘발분의 연소 잔량이 탄화한다. 이 탄소는 로종단 부근의 고온부에서 앞에서 설명한 노내 평형 반응 식 중에서 ③, ④식에 따라 소실하지만 ③식에 따라 탄소 석출 영역이 통상의 조로 조건에 가깝게 까지 나오므로 분위기 및 판온도 관리에 주의를 요한다. 실제 작업에서는 압연유의 탄화 생성물은 스트립에 강하게 부착하여 있는 것으로 생각되므로 더욱 고온 영역 통과시간을 짧게하고 판온도를 높게 하는 것이 좋다.

압연유의 부착량은 $1.3g/m^2$ 이상이 되면 도금 부착성이 약화하므로 주의해야 한다.

제4절 | 도금 제품의 주요 결함과 발생 원인

표 5-8 | 용융 아연 도금 강판의 제품 체계

표면 외관 사상에 의한 분류	아연 부착량에 의한 분류	기계적 성질에 의한 분류	화학 처리에 의한 분류
Regular Spangle	150g/m^2	일반용	일반 크로메이트 처리
	183		
Minimize Spangle	244	굴곡가공용	내식 크로메이트 처리
	305		
Differential Coating	381	드로잉용	
철-아연 합금	100	구조용	인산염 처리
	183		
	244		

표 5-8 | 용융 아연 도금 강판의 제품 체계

결함명		발생상황	발생원인
도유 부족		판표면에 유막이 일정하지 못하게 도유된 상태	• 오일링 롤의 장기 사용으로 마모 상태가 불균일하여 판 표면과 접촉이 불량 • 오일 스프레이 노즐이 막혀 분사 상태가 불균일
도유 과다		도유량이 적정치 이상을 벗어난 상태	• 오일러 작동 불량 • 오일러 조작 실수
도금 자국		도금판에 생긴 주울이 나뭇잎, 뿌리 모양으로 두드러지게 나타나는 상태	• 포트(Pot)내에서의 판이 심하게 움직일 때 • 노내 장력 조정 불량 • 하부롤의 연삭불량
과도금	용융 도금	판귀 부분이 과도금되어 별, 운모, 뿌리 모양으로 두드러지게 나타나는 상태	• 포트내에서의 판이 심하게 움직일 때 • 에어 나이프(Air Knife) 압력 부적당 • 포트 온도가 낮음 • 저속 운전
	전기 도금	폭방향의 도금량 편차가 매우 심하여 어느 특정 부위가 빌드업(Build-Up)으로 나타나는 경우	• 아노드 압력기(Anode Push Tine)의 부적절 • 아노드 작업대(Anode Bank) 폭에 비해 판폭이 현저히 좁은 경우

미도금	용융 도금	판에 아연 도금이 되지 않고 국부적으로 그대로 남은 상태	• 판면의 녹 및 기타 오물이 완전히 제거되지 않았을 때 • 노내의 연와가 포트내에 삽입 • 원판의 미산세 및 과도한 기름 얼룩(Oil Stain) • 포트 성분 불량 • 스트립과 포트 온도의 부적당
	전기 도금	판에 아연 도금이 되지 않고 국부적으로 그대로 남은 상태	• 스트립상 그리이스나 오일 존재시 • 유압 계통의 누설로 전해액으로 오일 누출시
스팽글 불량		서리 모양의 결정체가 일정치 않고 불균일하게 발생되는 상태	• Zn의 질 및 도금 후 냉각불량 • 도금욕 조성 불균일 • 냉각 속도 및 에어 나이프 시스템 부적절
미니스팽글 불량		스팽글의 결정체가 일정치 않고 부분적으로 스팽글이 불균일하게 조대해진 상태	• 아연 분말의 분사 위치가 적당치 않거나 분말의 분사량이 일정치 않을 때 • 아연 분말의 질이 좋지 않거나 분사후 냉각 불량시 • 아연 포트 및 스트립 온도가 부적당할 때
크롬 처리 불량	용융 도금	아연도 강판위에 부식 방지를 위해 코팅하는 것으로 고루 발라지지 않거나 크롬 코팅으로 인하여 색깔이 변색되거나 특히 갈색으로 되어 있을 때	• 크롬 코팅 분산물량 색깔 변색 • 압착 불량시
	전기 도금	크롬 처리 후 표면의 색상이 진한 황색조를 띄거나 청색, 흑색 등으로 변색되는 결함	• 과도금시 • 처리액이나 강판 표면에 불순원소 존재시 – $Ag+$: 흑색 – PO_4^{3-}(인산염) : 녹색
인산열처리불량		판전면이 어두운 암회색 변색의 줄무늬 발생	• 농도 부적설시 • 온도 부적절시
내지문처리불량		불균일 도포에 의한 표면불량	• 스트립과 롤의 접촉 불균일
도금박리		도금층의 박리 또는 분쇄	• 예비가열 불량 • 하부 바이패스내 스트립 산화 • Ni－필름 석출 • 전처리 불량

MEMO

노력하는 당신은 언제나 아름답습니다.
구민사는 노력하는 당신의 성공을 위해 더욱 노력하겠습니다.

Part 06

안전 관리 및 환경오염

안전 관리

제1절 | 안전 관리의 개요

1 안전 관리의 정의

안전 관리란 생산성 향상과 재해로부터 손실을 최소화하기 위한 목적으로, 재해의 원인 및 경과의 규명과 재해 방지에 필요한 과학과 기술에 관한 계통적인 지식 체계의 관리이다. 즉, 재해로부터 인간의 생명과 재산을 보호하기 위한 계획적이고 체계적인 제반 활동을 의미한다.

2 사고와 재해

재해란 일반적으로 재앙으로 인해 사람이 상해를 입는 것이지만 보통 천재(자연 재해)와 인재(인위 재해)로 나누어진다. 한편 사고는 당면하는 사상의 정상적인 진행을 저지하거나 방해하는 사건을 말한다.

산업 재해란 사고로 근로자가 상해를 입는 사건을 말하지만 안전 관리의 대상으로 하는 사고는 당면하는 사상의 정상적인 진행을 저지 또는 방해함으로써 사람에게 상해의 위험을 일으키게 하는 사건을 의미한다. 즉, 안전 사고의 결과로 일어난 인명 피해와 재산의 손실을 가져오는 것을 말한다. 산업 현장에서 근로자 재해는 전형적인 인재로, 원칙적으로는 전부 미연에 방지할 수 있다. 또 미연에 방지하는 것이 안전 관리의 목적이다.

사고와 재해의 관련을 명백히 하기 위해 하인리히(H.W.Heinrich)의 '1 : 29 : 300의 법칙'은 유명하다. <그림 6-1>과 같이 1회의 중상 재해가 발생했다고 하면 그 사람은 같은 원인으로 29회의 경상 재해를 일으키고, 또 같은 성질의 무상해 사고를 300회 동반한다. 더욱이 무수한 불안전한 행동과 불안전 상태가 있다고 하는 것이다.

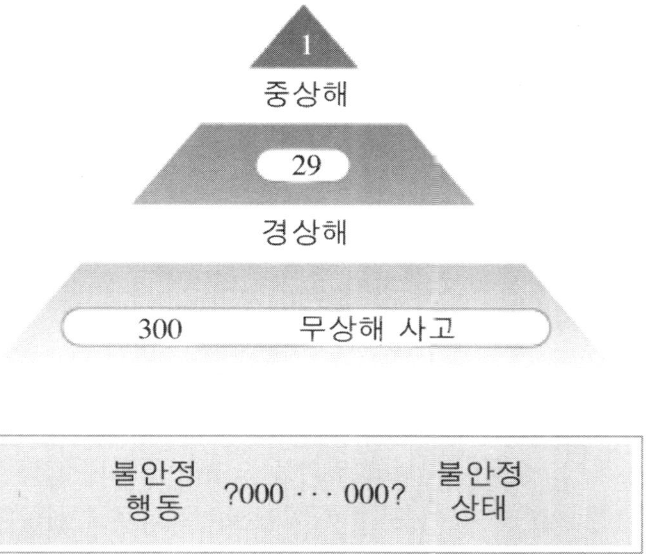

그림 6-1 | **중상 재해의 연계성**

3 위험의 분류

재해·사고의 원인이 되는 위험에는 기계적 위험, 화학적 위험, 전기, 열 등의 에너지 위험, 작업적 위험, 행동 위험, 시스템적 위험 등이 있다.

1) 기계적 위험

기계적 위험은 기계, 기구 등 설비에 의한 위험을 말하며 범위는 대단히 넓다. 일반적으로 기계는 특유의 작업 부분인 작업점이 있고, 작업점에서 일이 행해지도록 원동기에서 발생한 힘을 동력 전달 장치로 공급하고 있다.

기계적 위험은 이들 기계의 작업점 및 동력 전달 부분의 기계적 운동 한계 내에 작업자의 신체의 일부가 들어 있는 경우의 접촉적 위험(끼임, 말림, 절단 등)이 가장 일반적이며 그 밖에도 원재료나 가공물 등의 비래, 낙하 등의 물리적 위험, 연삭 숫돌의 파괴, 보일러의 파열 등의 구조적 위험 등이 있다.

2) 화학적 위험

폭발성 물질, 발화성 물질, 인화성 물질 그 밖에 산화성 물질, 가연성 가스 또는 분진 등의 위험 물질은 폭발, 화재의 위험성을 가지고 있고, 자주 중대한 재해를 일으키고 있다.

폭발성 물질은 가연성 물질인 동시에 산소 공급 물질이며 가열, 충격, 마찰 등에 의해 다량의 열과 가스를 발생하여 심한 폭발을 일으킨다. 발화성 물질은 일상적인 상태에 있어서도 발화하기 쉽고, 물과 접촉해 가연성 가스를 발생하여 발열, 발화하는 것과 공기와 접촉하여 발화하는 것 등이 있다. 인화성 물질은 불이 붙기 쉬운 가연성 액체로 액체 표면에서 증발한 가연성의 증기와 공기가 혼합된 상태에서 점화원에 의해 폭발을 쉽게 일으킨다.

산화성 물질은 단독으로 발화, 폭발의 위험은 없지만 가연성 물질이나 환원성 물질과 접촉했을 때는 충격이나 점화원에 의해 발화, 폭발을 일으킨다. 가연성 가스 또는 분진이 공기 또는 산소 중에서 일정 범위의 농도에 있을 때는 점화원에 의해 화재 또는 폭발을 일으킨다. 이러한 화학 물질에 의한 폭발, 화재 위험이나 약물 중독, 산업중독 등의 생리적 위험을 화학적 위험이라고 한다. <표 6-1>은 각종 화학적 위험 물질의 예를 나타낸 것이다.

표 6-1 | 화학적 위험

위험의 종류	위험 물질의 예
폭발, 화재 위험	폭발성 물질 : 질산 에스테르류, 니트로 화합물, 유기과산화물 발화성 물질 : 알칼리 금속, 인 및 인 화합물, 셀룰로이드류, 카바이트 등 산화성 물질 : 염소산 염류, 과염소산염류, 무기과산화물 등 인화성 물질 : 가솔린, 메탄올 등의 인화성 액체 가연성 가스 : 수소, 아세틸렌, 메탄 등 가연성 분진 : 알루미늄, 황, 석탄, 밀가루 등
생리적 위험	부식성 액체 : 강산 종류, 수산화나트륨 용액, 크레졸 등 독극물 : 시안화수소, 플루오린화수소, 암모니아 등

3) 전기, 열 등의 에너지 위험

전기 에너지의 위험은 감전과 발열, 발화에 의한 위험이 가장 일반적이다. 전기 설비의 충전 부분이나 누전 부분에 인체가 접촉함으로써 감전과 아크 용접 등에 의한 눈 장해, 과열이나 누전에 의한 화재, 폭발 분위기 속에서의 전기 불꽃, 정전기 방전에 의한 화재, 폭발 등이 있다.

열과 그 밖의 에너지 위험에는 화염, 용융 고열물 등에 의한 화상 외에 보일러, 화학 설비, 건조 설비 기타 고온 물체에 의한 화상이 있다. 또 방사능의 대량 피폭에 의한 장해, 레이저 광선에 의한 시력 장해 등도 에너지 위험에 속한다.

표 6-2 | 전기, 열 등의 에너지 위험

위험이 종류	사고 유형	위험 물질의 예
전기적 위험	감전	전기 기계 기구, 전선, 배선
	과열	전기 기계 기구, 전선, 배선
	발화	전기 불꽃, 정전기 방전 불꽃
	시력 장해	아크
열 및 기타의 위험	화상	화염, 용융 고열물, 보일러, 화학 설비, 건조 설비, 고온 물체
	방사선 장해	α선, β선, γ선, X선, 중성자선
	시력 장해	레이저 광선

4) 작업적 위험

작업적 위험은 작업자가 굴착, 채석, 하역 벌목 등의 작업에서 작업 방법을 잘못하거나 작업장의 주변 정리 정돈의 불량, 작업 환경의 열악함 등 때문에 산업 재해가 발생하는 것을 의미한다. 즉, 하역 작업에서의 짐의 붕괴, 낙하 등과 비계나 기계 설치 및 점검 중 기계 위에서의 추락, 전도 등이 있다.

5) 행동 위험

작업 장소에서의 작업자의 작업 행동에 관한 위험을 말하며 그 원인은 앞에서 말한 각종 위험의 존재에 의한 것과 작업자 자신의 불안전한 행동에 의한 두 종류가 있다.

6) 시스템적 위험

최근은 기술의 진전에 따라 생산이나 운반의 시스템이 대형화, 복잡화되고 있다. 이와 같은 생산 현장에서 작업자, 기계 설비가 환경 속에 편성되어 서로 의존 관계를 강하게 하면서 공통의 목적 달성을 위해 일하고 있다. 이때 약간의 기계 설비의 고장이나 작업 방법의 잘못으로도 결과가 증폭되고, 대형 재해가 되기 쉽다. 이와 같이 작업자, 설비, 환경의 적합하지 못한 위험을 시스템적 위험이라고 한다.

제2절 | 재해 발생 및 안전 대책

1 사고의 연쇄 과정

하인리히는 재해의 원인에서 발생에 이르는 과정을 사회적 환경과 유전적 요인, 개인적 결함, 불안전한 행동 및 불안전한 상태, 사고, 재해의 5단계로 정리하였다. 각 요소는 상호 밀접한 관련성을 가지고 있기 때문에 한쪽이 쓰러지면 다른 것에도 영향을 미쳐 연속적으로 모두 쓰러지는 것과 같이, 사고 발생은 선행 요인에 의해서 일어나고 이들 요인이 겹쳐서 연쇄적으로 생긴다. 하인리히는 사고 예방의 핵심 문제로서 불안전한 행동과 불안전한 상태를 제거하는 데 중점을 두어야 한다는 것을 강조하고 있다. 즉, <그림 6-2>와 같이 도미노에서 연쇄를 구성하는 요인을 하나라도 제거하면 사상의 연쇄적 진행은 저지할 수 있어 재해는 일어나지 않는다. 따라서 기업은 안전 관리 활동에 의해 제거할 수 있는 불안전한 행동과 불안전한 상태를 모두 없애야 한다.

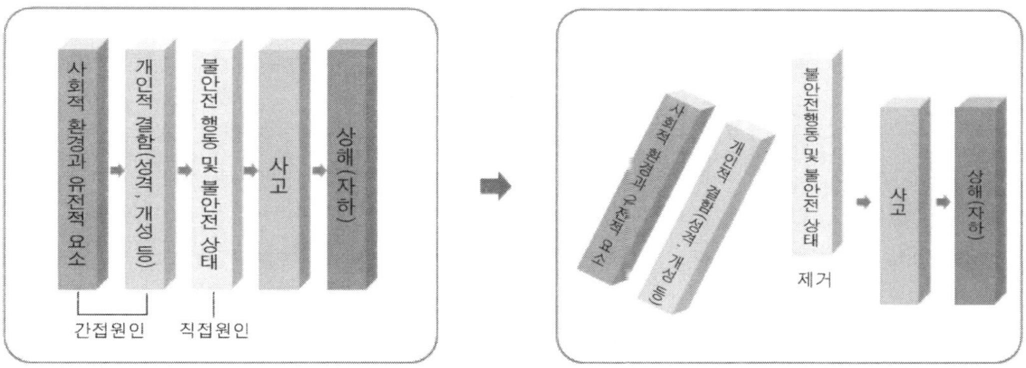

그림 6-2 | 하인리히의 사고 발생 5단계

여기에서 사회적 환경과 유전적 요소는 인간 성격의 내적 요소는 유전과 환경의 영향에 의해 형성되며, 또한 인적 결함의 원인이 된다. 개인적 결함은 선천적 또는 후천적 결함으로 불안전한 행동을 유발하고, 기계적, 물리적인 위험성이 존재하게 하는데 밀접한 원인이 된다. 이러한 개인적 결함으로는 전문 지식의 결여 및 기술, 숙련도 부족과 신체적 부적격, 정신적 · 성격적 결함 등이 도함된다.

불안전한 행동은 직접적으로 사고를 일으키는 원인이 되며, 권한 없이 행한 조작,

불안전한 속도 조작 및 위험 경고 없이 조작, 안전 장치를 고장내거나 기능 제거, 보호구 미착용 및 위험한 장소에서 작업, 불안전한 자세 및 위치에서 작업하는 것 등이 이에 해당한다. 불안전한 상태는 사고 발생의 직접적인 원인이 되는 경우로, 기계적, 물리적인 위험 요소를 말한다. 즉, 방호 장치가 마련되지 않거나 불안전한 방호 장치의 설치, 결함있는 기계 설비 및 정비, 불량한 정리 정돈 등이 이에 해당된다. 물체의 낙하, 비래물에 의한 타격 등과 같은 사고는 상해의 원인이 된다.

2 재해 원인 구조

<그림 6-3>과 같이 재해 원인은 직접 원인과 간접 원인으로 나누어지며, 재해의 과정은 연쇄 관계를 거쳐 진행된다. 따라서 연쇄를 전단하여 하나의 원인을 제거하면 사고의 발생이 방지된다.

간접 원인은 재해의 가장 깊은 곳에 존재하는 재해 원인으로, 학교의 안전 교육적 원인, 관리적 원인 등의 기초 원인과 신체적 원인, 정신적 원인, 안전 교육적 원인, 기술적 원인 등의 2차 원인이 있다.

직접 원인은 시간적으로 사고 발생에 가장 가까운 시점의 재해 원인으로, 1차 원인이라고 한다. 직접 원인으로는 설비 및 환경 등의 불안전한 상태인 물적 원인과 위험 장소의 출입, 운전 중 기계 장치의 손질, 정리 정돈 불량, 기구의 오용 등 작업자의 불안전한 행동인 인적 원인이 있다.

이와 같이 재해 발생 전에 사고가 일어나고, 사고의 배후에는 재해의 1차 원인인 불안전한 상태의 물적 원인과 작업자의 불안전한 행동이 있다.

기초 원인 ▶ 2차 원인 ▶ 1차 원인 ▶ 사고 ▶ 재해

간접 원인　　　직접 원인

그림 6-3 | **재해 원인의 연쇄 관계**

3 안전 점검

1) 안전 점검의 정의 및 목적

안전 점검은 안전을 확보하기 위해 실태를 파악하는 것으로 사업장의 상황을 기계, 설비 등의 물적 측면과 작업 방법 등의 일적 측면 및 관리적 측면을 포함하여 종합적으로 발생하는 결함을 발견하여 안전 대책을 세우기 위한 안전 활동을 말한다.

안전 점검의 목적은 다음과 같다.
첫째, 기기 및 설비의 결함이나 불안전 상태의 제거로 사전에 안전성 확보
둘째, 기기 및 설비의 안전 상태 유지 및 본래의 성능 유지
셋째, 인적 측면에서의 안전한 행동 유지
넷째, 생산성 향상을 위한 합리적인 생산 관리

2) 안점 점검의 종류

안전 점검은 일상 점검, 정기 점검, 특별 점검, 임시 점검으로 구분한다. 일상 점검은 작업 담당자 또는 해당 관리 감독자가 맡고 있는 공정의 설비, 기계, 기구 등을 매일 작업 시작 전이나 사용 전 또는 작업 중에 일상적으로 실시하는 점검이다. 따라서 시설과 사람의 작업 동작에 대하여 실시하며 수시 점검이라고도 한다.

정기 점검은 일정 기간마다 정기적으로 실시하는 점검으로 계획 점검이라고도 한다. 일반적으로 매주, 일주일, 6개월, 1년, 2년 등의 주기로 담당 분야별로 작업 책임자가 기계 설비의 안전에 있어서 중요 부분의 피로, 마모, 손상, 부식 등에 대한 장치의 변화 유무 등을 점검한다.

특별 점검은 기계나 기구 또는 설비를 신설 및 변경하거나 고장에 의한 수리 등을 할 경우에 행하는 부정기적 점검을 말하며, 일정 규모 이상의 강풍, 폭우, 지진 등의 기상 이변이 있은 후에 실시하는 점검도 이에 해당한다.

임시 점검이란 정기 점검을 실시한 후 차기 점검일 이전에 트러블이나 고장 등의 직후에 임시로 실시하는 점검의 형태를 말한다. 기계, 기구 또는 설비의 이상이 발견되었을 때에 임시로 실시하는 점검이다.

3) 자체 안전 점검

안전 점검은 점검 기준에 의해서 안전 점검표를 만들어서 점검을 실시하도록 해야 한다. 안전 관리에 있어서 작업자로 하여금 취급하는 기계, 기구류, 장치 등에 대하여 작업 개시에 앞서 안전 여부를 점검시키는 것이 매우 중요하다.

일반적으로 작업장 환경, 시설, 설비 등의 불안전 상태, 그리고 불안전 행동을 발견해서 이를 시정하기 위해 점검을 실시할 때에 누락되는 일이 없도록 점검 항목을 나열하여 점검하도록 한 리스트를 안전 점검표 또는 안전 착안표라 한다.

안전 점검표에 포함되어야 할 사항은 다음과 같다.

① 점검 대상
② 점검 부분(점검 개소)
③ 점검 사항(점검 내용 : 마모, 균열, 부식, 파손, 변형 등)
④ 점검 주기 또는 기간(점검 시기)
⑤ 점검 방법(육안 점검, 기능 점검, 기기 점검, 정밀 점검 등)
⑥ 판정 기준(자체 검사 기준, 법령에 의한 기준, KS 기준 등)
⑦ 조치 사항(점검 결과에 따른 결함의 시정 사항)

제3절 | 자체 안전 점검

1 공통적 안전수칙

① 기계의 안전장치에 함부로 손을 대지 않는다.
② 각 작업장, 각 기계시설에 붙여놓은 안전 주의사항을 반드시 지킨다.
③ 보호구를 반드시 착용하고 작업한다.
④ 관계가 없는 기계는 일체 손을 대지 않는다.
⑤ 파손된 것은 즉시 수리에 놓는다.
⑥ 무거운 것을 무리하게 들지 않는다.
⑦ 공동작업에서는 반드시 서로 신호를 하고 작업을 한다.
⑧ 재료 운반시에는 통로가 꺾이는 곳에서 특히 주의한다.

2 작업장의 정리정돈

① 재료, 공구, 예비품 등은 놓는 장소를 정하고 사용 후에는 즉시 지정된 장소에 되돌려 놓아야 한다.
② 통로에는 일체 불필요한 물건이 없어야 한다.
③ 물건을 놓는 방법, 쌓는 방법, 벌려놓는 방법 등을 일정하게 한다. 특히 금속재료에 있어서 화학조성을 알고 있는 재료는 유사한 것 끼리 모아 정리하고 서로 섞이지 않게 한다.
④ 작업공정을 합리화시켜서 재료 및 제품이 공장 내에서 질서 있게 일정한 방향으로 흐르면서 작업이 이루어지도록 한다.
⑤ 안전에 대한 토의 등이다.

3 운반작업시 안전사항

중량물의 취급, 특히 운반에 있어서 주의할 사항은 다음과 같다.

1) 수동 운반차

① 적재방법을 안전성 있게 해야 한다. 또 앞이 가리도록 높게 적재하면 안된다.

② 적재 제한량을 넘지 말아야 한다.

③ 운반차를 통로에 방치하면 안된다.

2) 천정주형 기중기

① 기중기 운전은 신호를 확인하고 신호에 따라 운전하다.

② 기중기의 걸고리를 정확하게 걸고 이를 확인 후에 움직인다.

③ 갑작스런 발진, 정지를 해서는 안된다.

④ 무리하게 짐을 매달면 안된다.

⑤ 짐을 매다는 줄은 적절한 안전율을 생각하고 선택한다.

제4절 | 일반적인 안전 사항

1 작업 복장

1) 작업복

① 작업복은 신체에 맞고 가벼운 것으로써 때에 따라서는 상의의 끝이나 바지자락이 말려 들어가지 않도록 잡아매는 것이 좋다

② 실밥이 풀리거나 터진 것은 즉시 꿰맨다.

③ 항상 깨끗이하고 특히 기름이 묻은 작업복은 불이 붙기 쉬우므로 위험

④ 여름철이나 고온 작업시에도 작업을 벗지 않으며, 벗으면 직장 규율 및 기장에도 좋지 않으며, 재해의 위험성이 있음

⑤ 착용자의 연령, 직종 등을 고려하여 적절한 스타일을 선정

2) 작업모

① 기계의 주위에서 작업을 하는 경우에는 반드시 모자를 착용

② 여자 및 장발자의 경에는 모자나 수건으로 머리카락을 완전히 감싸도록 한다.

③ 앞머리를 내놓고 모자 착용을 금지

3) 신발

① 신발은 작업 내용에 잘 맞는 것을 선정

② 샌들 등은 걸음걸이가 불안정해 넘어질 위험이 있음

③ 맨발은 부상당하기 쉽고, 고열의 물체에 닿을 때도 위험하므로 절대 금지

④ 신발은 안전화로 착용

4) 보호구

① 작업에 필요한 적절한 보호구를 선정하고 올바른 사용을 익힘

② 필요한 수량의 비치, 정비, 점검 등 보호구의 관리 철저

③ 필요한 보호구는 반드시 착용

④ **보안경** : 철분, 모래 등이 눈에 들어가지 않도록 착용
⑤ **차광 보호 안경** : 불티나 유행광선이 나오는 작업 사용
⑥ **방진 마스크** : 먼지가 많은 장소나 해로운 가스가 발생되는 작업에 사용
⑦ **산소 마스크** : 산소가 16%이하로 결핍되었을 때 사용
⑧ **장갑** : 기계작업 시에는 착용을 금하고, 고온 작업시에는 내열장갑을 착용
⑨ **귀마개** : 소음이 발생하는 작업 등에서 착용
⑩ **안전모** : 물건이 떨어지거나, 충돌로부터 머리를 보호
⑪ **안전모 상부와 머리 상부 사이의 간격** : 25mm 이상 유지

2 안전수칙과 점검사항

1) 통행시 안전수칙

① 통행로 위의 높이 2m 이하에는 장애물이 없을 것
② 기계와 다른 시설물과의 사이의 통행로 폭은 80cm 이상으로 할 것
③ 뛰지 말 것
④ 한눈을 팔거나 주머니에 손을 넣고 걷지 말 것
⑤ 통로가 아닌 곳을 걷지 말 것
⑥ 좌측 통행규칙을 지킬 것
⑦ 높은 작업장 밑을 통과할 때 조심할 것
⑧ 작업자나 운반자에게 통행을 양호할 것

2) 운반시 안전수칙

① 운반차량은 규정 속도를 지킬 것
② 운반시 시야를 가리지 않게 쌓을 것
③ 승용석이 없는 운반차에는 승차하지 말 것
④ 빙판 또는 물기 있는 곳에서의 운행시 미끄럼에 주의할 것
⑤ 긴 물건에는 끝에 표시를 달고 운반할 것
⑥ 통행로, 운반차, 기타 시설물에는 안전표지 색을 이용한 안전표지를 할 것

3) 계단 설치시 고려할 사항

① 견고한 구조로 할 것
② 경사는 심하지 않게 할 것
③ 각 계단의 간격과 너비는 동일하게 할 것
④ 높이 5m를 초과할 때에는 높이 5m 이내마다 계단실을 설치할 것
⑤ 적어도 한쪽에는 손잡이를 설치할 것

4) 공구류 취급시 안전수칙

① 손이나 공구에 묻은 기름, 물 등을 닦아낼 것
② 주위를 정리정돈 할 것
③ 수공구는 그 목적 이외는 사용하지 말 것
④ 좋은 공구를 사용할 것
⑤ 사용법에 알맞게 사용할 것

제5절 | 산업 재해

1 산업 재해의 원인

1) 인적 원인

① 심리적 원인 : 무리, 과실, 숙련도 부족, 난폭, 흥분, 소홀, 고의 등
② 생리적 원인 : 체력의 부작용, 신체결함, 질병, 음주, 수면부족, 피로 등
③ 기타 : 복장, 공동작업 등

2) 물적 원인

① 건물(환경) : 환기불량, 조명불량, 좁은 작업장, 통로불량 등
② 설비 : 안전장치결함, 고장난 기계, 불량한 공구, 부적당한 설비 등

3) 사고의 간접 원인

① 기술적 원인
  ㉠ 건물, 기계 장치 설계 불량
  ㉡ 구조, 재료의 부적합
  ㉢ 생산 공정의 부적당
  ㉣ 점검, 정비 보존 불량
② 교육적 원인
  ㉠ 안전 의식의 부족
  ㉡ 안전 수칙의 오해
  ㉢ 경험, 훈련의 미숙
  ㉣ 작업방법의 교육 불충분
  ㉤ 유해 위험 작업의 교육 불충분
③ 작업 관리적 원인
  ㉠ 안전 관리 조직 결함
  ㉡ 안전 수칙 미제정
  ㉢ 작업 준비 불충분

ㄹ 인원 배치 부적당
ㅁ 작업 지시 부적당

4) 재해 원인과 상호관계

① 불안전 행동
  ㄱ 인간의 작업행동의 결함(전체 재해의 54%)
  ㄴ 무리한 행동(16%)
  ㄷ 필요이상 급한 행동(15%)
  ㄹ 위험한 자세, 위치, 동작(8%)
  ㅁ 작업상태 미확인(6%)
② 불안전 상태
  ㄱ 기계 설비의 결함(전체 재해의 46%)
  ㄴ 보전불비(17%)
  ㄷ 안전을 고려하지 않은 구조(15%)
  ㄹ 안전커버가 없는 상태(6%)
  ㅁ 통로, 작업장 협소(7%)

5) 재해의 경향

① 재해가 가장 많은 계절 : 여름(7~8월)
② 재해가 가장 많은 요일 : 토요일
③ 재해가 가장 많은 작업 : 운반 작업
④ 재해가 가장 많은 전동장치 : 벨트

6) 재해와 연령

① 50세 이상 : 6.1%
② 30～40세 : 49.5%(년 2.5%)
③ 20～29세 : 33.3%(년 3.3%)
④ 18～19세 : 7.7%

2 산업 재해율

1) 재해율

① 재해 발생의 빈도 및 손실의 정도를 나타내는 비율

② 재해 발생의 빈도 : 연천인율, 도수율

③ 재해 발생에 의한 손실 정도 : 강도율

2) 재해 지표

① $\text{연천인율} = \dfrac{\text{재해건수}}{\text{평균 근로자수(재적인원)}} \times 1{,}000$

② $\text{도수율} = \dfrac{\text{재해건수}}{\text{연 근로 시간수}} \times 10^6$

③ 연천인율과 도수율과의 관계 : 연천인율 = 도수율×2.4

$$\text{도수율} = \dfrac{\text{연천인율}}{2.4}$$

④ $\text{강도율} = \dfrac{\text{근로 손실일수}}{\text{연 근로시간수}} \times 1{,}000$

3 재해 이론

1) 하인리히 도미노 이론

표 6-4 ǀ 하인리히 도미노 이론

단계	명 칭	특 징
1	유전적 요소 및 사회적 환경	사고를 일으킬 수 있는 바람직하지 않은 유전적 특성 및 인간 성격을 바람직하지 못하게 할 수도 있는 사회적 환경
2	개인적 결함	개인적 기질에 의한 결함(과격한 기질, 신경질적인 기질, 무모함 등)
3	불안전한 행동 또는 불안전한 상태	• 불안전한 행동(인적 요인) : 장치의 기능을 제거, 잘못 사용, 조작 미숙, 자세 및 동작의 불안전, 취급 부주의 등 • 불안전한 상태(물적 요인) : 기계, 방호장치, 보호구, 작업환경, 생산 공정이나 배치의 결함 등
4	사고	생산 활동에 지장을 초래하는 모든 사건
5	재해	사고의 최종 결과, 인명의 상해나 재산상의 손실

2) 수정 도미노 이론(버즈)

표 6-5 | 수정 도미노 이론(버즈)

단계	명 칭	특 징
1	통제의 부족(관리)	안전에 관한 전문적인 제도, 조직, 지도, 관리의 소홀
2	기본 원리(기원)	사고의 배후, 근원적 원인(개인의 지식 부족, 틀린 사용법 등)
3	직접 원인(징후)	불안전한 행동, 불안전 상태와 같은 징후
4	사고(접촉)	안전 한계를 넘는 에너지원과의 접촉, 신체에 유해한 물질과의 접촉 등
5	상해 및 손상(손실)	근로자의 상해와 재산의 손실

4 기계 설비의 안전

1) 기계 설비의 안전 조건

표 6-6 | 기계 설비의 안전 조건

안전 조건	안전화 방안
외관의 안전화	밖으로 돌출되어 있는 위험한 부위를 안으로 넣거나 제거하는 것
작업의 안전화	돌발적인 사고 발생을 방지하는 안전장치를 설치하는 것
기능의 안전화	장치들을 안전하게 배치
구조의 안전화	장치의 구조를 안전하게 설계, 제조, 시공

2) 기계 설비의 안전 수칙

① **방호 장치의 사용** : 위치 제한형, 접근 거부형, 접근 반응형, 포집형, 감지형

② **보호구의 사용** : 안전모, 안전대, 보안경, 안전 장갑, 안전화, 방진 마스크 등

③ **공구의 안전 사용** : 드라이버, 망치, 전기 드릴 등의 안전하게 사용

3) 기계 설비의 안전 작업

① 시동 전에 점검 및 안전한 상태 확인

② 작업복을 단정히 하고 안전모를 착용할 것

③ 작업물이나 공구가 회전하는 경우는 장갑 착용을 금지할 것

④ 공구나 가공물의 탈부착시에는 기계를 정지시켜야 함
⑤ 운전 중에 주유를 하거나 가공물 측정 금지

4) 전기 사고의 특징과 원인

① 특징
㉠ 전기는 보이지 않고 냄새와 소리도 없음
㉡ 전류가 흐르는 전선을 접촉하면 감전
㉢ 전선이나 전기 기기에 이상이 생기면 화재가 발생
㉣ 사고가 나면 대피할 시간을 판단하여 대응할 시간적 여유가 거의 없음

② 원인
㉠ 과열 : 과전류에 의한 전선 및 전기 기구에 많은 열이 발생
㉡ 단락 : 절연 불량으로 두 전선이 접촉하면 큰 전류가 흘러 아크가 발생
㉢ 누전 : 절연 불량으로 건물, 구조물에 큰 전류가 흐르면 큰 저항열이 생겨 화재 발생

5) 위험 물질

표 6-7 ❙ 위험 물질

종류	특성
폭발성 물질	산소(산화제)가 없어도 열, 충격, 마찰, 접촉으로 폭발, 격렬 반응하는 액체나 고체 물질
발화성 물질	낮은 온도에서도 발화하는 물질 물과 접촉하여 가연성 가스를 발생시키는 물질
산화성 물질	가열, 마찰, 충격, 다른 물질과의 접촉 등으로 빠르게 분해하거나 반응하는 물질
인화성 물질	대기압에서 인화점이 65℃ 이하인 가연성 물질
가연성 가스	폭발 한계 농도의 하한값이 10%이하이거나 상한값과 하한값의 차이가 20%인 가스
부식성 물질	금속 등을 부식시키고 인체와 접촉하면 심한 상해를 입히는 물질

5 재해 예방

1) 사고 예방

① 대책의 기본 원리

안전 조직 관리 → 사실의 발견(위험의 발견) → 분석 평가(원인 규명) → 시정 방법의 선정 → 시정책의 적용(목표 달성)

② 예방 효과 : 근로자의 사기 진작, 생산성 향상, 비용 절감, 기업의 이윤 증대

2) 재해 예방의 원칙

표 6-8 ▎재해 예방의 원칙

원칙	내용
손실 우연의 원칙	재해에 의한 손실은 사고가 발생하는 대상의 조건에 따라 달라지며 즉 우연이다.
원인 계기의 원칙	사고와 손실의 관계는 우연이지만 원인은 반드시 있다.
예방 가능의 원칙	사고의 원인을 제거하면 예방이 가능하다.
대책 선정의 원칙	재해를 예방하려면 대책이 있어야 한다. • 기술적 대책(안전 기준 선정, 안전 설계, 정비 점검 등) • 교육적 대책(안전 교육 및 훈련 실시) • 규제적 대책(신상 필벌의 사용 : 상벌 규정 엄격히 적용)

제6절 | 산업 안전과 대책

1 안전 표지와 색체

1) 녹십자 표지

① 1964년 고용노동부 예규 제6호로 제정
② 각종 산업 재해로부터 근로자의 생명권 보장
③ 국가 산업 발전에 기여

2) 안전표지와 색체 사용도

① 적색 : 방화 금지, 방향 표시, 규제, 고도의 위험 등에 사용
② 오렌지색(주황색) : 위험, 일반위험 등에 사용
③ 황색 : 주의표시(충돌, 장애물 등)
④ 녹색 : 안전지도, 위생표시, 대피소, 구호소 위치, 진행 등에 사용
⑤ 청색 : 주의 수리 중, 송전중 표시
⑥ 진한 보라색 : 방사능 위험표시(자주색)
⑦ 백색 : 글씨 및 보조색, 통로, 정리정돈
⑧ 흑색 : 방향 표시, 글씨
⑨ 파랑색 : 출입금지

3) 가스관련 색체

① 산소 : 녹색
② 액화 이산화탄소 : 파랑색
③ 액화 암모니아 : 흰색
④ 액화 염소 : 갈색
⑤ 아세틸렌 : 노란색
⑥ LPG, 기타 : 쥐색

4) 작업 환경

① 채광 및 조명 : 자연 광선인 태양광선(4,500룩스)을 충분히 받아 조명

표 6-9 | 작업 환경의 채광 및 조명

공장		사무실	
장소	조명도	장소	조명도
초정밀작업	700~1,500	정밀사무	700~1,500
정밀작업	300~700	일반사무	300~700
거친작업	70~150	응접실, 서재	150~300

② 환기 통풍

㉠ 온도 : 여름 25~27℃, 겨울 15~23℃

㉡ 상대습도 : 50~60%

㉢ 기류 : 1m/sec

③ 재해와 온도, 습도의 관계

㉠ 감각온도(ET) : 지적작업 60~65ET, 경작업 55~65ET, 근육작업 50~62ET

㉡ 불쾌지수 : 기온과 습도의 상승작용에 의하여 인체가 느끼는 감각 종도를 측정하는 척도

$$EMR = \frac{\text{작업 소비 에너지} - \text{안정한 때의 소비에너지}}{\text{기초 대사}}$$

2 화재 및 폭발 재해

1) 화재의 분류

표 6-10 | 화재의 분류

구분	명칭	내용
A급	일반 화재	• 연소 후 재가 남는 화재(일반 가연물) • 목재, 섬유류, 플라스틱 등
B급	유류 화재	• 연소 후 재가 없는 화재(유류 및 가스) • 가연성 액체(가솔린, 석유 등) 및 기체(프로판 등)
C급	전기 화재	• 전기 기구 및 기계에 의한 화재 • 변압기, 개폐기, 전기 다리미 등
D급	금속 화재	• 금속(마그네슘, 알루미늄 등)에 의한 화재 • 금속이 물과 접촉하면 열을 내며 분해되어 폭발하며, 소화 시에는 모래나 질석 또는 팽창 질석을 사용

2) 화재의 원인

① 유류에 의한 착화 : 유류의 증기, 유류 기구의 과열, 유류 누출 등

② 유류에 의한 발화 : 연소 기구의 전도 또는 가연물의 낙하

③ 전기에 의한 발화 : 단락, 누전, 과전류 등

3) 화재 예방

① 화재의 3요소 : 연료, 산소, 점화원(점화 에너지)

② 화제 예방 : 3요소 중 하나를 제거

㉠ 연료를 제거하거나 연소 범위 밖의 농도 유지

㉡ 공기(산소 또는 산화제)를 최소 농도 이하로 유지

㉢ 점화원을 제거

- 기계적 에너지 제거 : 충격이나 마찰 방지
- 전기 에너지 제거 : 전기 스파크나 정전기 제거
- 전기 불꽃 : 전기 및 가스 용접

③ 소화

㉠ 제거 소화(가연물) : 가연물 제거 및 연료 산소 농도 이하로 유지

㉡ 질식 소화(산소) : 최저 산소 농도(15%) 이하로 유지(공기 중 산소 농도 21%)

㉢ 냉각 소화(열원) : 연료의 발화점 이하로 냉각

4) 폭발

① 폭발의 종류

표 6-11 ‖ 폭발의 종류

폭발의 종류	원 인
가연성 가스나 증기의 폭발	아세틸렌, 수소 등
분해성 가스의 폭발	아세틸렌, 산화에틸렌 등
가연성 미스트의 폭발	분출한 작동유, 디젤유 등
가연성 분진의 폭발	곡물 분석탄 분진, 금속 분말 등
고체 및 액체의 분해 폭발	화약류 및 유기 과산화물 등
수증기의 폭발	용융 금속, 보일러의 물 등의 급격한 팽창

② 폭발의 조건 : 가연성 가스, 증기 또는 분진의 농도가 폭발 한계에 있어야 하며, 밀폐된 공간이나 점화원이 주어져야 폭발

③ 폭발의 방지 대책

㉠ 화학적 폭발 방지 : 가연물(누출 및 방출 방지, 폭발 농도 이하 유지), 공기(산소), 점화원(충격, 전기에너지, 열, 광선 등)을 봉쇄

㉡ 폭발 방호 대책 : 불연재나 난연재 사용, 가연물 확산 방지, 안전거리 확보, 압력용기 안전장치 설치 등

㉢ 피해 최소화 대책 : 사고확산방지설비 설치(방류둑, 방폭벽, 방화문 설치 등), 소화설비 설치, 워터커튼 설치 등

㉣ 폭발 재해의 비상 대책 : 긴급 차단 시스템, 피난 계획, 구명, 응급 조치, 긴급 복구 등

제7절 | 압연기의 안전 점검

1 구동 설비의 안전 점검

1) 구동 모터 점검

가) 구동부의 윤활유 점검

구동 모터의 점검은 각 구동부의 윤활유를 점검하고, 모터의 베어링을 점검하는 것으로 구분할 수 있다. 윤활유 점검에는 오일 탱크나 시경판을 통하여 점검하는 육안 점검과 육안으로 직접 볼 수 없는 베어링대나 밀폐된 곳을 개방시켜 점검하는 방법이 있다.

나) 베어링 점검

모터 회전자의 윤활은 강제 순환과 자체 순환이 있으며 베어링으로 되어 있는 것은 한번의 그리스 주입으로 장기간 사용할 수 있다. 그러나 고하중용 화이트 메탈로 된모터는 대부분 오일 링(oil ring)에 의한 자체 순환이다.

자체 순환 베어링은 회전 중에 육안으로 오일과 오일 링을 확인할 수 있다. 또한 정지 중에는 손으로 오일링을 회전시켜 회전 상태와 오일 분사 상태를 확인할 수 있다.

2) 주유 작업 및 냉각 수 공급

가) 오일 펌프 점검

오일 펌프의 자체 윤활 부위는 시경관에 나타나는 유량 눈금을 확인하여 부족하면 보충한다. 강제 급유되는 부위는 오일 탱크를 확인하여 부족분을 보충하고 오일의 압력 및 요소별로 유량의 흐름을 관찰하여 밸브를 조정하여 공급한다.

각종 구동 설비의 베어링에는 1일 1회 그리스를 주유하고 열로 인한 고갈 상태를 수시로 확인한다.

나) 압연기 냉각수 점검

압연기에 냉각수를 공급하지 않은 상태에서 모터를 작동시키면 베어링 형태의 압연기에는 별문제가 없으나 합성 수지 메탈 형태에서는 합성 수지 메탈이 타버리기 때문에 냉각수를 반드시 공급하여야 한다. 특시 심한 경우에는 롤의 축이 열로 인해 거칠어지므로 주의하여야 한다.

3) 감속기 피니언 구동 점검

모터와 감속기 연결 커플링 중 프렌치 커플링의 경우 커플링 연결부에서 진동을 없애기 위해 연결 볼트 사이에 완충 고무를 끼우며, 이 완충 고무가 파손된 경우 진동이 발생하므로 파손 여부를 점검하여 파손된 경우 교체하도록 한다. 또한 감속기 축간의 수평 유지 상태를 점검하고, 기어 커플링의 경우에는 기어의 손상 여부와 그리스 주입 상태를 수시로 점검하도록 한다.

감속기 피니언의 앵커 볼트는 장시간 운전에 따라 앵커 볼트가 늘어나거나 너트가 풀려서 위치가 변경되어 기계에 손상을 가져오는 경우가 있기 때문에 수시로 점검해야 한다.

구동 중인 축과 메탈에는 마찰열이 발생하므로 오일의 부족 현상이 일어날 수 있다. 그러므로 온도계를 통하여 온도를 수시로 점검하여야 한다.

4) 압연기 구동 설비 점검

가) 피니언과 롤의 동력 전달 장치

피니언과 롤의 동력 전달 장치가 원통형으로 스핀들과 커플링으로 된 것은 롤의 지름이 변하여 경사각이 클 때는 마찰열로 인하여 마모의 균열이 수반되어 파손되므로 커플링과 스핀들의 연결 부위는 소량의 냉각수를 살수하여 마모나 균열을 방지한다.

나) 압하 스크루 및 부속 설비

압하 스크루에 항상 주유를 하여 냉각수로 인화 산화를 방지해야 하며, 가이드, 스탠드, 초크 등의 고정 볼트는 점검하여 열린 것은 다시 조여주고 볼트의 나사산이 마멸된 것은 다른 볼트로 교체하여 주도록 한다. 그리고 하단 스크루 코터 속에 그리스를 충분히 주입하고 스크루를 회전시켜 롤이 상하도 잘 움직이는가를 점검한다. 또한, 가이드 및 스트리퍼의 고정 장치인 레스트 바의 수평 유지 상태를 점검하고, 합성 수지 메탈에 냉각수가 충분히 공급되는가를 확인한다.

3) 체인 구동 설비

체인은 구동 설비에 따라 여러 종류의 규격이 사용되고 있으며 보통 구동 설비는 롤러 체인을 사용하고 있다. 따라서 체인 휠의 피치, 마모 상태를 확인하고, 체인 휠 사이의 직선 유지 상태를 점검한다. 또한 체인에 과도한 장력이 작용되고 있지 않은가를 점검하고 체인의 이탈 위험 및 윤활 상태를 점검하여야 한다.

4) 롤러 테이블 점검

롤러 테이블 위의 제품 이동 상태를 확인하고, 베어링의 상태, 축의 마모나 이완, 각 부위의 윤활 상태를 점검한다.

2 교정 설비 안전

1) 롤러 교정기

형강 교정에서는 프레스 교정보다 고능률의 롤러 교정기가 많이 사용된다. 롤러 교정기는 롤러의 취부 구조가 롤러 피치 조정 방식에 따라 여러 가지가 있다. 가변 피치형은 제품의 단면 계수의 크기와 굽힘의 정도에 따라서 롤러 축간 거리를 1~1.5배의 범위로서 조정할 수 있다.

한편, 고정 피치형은 소형 및 중형 형강의 교정에 사용되지만 최신 신설되는 대형 형강 공장에서는 가변 피치형을 많이 채용한다.

2) 프레스 교정기

프레스 교정기는 유압 방식이 주류이다. 일부 기계적인 압하에 의한 크랭크 방식이 있다. 프레스 교정은 롤러 교정기에 교정이 불가능한 양쪽 끝의 굽힘, 중형강 · 대형강의 직각도 불량 및 뒤틀림 등의 교정이 가능하다.

3) 스트리퍼의 안전

스트립퍼(stripper)는 출구에 설치하는 것으로, 롤 공형, 소재 온도 등에 의한 원인으로 제품이 출구로 유도되면서 상부 또는 하부로 굽는 것을 방지하기 위한 장치로 레스트바(rest bar)를 이용 체결한다. 따라서 끝 부분이 롤의 공형면과 접촉되어 마모되는 경향이 있어 수시 점검 교체해야 한다. 스트립퍼의 정확한 체결은 형강 압연에서 매우 중요하며 이의 실패로 인한 제품 규격 불량, 롤 절손, 기기 손상이 우려되므로 체결할 때는 항상 안전에 유의하여야 한다.

4) 초크의 안전

초크(choke)는 베어링을 지지하는 장치이다. 롤의 좌우 및 상하 조정이 중요하므로 초크의 마모나 유동은 롤에 무리를 주며 제품의 규격이 불량해지는 원인이 될 수 있으므로 관리에 주의해야 한다. 또한 안전 접시는 압연재의 과랭이나 규격 변화로 인해 과압하 현상, 즉 고하중 현상이 발생할 때 롤의 절손을 방지함은 물론 부속 기기의 파손을 방지하는 장치로서 주철제로 제작해야 한다.

Chapter 02

환경오염과 에너지 대책

제1절 | 환경오염

현재, 선진 각국에서 검토 실시되고 있는 각종 환경 규제 중에서 이산화탄소 방출 규제 조치는 철강, 석유 화학, 시멘트 등 에너지 다소비형 산업 구조를 가지고 있는 우리 경제에 심각한 영향을 끼침과 동시에, 새로운 무역 장벽으로 대두될 것으로 전망된다.

따라서 환경 문제에 대한 효율적인 대응이 이루어져야 환경오염을 방지할 수 있을 뿐 아니라, 산업에 대한 잠재적 손실을 줄이고, 경제에 긍정적 효과를 가져올 수 있다.

철강 공업의 각종 설비는 다량의 에너지를 사용하기 때문에 많은 종류의 환경오염 물질, 폐기물, 소음 등이 발생하고 있으며, 이에 따라 대기 오염, 수질 오염, 폐기물, 소음 등에 대한 광범위한 환경오염 방지 대책이 필요하다.

1) 대기 오염

(1) 이산화탄소(CO_2)

제철업계 전체 에너지 사용의 약 60%는 탄소와 탄화수소를 함유하는 천연 가스에 의존하고 있기 때문에 철강업계의 CO_2 가스의 문제는 곧 에너지와 지구 온난화의 문제이다.

원래 지구의 생존은 태양 에너지에 의하여 더워진 지표면의 열이 대기 중으로 복사될 때 이 복사열의 85%를 구름이나 수증기, 그리고 CO_2등 대기를 형성하는 미량 성분 가스에 의해서 지구로 다시 복사하는 자연적 온실 현상에 의해서 가능하다. 이러한 자연적 온실 효과를 내는 성분 중에서 지난 100년 동안에 CO_2 농도가 약 20% 늘어난 것으로 추정된다. 대기 중의 CO_2 농도가 연간 약 0.5~2.2ppm 늘어난다고 가정한다면,

2030년경에는 현재의 농도 (약 340ppm)보다 두 배로 늘어나게 된다. 이에 따른 지구의 평균 온도 상승은 약 2~3℃로 나타나며 그로 인한 북극 얼음의용해, 해수면 상승, 농경지 상실 등 여러 가지 재난을 예상되고 있다.

그러나 이산화탄소의 문제는 다음의 세 가지 관점에서 어떤 다른 문제보다도 해결하기 어려운 문제로 보인다.

- 첫째 : 세계 에너지 정책의 문제,
- 둘째 : 과학적인 불확실성의 문제,
- 셋째 : 국제 협약에 다른 외교적 문제 등.

첫째는 화석 연료를 버리고 전력이나 원자력으로 에너지 문제를 대체해야 하는 것이므로 간단치 않다.

둘째는 과연 온실 효과로 인해 재난이 닥칠 것인가 하는 데 대해 과학적 불확실성이 있다는 점이다.

셋째는 환경에 대한 대처 능력이 선진국이나 개발도상국이 같지 않고, 자국만이 경제 발전을 하려는 등 지구 환경 규제에 문제가 되고 있다.

(2) 아황산가스(SO_2)

아황산가스는 가장 심각한 대기 오염 물질이다. 아황산가스의 발생원으로는 소결로, 가열로, 보일러 등이 있고, 가열로에는 코크스로 가스, 고로 가스, 전로 가스 등이 사용되며, 일부에서는 석유류를 연료로 사용하기 때문이다. 소결 원료로 되는 철광석, 각종 연료가 되는 중유 등은 저유황분으로의 전환이 모색되고 있다.

(3) 질소 산화물(NO, NO_2)

질소 산화물은 연소할 때에 발생하는 물질로, 철강 공업에 있어서는 소결로, 코크스로 등의 고유한 설비 이외에 가열로, 보일러 등 다양한 시설이 있고, 사용되는 연료도 여러 가지이기 때문에 질소 산화물의 발생 요인은 다양하다.

[관련 대책]

- 첫째 : 배기가스의 탈질소 기술의 개발.
- 둘째 : 연소 방법의 개선.
- 셋째 : 매연과 분진 대책이 필요.

(4) 분진

분진은 발생 원인이 많고 발생 형태나 분진의 형상 등이 다양한 것이 특징으로서 대책 수립이 어렵다.

[분진 제거대책]

- 첫째 : 일부 전기 집진기를 설치하고 있다.

2) 수질 오염

제철소에서는 다량의 공업용수를 사용하고 있다. 그 중에서 약 40%가 바닷물로서 발전소, 고로 등의 간접 냉각수이다. 나머지는 냉각용, 세정용에 사용되는 담수로서 보통 침강 분리 중화 처리에 의해 적합한 처리가 가능하다. 그러나 다음과 같은 성분은 특수한 처리가 필요하다.

(1) 코크스로 가스액

코크로스에서 발생하는 코크스로 가스액은 석탄에서 발생하는 페놀 등의 유기 성분도 포함하고 있다. 이러한 유기 성분은 물리·화학적 방법만으로는 제거할 수 없기 때문에 생물학적 처리가 이루어지고 있으며, 응집, 침전이나 활성탄 등에 의한 고도의 처리 기술이 요구되고 있다.

(2) 유분이 포함된 폐수

압연 공정에서 처리되는 폐수에는 유분, 산 등을 포함한 것이 있다. 유분이 농후 한 것은 비중 차이를 이용하여 물과 분리 또는 그 상태로 소각되고, 분리된 물은 중화, 응집, 침전 등의 처리를 거쳐 재이용 또는 방류된다.

(3) 도금 공정의 폐수

크롬 도금 공정의 폐수는 6가 크롬을 함유하고 있기 때문에 환원 처리법이 활용되고 있으며, 환원제는 크롬 농도에 따라 아황산수소나트륨 또는 황산제일철 등이 이용되고 있다.

3) 소음 대책

제철소의 소음은 다양하다. 소음 대책으로는 소음 발생 설비의 개선과 방음막을 설치하거나, 건물을 방음 구조로 하고, 방음벽의 설치에 의해 소음을 방지하는 대책 등이 있다.

4) 폐기물 대책

철강은 대량의 원료와 에너지를 소비하고 복잡한 제조 공정을 통하여 생산된다.

이 공정에서 발생하는 폐기물은 슬래그, 분진, 슬러지, 폐유 등이 있는데, 발생량은 조강 생산량의 약 40%에 달하고 있다.

따라서, 이들 폐기물의 발생량을 가능한 한 줄이고 발생한 폐기물은 재이용하여 단순 매립을 줄이는 것을 목적으로 많은 연구가 이루어졌다.

슬래그는 일반적으로 CaO와 SiO_2를 주성분으로 하며 대체로 알칼리성을 띠며 보통의 암석, 광물들과 성분이 같으며 화학 조성은 퇴적암과 유사하다. 이러한 슬래그는 발생량 중 95%가 재이용되고, 5% 정도가 매립되고 있다.

이용 분야는 고로 시멘트, 지반 개량제, 비료 및 토양 개량제 등으로 쓰이며, 제강 슬래그와 함께 산성 토양 개량제로도 이용되고 있다. 제철소에서 발생하는 분진은 발생원에 따라 화학 조성이 다르지만 대부분 산화철, 석회분, 탄소분 등 유용 성분이 포함되어 있어 재활용 된다.

<표>는 철강 폐기물의 처리 현황을 나타낸 것이다.

표 6-12 ▎폐기물의 처리 현황(단위 : %)

발 생 물 명		발생률(A) 약(1,000t)	재 이 용(B)		매 립(C)	
			양(1,000t)	(B)/(A)	양(1,000t)	(C)/(A)
슬래그	고로 슬래그	25,244	25,054	99.3	251	1.0
	전로 슬래그	9,795	8,763	89.5	1,183	12.1
	전기로 슬래그	2,456	1,734	70.6	684	27.9
소 계		37,475	35,551	94.9	2,118	5.7
연 진	건식 연진	3,073	3,061	99.6	168	5.5
	습식 연진	2,058	2,058	100.0	96	4.7
	소 계	5,131	5,120	99.8	264	5.1
슬 러 지		570	363	63.7	207	36.3
합 계		43,176	41,034	95.0	2,589	6.0

분진 중에서 철분을 포함하는 것은 소결 또는 펠레타이징에 의해 95% 이상이 제철 원료로 재이용된다. 분진 중 아연분이 농축되어 있는 것도 있는데, 아연분은 가열되면 쉽게 증발하고, 고로의 노벽에 부착되어 조업에 지장을 초래한다. 이것을 방지하기 위해 습식 사이클론에 의한 분급 등으로 아연을 제거한 다음 재활용하고 있다.

제2절 | 에너지 대책

일관 제철소에서는 조강 1 톤을 생산하는 데 평균 5백만 kcal 정도의 에너지를 소비한다. 그 중에서 94%는 석탄 에너지이며, 39%에 해당하는 코크스로 가스, 고로 가스 등 발생 가스의 에너지도 모두 석탄 에너지의 일부이다.

생산 공정을 한 군데 집중시키는 공정 집결화 노력과 단위 생산 설비의 생산 능력을 최대화하는 방안이 실행되고 있다. 공정 개혁을 통한 에너지 절감은 주로 공정의 연속화(예 : 연속 주조), 제강 공정의 개혁(예 : 전기로) 그리고 가열 공정의 개선(예 : 소결 공정, 코크스 제조 공정) 등에서 많은 발전을 해 왔다.

자원 절감은 투입되는 자원의 양을 줄이려는 노력(예 : 고로 연료비, 소결 연료비)과 부생 물질의 감소(예 : 고로 슬래그, 제강 슬래그, 공장 내부 발생 스크랩) 그리고 부생 폐자원의 재활용(예 : 슬래그의 이용)을 주축으로 많은 성과를 거두었다.

부생 가스의 이용도 우선은 부생 가스의 발생량을 줄이면서 발열량을 높이려는 노력과 발생된 가스를 최대한 회수하는 두 방향으로 추진되고 있다.

1) 공정 생략 기술

직송 압연(HDR)은 연속 주조 후에 냉각된 슬래브를 재가열하는 공정을 생략하고, 고온 상태의 슬래브를 직접 압연하여 에너지를 절약하는 기술로서, 아직까지는 표면 품질 등을 깨끗이 해결하는 문제점 때문에 직송 압연 비율이 30%에도 미치지 못하고 있으나, 공정 운용 기술의 개선에 의해 쉬는 시간의 경감, 운송 시간의 단축, 운송시의 보온 등이 향상되고 있다.

40mm 정도의 얇은 연주편을 연주하는 기술인 신 주조 기술(thin slab casting)에서 조압연 공정을 생략할 수 있으며, 스트립 주조(strip casting) 기술은 재가열 공정과 전열연 공정을 생략할 수 있다는 점에서 혁신적인 에너지 절감 효과를 가져올 수 있다.

(그림)은 신 주조 기술의 에너지 소비량을 종래법과 비교한 것이다.

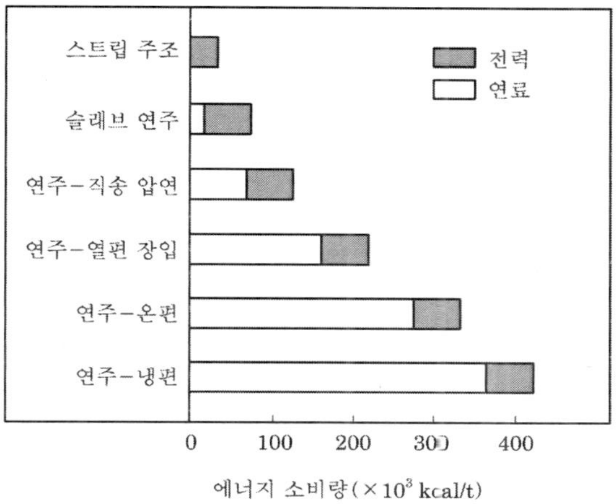

그림 6-4 | 신 주조 기술의 에너지 소비량

2) 조업 개선 기술

에너지 절감을 위한 개선이 전 공정에 걸쳐 다양하게 실시되고 있는데, 고로 가열 형식의 개선, 연소 제어, 연소용 공기 예열, 컴퓨터 제어의 도입 등이다.

<표>는 조업 개선에 의한 에너지 절감의 대표적인 사례를 나타낸 것이다.

표 6-13 | 제강업의 조업 개선에 의한 에너지 절감

공 정	조업 개선 사례
코크스로	• 컴퓨터에 의한 노온, 전류 시간, 입열량 등의 제어 • 연소 관리 강화(배가스 중 산소 농도 관리)
소 결 로	• 소결층의 통기성 개선 • 분코크스 입자 크기의 최적화 • 점화로 버너의 개선 • 점화로의 저공기 연소(배가스 중 산소 농도의 관리)
고 로	• 열풍로의 컴퓨터 제어 • 열풍로 연소용 공기 예열 • 열풍로의 저공기비 연소
제 강	• 고속 단열 대차에 의한 고온 슬래브 고속 수송
압 연	• 가열로 가열 패턴 개선 • 슬래브 추출 온도 저감 • 가열로 저공기비 연소
연속 풀림	• 열교환기에 의한 연소용 공기 연료 예열
전력 절감 대책	• 전력 부하 변동에 따른 제어(회전 수 제어, 대수 제어 등)

3) 배출 에너지 회수 기술

일관 제철소에서는 일찍부터 배출 에너지의 회수 기술이 도입되었는데, 코크스로 가스, 고로 가스 등 부생(副生) 가스 회수로 시작하여, 소결 현열, 슬래그 현열 등 고온 고체의 현열을 수증기 형태로 회수하는 방법, 그리고 각종 연소 가스의 배출열을 연소용 공기나 연료의 예열 형태로 회수하는 방법 등이 있으나, 고로의 노정압을 이용하여 전기를 발전하는 TRT(top pressure recovery turbine)도 고로의 고압 조업과 함께 도입되었다.

앞으로는 보다 저온의 열로 회수하여 지역난방이나 화학 반응의 촉진 또는 농업, 어업 등에 활용하는 방안이 모색될 것이다.

4) 시스템 기술

철강 공업에서 컴퓨터 이용 기술의 발달은 업무의 시스템에 의한 계획 및 관리 기능의 시스템화와 공장 조업의 자동화를 통하여 영업, 생산, 경영 관리의 통합 시스템으로 높은 수준에 도달되어 있다. 최근에는 소형 컴퓨터를 랜(LAN)으로 연결한 분산 처리 시스템을 구성하고 있다.

특히, 각종 설비에 대한 진단 기술을 응용하여 예방 정비 체제를 확립하고 정보 서비스 기능을 강화하여 보다 정확한 실태를 파악하여 정확한 판단과 조치가 가능한 시스템으로 발전시키고 있다.

찾아보기

ㅎ

최신 냉간압연공학

초 판 인쇄 | 2014년 9월 15일
초 판 발행 | 2014년 9월 20일
초 판 2쇄 발행 | 2018년 3월 20일

저 자 | 조수연 · 문희권 · 전우안 · 김형길
발행인 | 조규백
발행처 | **도서출판 구민사**
(07293) 서울특별시 영등포구 문래북로 116, 604호(문래동3가 46, 트리플렉스)
전화 (02) 701-7421(~2)
팩스 (02) 3273-9642
홈페이지 www.kuhminsa.co.kr

등 록 | 제14-29호 (1980년 2월 4일)
ISBN | 978-89-7074-961-7 93550

값 18,000원